銀の流通と中国・東南アジア

The Circulation of Silver in China and Southeast Asia

豊岡康史・
Toyooka Yasufumi
大橋厚子 編
Ohashi Atsuko

山川出版社

19 世紀初頭の広州十三行。ヨーロッパ各国の商館（ファクトリー）がおかれ、対欧米貿易が行われ、ここからカルロス銀貨を始めとする銀が中国へ流れ込んでいった。
William Daniel, Europian Factories, c.1806. （財団法人東洋文庫所蔵）

18 世紀、好景気に湧く清朝最大の経済都市蘇州のそこかしこにみられる銭荘（貨幣兌換業者）。銅銭・銀塊・銀貨の兌換は、清朝に暮らす人々の日々の経済活動に深く関わっていた。（『姑蘇繁華図』）

メキシコ　ペソ

リパブリック銀貨
（イーグルペソ）
1821 年〜
「鷹洋」「鉤銭」
27.07g/0.903

アジア諸国で鋳造された銀貨

飛龍銀銭
1832 年〜
（阮朝ベトナム）
26.3-27.42g

道光足紋銀餅
1836 年〜
（清朝中国）
26.8g

筆豊銀
（清朝中国）
26.8g

貿易銀
1871 年〜
「日本龍洋」（明治日本）
27.22g/0.900

光緒銀元
1889 年〜
「龍洋」（清朝中国）
27.0g/0.900

袁世凱銀元
1914 年〜
「袁大頭」（中華民国）
26.6g/0.891

欧米諸国貿易銀ドル

イギリス香港ドル
1866 年〜
26.95-27.25g/0.900

US 貿易ドル
1873 年〜
27.22g/0.900

フランス貿易ピアストル
1885 年〜
（仏領インドシナ）
27.2156g/27.0g/0.900

イギリス貿易ドル
1895 年〜
（英領インド・マラヤ・香港）
26.95g/0.900

銀コイン（「番銀」「番銭」「銀元」）

発行年および規定重量と銀の純度を付した。カギ括弧内は清朝中国・阮朝ベトナムでの呼称。

スペイン銀貨

ラテンアメリカ銀貨（8 レアル＝1 ドル／ペソ）

カルロス銀貨 （カロラス・ドル）

フェリペ5世銀貨
1700 年～
「花辺」「双柱」「双燭」
27.07g/0.931（画像は 4 レアル銀貨 13.54g/0.31）

フェルナンド6世銀貨
1746 年～
「花辺」「双柱」「双燭」
27.07g/0.917

カルロス3世銀貨
1759 年～
「仏頭」「鬼頭」
27.07g/0.903/0.917

カルロス4世銀貨
1788 年～
「仏頭」「鬼頭」
27.07g/0.903/0.917

フェルナンド7世銀貨
1808 年～
「花辺」「双柱」
27.06g/0.896/27.07g/0.903

20 レアル・ビロン硬貨など 1812 年～（スペイン本国）

欧州諸国本国銀貨

ダカット銀貨 Ducat，リックスダラー Rix Dollar，「番銭」「馬剣」など

その他金属貨幣

銀塊（秤量貨幣）

銀錠（馬蹄銀）
清朝中国

上海足紋銀（王永盛）
1 庫平両（37.301g）

足紋通行漳州餉銀
1 庫平両（37.301g）

銀錠
（阮朝ベトナム）

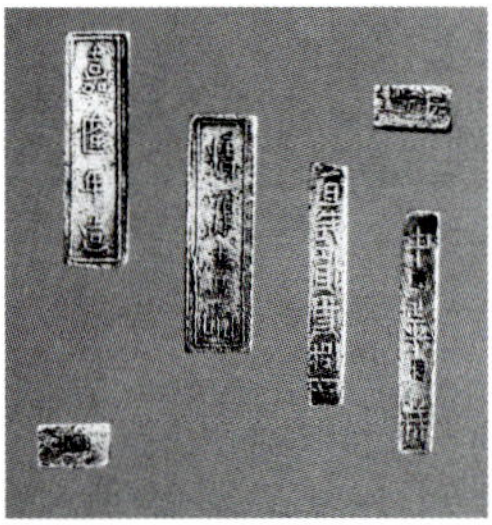

上海足紋銀（経正記）
1 庫平両（37.301g）

銭貨

清朝　乾隆通宝
1735 年～（銅銭）

VOC　銅貨
1790 年（重量）

蘭領東インド　銅貨
1826 年（重量）

阮朝　明命通宝
1820 年～　（銅銭）

阮朝　明命通宝
1820 年～　（亜鉛銭）

はじめに――「道光不況」論争と二つの会議

大橋厚子さんと豊岡康史さんのご尽力によってまとめられた本書の内容は、中国の銀問題にのみかかわるものではなく、東南アジアをも含む広い範囲にわたっている。しかし、本書の大きな部分を占める中国関係の三本の論文（アレハンドラ・イリゴイン、リチャード・フォン・グラン、岸本）は、この三名に加えて台湾の林満紅さんが参加した二〇一一年のロンドンでの会議と一二年の東京での会議において報告されたものであり、これらの会議が本書編集のきっかけの一つとなっていることも確かであろう。そのようなわけで、これらの会議でパネルが組織された経緯について述べるように、と編者のお二人から依頼を受けたので、序文にかえてその間のいきさつを簡単にご紹介しておきたい。なお、以下の記述のなかで、感想や推測にわたる部分もあるが、それらは私個人のものであることをご了解いただければ幸いである。

林さんとフォン・グランさんは中国経済史の専門家であり、私と専門が近いこともあって、数十年来のお付き合いである。それに比べて、ラテンアメリカ経済史がご専門のイリゴインさんと知り合ったのは比較的新しく、二〇〇六年四月に東京大学東洋文化研究所の黒田明伸さんの主催で開かれた国際ワークショップ「歴史における貨幣間の補完性（Complementary Relationship among Monies in History）」においてであった。その時、イリゴインさんは、十九世紀のラテンアメリカの貨幣問題がアジアにおよぼした影響に関心をおもちのようであったが、私自身はあまり十九世紀について勉強したことがなかったので自分の意見を述べることはできず、林さんの研究について紹介したと記憶する。林さんはもともと、十九世紀前半の中国の経済問題と経済思想に関する研究でハーバード大学の博士号をとっておられ、その後の論文でも、当時の中国の銀問題について、アヘン貿易のみにとどまらない、さらに根本的な要因として、ラテンアメリカにおけるナポレオン戦争や独立運動にともなう銀産の減少を強調しておられたので、きっと問題関心が一致するのではないかと思ったのである。その時は、林さんの英文の大著 *China Upside Down* が出版される少し前であり、イリゴインさんは、出版後さっそくそれをお読みになったのではないかと推量される。

おそらくそうしたことが機縁となって、二〇一〇年の二月に、イリゴインさんから長文のメールをいただき、会議パネルへの参加のお誘いを受けることとなった。そのメールの概要は、以下のようなものであった。私(イリゴインさん)は長いあいだ、清朝中国におけるラテンアメリカ銀の役割について林満紅教授と討論したいと思っており、すでに連絡をとって一応の了承を得た。私は、中国におけるスペインドルの重要性という点では林教授に強く同意するが、林教授と異なり、その量ではなく質が重要なのだと強調するものである。私は、林教授が博士論文や *China Upside Down* を書いた時点ではそれほど広く知られていなかった、ラテンアメリカにおける銀ペソ本位制度の終焉に関する情報を豊富にもっており、私の仮説についてぜひ中国史の専門家と意見交換をおこないたい——と。国際会議への参加について海外の学者からお誘いを受けることはよくあるが、これほど論点のはっきりしたお誘いはまれである。前述のごとく私は十九世紀についてはほぼ素人であるが、いわば林さんの介添え人として参加することになったわけである。

その会議とは、ENIUGHすなわちEuropean Network in Universal and Global Historyという学術組織の第三回大会で、LSEすなわちLondon School of Economicsで二〇一一年四月に開かれることになっており、LSEの研究員であるイリゴインさんがオーガナイズの責を担われたのには、自分の所属する機関での開催という事情もあったかもしれない。ENIUGHは、あまり日本では知られていないように思われるが、〇二年にドイツを拠点としてつくられた国際的な学術組織で、ヨーロッパで活動する研究者がおもに参加している。European Networkといっても、ヨーロッパ史が中心というわけではなく、ヨーロッパにおける世界史研究の伝統に立脚しつつ多様なテーマ・方法を含み、ヨーロッパ中心主義的・目的論的・普遍主義的な通念を乗り越えて、ヨーロッパ大陸の過去を"provincialise"することをめざしている、という。

イリゴインさんが応募して採択されたパネルは二部にわかれ、第一部のテーマは、「顛倒《てんとう》する世界――道光年間（一八二一～五〇年）の中国におけるスペイン領アメリカ銀の役割（The World Upside Down. The Role of Spanish American Silver in China during the Daoguang Reign Period, 1821-50）」、第二部のテーマは「フィリピンにおける貿易と貿易制度、十六～十八世紀（Trade and Instiutions of Trade in Philippines, 16-18th Centuries）」というもので、報告者は第一部が、林、フォン・グラン、イリゴイン、岸本、第二部が、イリゴイン、ソウザ（George Bryan Souza）、濱下武志、の諸氏であった。このうち、本書と直接関連するのは第一部であるが、その報告内容については、本書所収の諸論文と重複するので、ここでふれる必要はないであろう。聞きにきてくださった方々からは、「論争点がはっきりしていてなかなか面白かった」との感想をいただいた。これはたしかにそのとおりで、私も前もって、イリゴインさん、フォン・グランさん、林さんの関連論文をじっくり拝読し、反論すべきところは反論するつもりで臨んだのである。

ただ、このパネルによって論争点がある程度明らかになったとしても、議論がより高次の段階に進んだかというとそうでもなく、それぞれが自分の意見を述べるにとどまったことも否めない。二〇一二年の一月に再び、イリゴインさんからメールがきて、同年九月に東京の一橋大学で開かれるＡＨＥＣ（Asian Historical Economics Conference）で前年のロンドンでのセッションを「再演（repeat）」しないかというお誘いをいただいたとき、ほかの三人がみな参加を承諾したのも、そうした不完全燃焼感があったからかと思われる。

ＡＨＥＣは、二〇一〇年に日本を拠点に作られたＡＨＥＳすなわちAsian Historical Economics Societyが、アジア史における経済的・数量的分析を促進することを目標に隔年で開催する国際会議で、一橋大学での会議は二回目のＡＨＥＣであった。この会議でのわれわれのパネルは、「十九世紀中国における銀と貨幣（Silver and Money in 19th Century China）」を題目とするもので、報告者は前回と同じでテーマも同様であるが、それぞれの報告内容は、前回と比べてバージョンアップされたものといえる。本書に収録された四名の論文は、その時のペーパーをもとにしている。この会議では、セッションそのもの以外に、食事の際などに個人的にかなり詳細にわたる議論ができたことは収穫であった。双方譲らずの感はあったが、そのような議論をする機会がもてたこと自体、貴重な経験であった。

大橋さんによる本書の「あとがき」にもあるように、このパネルが、当時『十九世紀前半「世界不況」下の貿易・貨幣・農業――ユーラシア東南部における比較と関連』という科研プロジェクトを主宰しておられた大橋さんの目にとまり、この課題と「道光不況」をめぐる議論とが合体するかたちで本書が編まれることとなった。これはひとえに、大橋さんのイニシアチブとご尽力、および協力してくださった方々のご努力によるもので、心より感謝申し上げたい。

「道光不況」論争はもともと、アヘンをめぐる三角貿易やアメリカ大陸の銀問題と結びつくかたちでグローバルな広がりをもつテーマであったといえようが、その「国内経済」への影響を論ずるにあたっては、中国内部の問題に集中し、同様の広域的経済環境のなかで他の地域がどのような動きをみせているのか、といった点に注目する姿勢は微弱であった。しかし、「十九世紀前半「世界不況」下の貿易・貨幣・農業」の比較検討という視点からみることによって、「道光不況」問題も、さらに大きなスケールをもつ議論の場に引き出されてきたという感を覚える。

この新たな議論の場においては、以下のような問題が大きなテーマとして浮上してくるだろう。

第一に、十九世紀前半の東アジア・南アジアにおいて、銀はどのように動いていたのか、という問題である。一八二〇年代半ば以降五〇年前後まで、銀が中国から流出していたことは確かであるが、その銀はどこに行ったのであろうか。究極的にはイギリスへと逆流していったといえるのかもしれないが、その間に、東南アジア・南アジアの諸地域では銀の流出入はどのような動向を示しているのだろうか。為替決済の普及はそうした銀の流れにどのような影響を与えているのだろうか。

第二に、この時期の中国において、銀問題がたんなる貨幣不足問題ではなく多種貨幣（銀塊、銀貨、銅銭など）のあいだの複雑な問題としてあらわれているように、東アジア・南アジアの諸地域における経済変動を考えるうえでは、多様な貨幣間の関係、すなわち貨幣使用の実態や貨幣制度の変化が、比較史的考察の重要な対象となるだろう。

第三に、それぞれの地域の市場構造・産業構造によって、銀の流れの与える影響がどのように異なっているのか、という問題である。明末以来の中国では銀の流入が常態であったが、そうでない地域では、国際的な銀の流れの変化が地域経済に与える影響も異なっているだろう。特産品輸出に特化した地域と輸出依存度の比較的低い地域、もっぱら中継貿易をおこなう港市など、それぞれの地域の経済的特質に応じて、同じ広域的状況が異なる影響と対応をもたらすことは、当然のことといえる。このような諸地域との比較は、「道光不況」の理解の深化にとっても、おおいに役立つものと思われる。

第四に、政府の対応におけるさまざまなパターンの考察である。中国や東南アジア大陸部の現地政権と、東南アジア島嶼部やインドの植民地政府とでは、経済変動に対する対応のあり方も異なってくると思われるが、それぞれのあいだでも、地域社会に対する国家権力の浸透度や、経済政策を導く理念などの相違によって、さまざまな対応がありうるだろう。そうした対応を、一国史的文脈のみならず、大きな比較史的視野のなかで考察することは、それぞれの地域の研究にも大きな刺激をもたらしてくれるものと思われる。

本書所収の大橋論文が示すように、以上述べたような問題群は、すでに東南アジア史研究においては、十分に意識され、追求されつつあるように感じられる。本書をきっかけとして中国史研究もその仲間に加えていただくことができれば幸いである。

二〇一九年一月

岸本美緒

銀の流通と中国・東南アジア　目次

参考文献／口絵図版出典一覧

凡例

(1)とくに断らない限り、文中の（　）は著者による説明・注記であり、〔　〕は訳者・引用者による注記である。

(2)本文中の日付はとくに注記のない限り、グレゴリオ暦（太陽暦）である。

(3)漢字で表記される人名・官職名・地名などはすべて常用漢字に従った。

(4)振り仮名は、中国に関わる人名・地名については日本語音読みを付し、ベトナムに関わるものは現地音をカタカナで付した。ただし、慣習化しているものについては、中国のものでもカタカナのものを付した。例：厦門《アモイ》

第Ⅰ部

中国

序論　アヘン戦争前夜の「不況」——「道光不況」論争の背景

豊岡康史

はじめに

本書は、今世紀にはいってから本格化した十九世紀前半の東アジア・東南アジアにおける銀の流通をめぐる議論を紹介するものである。

中国と東南アジアは歴史的に、とくに経済において、極めて密接に連関していた。これは、東南アジア諸国が中国王朝に「朝貢」していた、などという表層的なものではない[1]。両者は、華人商人と欧米商人、あるいは東南アジア・南アジアの現地商人を媒介とし、さまざまな商品や貨幣が入り乱れるグローバルな経済構造に含まれていたのである。本書で取り上げる十九世紀前半には、その経済構造のなかを南米産の銀が大量に流通し、現地の社会・政治・経済に強い影響を与えていた。銀の流れの変容は、中国においては経済不振をもたらし、一方で東南アジアにおいては政治的危機と同時に中国あるいはインド・西洋との貿易の爆発的な拡大をもたらした。銀は、十九世紀前半、すなわち近代の始まりの時期において、社会経済を動かす極めて重要な要素であったのである。本書第Ⅰ部では、中国における経済不振の原因と実態をめぐる二十一世紀にはいってからの研究動向を紹介する。第Ⅱ部では、東南アジアにおける銀流通がもたらす影響について、概況とともに、とくにベトナムにおける銀流通と社会・国家の対応のあり方が明らかにされる。

さて、第Ⅰ部「中国」では、「道光不況」論争を取り上げる。「道光不況」論争とは、林満紅《リン・マンホン》(中央研究院、台湾)、アレハンドラ・イリゴイン(ロンドン・スクール・オブ・エコノミクス、UK)、リチャード・フォン・グラン(カリフォルニア大学ロスアンジェルス校、US)、岸本美緒(お茶の水女子大学、日本)の四人の経済史研究者を中心に、一八三〇年代、すなわちアヘン戦争(一八四〇〜四二年)直前の中国経済の「不振」を「道光不況」(英語：Daoguang Depression、中国語：道光蕭条)と呼び、その原因と内実、影響について議論するものである。

二十世紀末以来、中国は好調な経済を背景に、世界におけるその影響力を増してきた。そして、中国経済拡大に同調するかたちで、その理由を歴史のなかに探ろうとする作業がたびたびおこなわれ、今の中国経済の躍進は古の繁栄の再現であると超歴史的に結論づけられることもあったが[2]、着実な経済学的な検討[3]によってその現状については明らかにされてきているといってよい。では、古と現在のはざまにあった近代中国の停滞はなぜ起こったのだろうか。

比較経済史研究の議論の一つに「大分岐」論(Great Divergence)がある。すなわち近代以前の中国は西洋に匹敵、あるいは凌駕する文明を誇っていたのが、なぜ十九世紀初頭(あるいはそれ以前)に衰退しはじめたのか、それとは逆になぜ西洋は近代を迎え急速に発展したのか、両者の分岐は何によるのか、を明らかにしようとしたものである。大分岐論は当初、西洋人がどれほど優れていたか、西洋近代の優位性はいかに運命的なものであったのかを議論するものであったが、一九八〇年代以降、西洋中心主義に対する批判がおこなわれると議論はむしろなぜ中国は発展しなかったのか、という方向へシフトした。[4]この研究潮流のなかでおそらくもっとも影響力があった研究が、現シカゴ大学の経済史家ケネス・ポメランツが、二〇〇〇年に刊行した『大分岐』[5]である。『大分岐』では、イギリスの産業革命以降の発展は新大陸植民地によるもので、同時期の中国の経済中心地であった江南地方には、同じような資源や植民地がなかったという、資源のあり方を条件とした分析が加えられていた。これに対し、中国経済史研究者からは、実証の不足が指摘されている。[6] 結局のところ、近代中国の不振のはじまり、すなわち十九世紀前半、アヘン戦争前後の中国の「不振」の原因はなお明らかでないといえるだろう。[7] 中国と同様に、東南アジア経済も二十世紀後半以来、急速に成長してきたのだが、やはりその起点となる十九世紀前半の状況については、明らかとはいいがたい状況にあった(4章で詳述)。つまり、東アジア・東南アジアの現在の発展の前段階にある「不振」の実態はほとんど靄《もや》のなかにあったわけである。

「道光不況」論争はこの靄を晴らし、近代中国が、いかにして不振に陥っていたのかを、短絡的な文化論などではなく経済史研究の実証的な手法を用いて明らかにしようとするものである。同時に、この論争は中国経済の構造のみならず、世界経済との連関や、あるいは地域経済・国際経済史の理論的な検討におよぶもので、東アジア・東南アジアの近世・近代史のみならず、世界の近代を考えるうえで、極めて重要かつ示唆的な論争である。しかし、当然のことながら、この議論は経済史の専門家によって、専門的な知識を前提におこなわれており、それぞれの論文を一読しただけで理解するのはいささか難しい。

序論は、その専門的な議論を理解するための、基礎知識を解説するものである。まず、東アジア近代史上の重大事件の一つであるアヘン戦争とその直前の「道光不況」の概況について確認し(序論1節)、林をはじめとする四氏の論争を簡単に紹介する(序論2節)。そのうえで論点を整理し(序論3節)、論争を読み解くうえで、前提となるような中国経済史にかかわる事柄について説明をおこなう(序論4節)。序論が、イリゴイン(1章)、岸本(2章)、フォン・グラン(3章)の各論文による精緻な実証性をともなった専門的論争を読み解く一助となれば幸いである。[8]

1　「アヘン戦争」は何のために戦われたのか

一八四〇年、イギリスと清朝のあいだに勃発したアヘン戦争は、東アジア近代史の幕開けを告げる事件であった。欧米列強を牽引するイギリスとアジアの老大国清朝が直接激突し、イギリスの一方的な勝利に終わったのである。二十世紀末以来、清朝の政治・社会・経済に対するアヘン戦争の衝撃はじつは限定的であると指摘され、[9]研究者のあいだでは常識となった感があるが、シンガポールを建設し、東インド会社の独占を排して、実際に外交官を送りこんできたイギリスと清朝の直接対決は、なお十九世紀後半の欧米の帝国主義的拡大とその後の世界大戦の時代を準備する象徴的な出来事として、近代史叙述のうえで、極めて重要な位置を占めているといえるだろう。

では、そのアヘン戦争は、そもそも何をめぐって戦われたのだろうか。

アヘン戦争は麻薬をめぐる戦争だったのか

アヘン戦争は、その名前のとおり、アヘンという「麻薬」を、イギリスという当時の列強の雄が、アジアの老大国である清朝に押しつけ、それに反発した現地の人々をイギリス軍が蹂躙した、というイメージで語られることがあった。このイメージの出所ははっきりしている。一九三〇、四〇年代、中国分割をもくろむ大亜細亜主義を中国研究者の視点から支えた元京都帝国大学教授矢野仁一博士（一八七二〜一九七〇。一九三二年、退官。四五年、公職追放）の議論である。[10]矢野は、アヘン戦争を「自国において販売を厳禁するほどの道徳上衛生上の毒物を支那にその国法を無視して売りつけ支那人民の道徳衛生を敗壊して顧みないことを、アジヤ《原文ママ》民族に関するものとして敢て罪悪と考えない白色民族共通の心理」に基づくものとした。[11]ようするに矢野の主張はこうだ。「イギリス・アメリカなどの白人は、かくもアジアで横暴にふるまい、アヘンという毒物を売りつけて恬《てん》として恥じないばかりか、戦争までしかけ、アジアを支配している。この状況からアジアを解放するのは大亜細亜主義の実現に向けて奮闘する日本なのだ」。当時の日本は、公的機関も関与しながら台湾や朝鮮、満洲国、モンゴルなどでアヘンを生産し、中国や東南アジアへ密輸していたのだが[12]、そのことを矢野が知っていたのかについては問わないでおこう。

ともあれ、このような「不正不義」のアヘン戦争という認識は、いまでは専門家はほとんど強調しない。イギリスでは、アヘンはたしかに健康に良くないと認識されていたが、厳禁されてはいなかった。イギリスでアヘン製品の一般販売が禁止されるのは、一九六八年のことであって、アヘン戦争当時の清朝でもいわれた「イギリスは自国の禁制品を輸出している」という考えは誤解だった[13]。そもそもアヘンが「毒物」として認定され、国際的な規制対象となっていくのは、二十世紀初頭、アメリカがフィリピンを領有し、当地でのアヘン吸飲を問題視して以降のことであった[14]。アヘン戦争直前の清朝中国においても、アヘンはたしかに厳禁された。だが、それはアヘンが人体に有害だから、ではない。清朝の経済にとって有害だ、と考えられたからである。

高校世界史教科書のなかのアヘン戦争

アヘン戦争が麻薬戦争ではなく、経済戦争だったということは、現行の高校世界史の教科書にも明記されている。二〇一七年度の山川出版社発行の高校世界史Bの教科書のなかのアヘン戦争にいたるまでの記述をみてみよう。

「世界の一体化」を扱う世界史教科書の第Ⅲ部では、アジアの諸帝国(清朝・オスマン帝国・ムガル帝国など)の興隆から説明が始まり、続いて近世・近代ヨーロッパ・アメリカの状況がルネサンス、産業革命、アメリカ独立、ナポレオン戦争とウィーン体制の順に示される。その後、「アジア諸地域の動揺」と題して、西アジア、南アジア、東南アジアにおける現地政権の弱体化と欧米諸国の進出・植民地化が描かれ、その最後の部分に、以下のようなかたちでアヘン戦争があらわれる。

清代中期には、領土も広がり、中国の人口は十八世紀の一〇〇年間に一億数千万人から約三億人へとほぼ倍増した。しかし土地の不足による農民の貧困化や開墾による環境破壊が社会不安をうみだし、十八世紀末には四川を中心とする新開地で白蓮教徒の乱（一七九六〜一八〇四年）がおこった。この反乱は一〇年近く続き、清朝財政を窮乏させた。

一方、十八世紀後半にヨーロッパ勢力が南北両面から東アジアに積極的な進出を始めたことは、清朝を中心とする従来の東アジアの国際秩序を揺るがせた。ロシアと清とのあいだではネルチンスク条約（一六八九年）やキャフタ条約（一七二七年）に基づく国境での交易がおこなわれていたが、ロシアは、エカチェリーナ二世の使節ラクスマンを北海道の根室に派遣して日本との通商を求める（九二年）など、極東での交易増大をはかった。一七九二年にイギリスはマカートニーを清朝に派遣して、広州以外の港の開放など自由貿易を要求した。しかし乾隆帝は、貿易を恩恵とみる中華の立場を崩さず、その要求を認めなかった。

十八世紀後半に広州の対外貿易の大半を占めていたイギリスでは、本国での茶の需要の増大にともなって中国茶の輸入が急速に増加していた。しかし、産業革命で生産を伸ばした綿製品は中国ではなかなか売れず、輸入超過の結果、大量の銀が年々中国に流出していた。そこで、これを打開するために、十九世紀初めからは、中国の茶をイギリスに、イギリスの綿製品をインドに、インド産のアヘンを中国に運ぶ三角貿易を始めた。中国では、アヘンの吸飲が広がり、アヘンの密貿易が増えて、従来とは逆に大量の銀が国外に流出するようになった。はやくからアヘンの吸飲や輸入を禁止していた清は、この実情を重視し、一八三九年、林則徐を広州に派遣して取締りにあたらせた。彼は、広州でアヘンを没収廃棄処分にしたうえ、今後アヘン貿易をしないという誓約をイギリス商人にせまった。人の健康を害するアヘン貿易についてはイギリス国内でも批判が強かったが、イギリス政府は自由貿易の実現をとなえて海軍の派遣を決定し、一八四〇年にアヘン戦争（四〇〜四二年）をおこした。

アヘン戦争にいたる局面は、①十八世紀末に四川など長江中下流域の新開地が飽和し反乱が勃発、鎮圧費用のために財政難に陥った清朝に対し、②茶の輸入超過に悩むイギリスがアヘンという新製品を清朝へ輸出することで、貿易収支を逆転させ、清朝からは銀が流出、③林則徐がこれを取り締まろうとして、イギリスが反発して派兵、アヘン戦争勃発、というプロセスで説明されている。要するに両者とも現状に強い不満があり、緊張が高まったということになるだろう。この説明は、文部科学省が設定した指導要領に沿ったもので、各社もほぼ同様の説明をしている。挿入される清朝のジャンク船が爆発する図像［図1］も同じである。[16]

この世界史Bの教科書本文の内容は、もちろんアウトラインとしては誤ってはいないのだが、実際にはいくつかの飛躍が含まれている。第一に清朝経済の実態、すなわち清朝は一八〇〇年代前半の反乱鎮圧費用負担による財政難から、三〇年たっても立ち直れなかったのか。それが事実ならばなぜなのか、そしてそのこととアヘン戦争前後の状況にどのような関係があるのか、第二に、清朝経済の構造、すなわち清朝から銀が流出するとどのような問題が発生するのか、第三に、国際貿易構造、すなわち林則徐がアヘン貿易を取り締まるとなぜイギリスが怒り出すのか、が十分に説明されていないのである。

図1　ジャンク船を砲撃するイギリス東インド会社所有の蒸気船ネメシス号

アヘン戦争の直接的原因——イギリスと国際貿易構造

このうち、第一のものと第二のものは、清朝側の事情であり、第三のものは、イギリス側の問題である。このうち第三のイギリス側、すなわち戦争を仕掛けたほうの事情は、アヘン戦争開戦の直接のきっかけなので、世界史教科書にも言及はあるし、近年の研究で、詳細が明らかになっている。まず、直接のきっかけである一八三九年の林則徐によるアヘンの没収は、イギリスからみればイギリス臣民の財産に対する不当な扱いであり[17]、またアヘン没収とほぼ同時に始まるアヘン吸飲・取扱者に対する厳罰化は、場合によってはアヘンを取り扱うイギリス人商人の生命にも危険がおよびかねない行為であるため[18]、断じて受け入れられなかった。このためイギリスは開戦を選択したのである。

加えて、産業革命をへたイギリス工業界の事情が二つあった。第一に、清朝の貿易制度への不満である。当時清朝は、広州以外でのヨーロッパ船の入港・取引を原則として認めておらず、広州における取引にもいろいろと制限があった。イギリス、とくにマンチェスターの綿工場主たちは、この清朝政府による貿易制限のせいで、自分たちが生産した綿製品が売れないのだと考え、むしろ武力に訴えてでも清朝政府の貿易制限を撤廃させる機会が求められていたのである[19]。

第二の事情は、インド・中国・イギリスを結ぶ三角貿易とは別の、もう一つの、イギリス・アメリカ合衆国・中国を結ぶ三角貿易にあった。産業革命により飛躍的に綿工場での生産量が増加すると、当然のことながら原材料である綿花が必要となる。綿花はアメリカ合衆国南部で生産されており、これを購入するイギリス商人は、一八三〇年代にはいるとロンドン金融市場向けの手形(通称、アメリカ手形)を振り出して決済を始める。アメリカ商人はこの手形をもって清朝の広州を訪れ、茶を購入する。そうすると、広州の現地の商人はアメリカ手形を受け取って茶を売り、アメリカ手形でイギリスの商人からアヘンを買うのである。そしてイギリスの商人はその手形を持ち帰りロンドンで現金化した。この構造のなかでは、原材料としての綿花が必要なイギリスの工業界からすると、清朝へのアヘン輸出がストップすると、綿花の供給も止まるので、おおいに困る。清朝によるアヘン輸入禁止がもし実行されると国際的な決済構造の流れが滞り、イギリス経済に大きな打撃がもたらされるからである。[20] イギリスには武力に訴えてでも清朝へのアヘン輸出を続ける動機があったのである。

アヘンは不況の原因か

このように、国際貿易に関する要因、イギリス側の事情については、かなりの程度明らかになっている。では、清朝側の要因はどうなのか。アヘン戦争前の一八三〇年代、清朝経済は不振に陥っていた。このことについて、当時の人々も、のちの歴史家も認識は変わらない。この経済不振、すなわち「道光不況」こそが、清朝の態度を硬化させた背景として極めて重要であった。しかし、実際に道光不況の実態がどのようなものなのか、今ひとつ明確な像が結ばれない。左の二点をはじめ疑問点はたくさんある。

(1) 十九世紀初頭以来、清朝中央政府が財政難に陥っているとして、実際に清朝経済も不振に陥っているといえるだろうか。そもそも中央政府の財政状況とその国の経済状況は単純には結びつけられないのではないか。

(2) 清朝はアヘンを大量に輸入して貿易赤字に陥っているのだが、そのことは清朝経済にどのような影響を与えるのだろうか。貿易収支と経済状況もまた、単純には結びつけられないはずである。

しかし、これらの疑問は従来、無視されてきた。それには相応の理由がある。その理由の一つが、清朝経済の衰退とアヘン輸入の増加のあいだの連関について、アヘン輸入が増え始めた一八二〇年の段階で清朝側の人士によって、すでに指摘されていたことにある。そして、その後、清朝当局者はその指摘を踏襲して同様の主張を繰り返すようになっていた。[21] なるほど当事者によるならば、清朝経済はアヘン輸入によって掘り崩されていたことは動かないように思われるだろう。ではその「先駆的」な指摘の内容をみてみよう。

現在、市中では貨幣として銀と銅銭が使われている。民草《たみくさ》の仕事の報酬は、みな銅銭で支払われる。一方、商人が商品を遠くに運んで取引するのには銀を使い、市場で売るときには、銀の価格を銅銭に直して、価格を決める。このため、銀が少なくなれば銀の価格は上昇し、銀の価格が上昇すれば、市場での価格が高騰する。また、民草は納税においても、銀建ての納税額を銅銭に換算して支払う。つまり銀の価格が高ければ、必要な納税のための銭も増えてしまう。このため民衆はさらに困窮することとなる。だから貨幣としての銀は、そもそもは〔農業のような〕富の根幹ではないのだが、その影響は五穀よりも大きいのである。〔中略〕

アヘンは外国人が生産するもので、その害は酖毒《ちんどく》と変わるところはない。だから厳しい禁令を下し、アヘンを売るものは処刑し、吸うものを罪に問うている。しかし、近年、アヘンの取引を禁じても、盛んになる一方である。以前は、福建や広東で取引がさかんにおこなわれていたが、今ではどこでもおこなわれるようになった。

蘇州の街を例にあげてみよう。蘇州ではアヘンを吸うものは十数万人をくだらない。アヘンの価格は同じ重さの銀の四倍になる。アヘンを吸うものは少なくとも毎日銀〇・一両〔地域によるが銀一両は純度約九八％、約三五グラムを基準としている〕をアヘンに費やしている。つまり蘇州の街だけで、毎日少なくとも銀一万両以上がアヘンに費やされることになる。一年ならば三～四〇〇万両はくだらない。各省の大都市を合わせれば、万の万倍の銀両が費やされる。最近では贅沢が流行っているが、贅沢に使った金は貧しい家々に拡散してゆく。楚人が弓を亡《な》くしても、その弓を得るのは楚の人だ、という諺があるとおりだ〔つまり国内で支出される限り、全体としては損失は発生しない〕。しかし、アヘンを購入して消費するのは違う。その代価である銀はすべて外国人のものとなるのだ。

土地税と、塩税や関税などを合わせても国の歳収は四千万両にすぎない。しかし、アヘンという一つの商品によって外国へ流れ出す銀の量は、税金の倍に達するのである。

銀は貨幣として流通し、その鉱山での生産も止まってはいない。ではなぜ近来、銀の価格が日ごとに上がり、市場の銀が日ごとに減ってゆくのか。その流出の理由は、じつはここにあったのだ。外国人は役に立たない土塊《つちくれ》を持

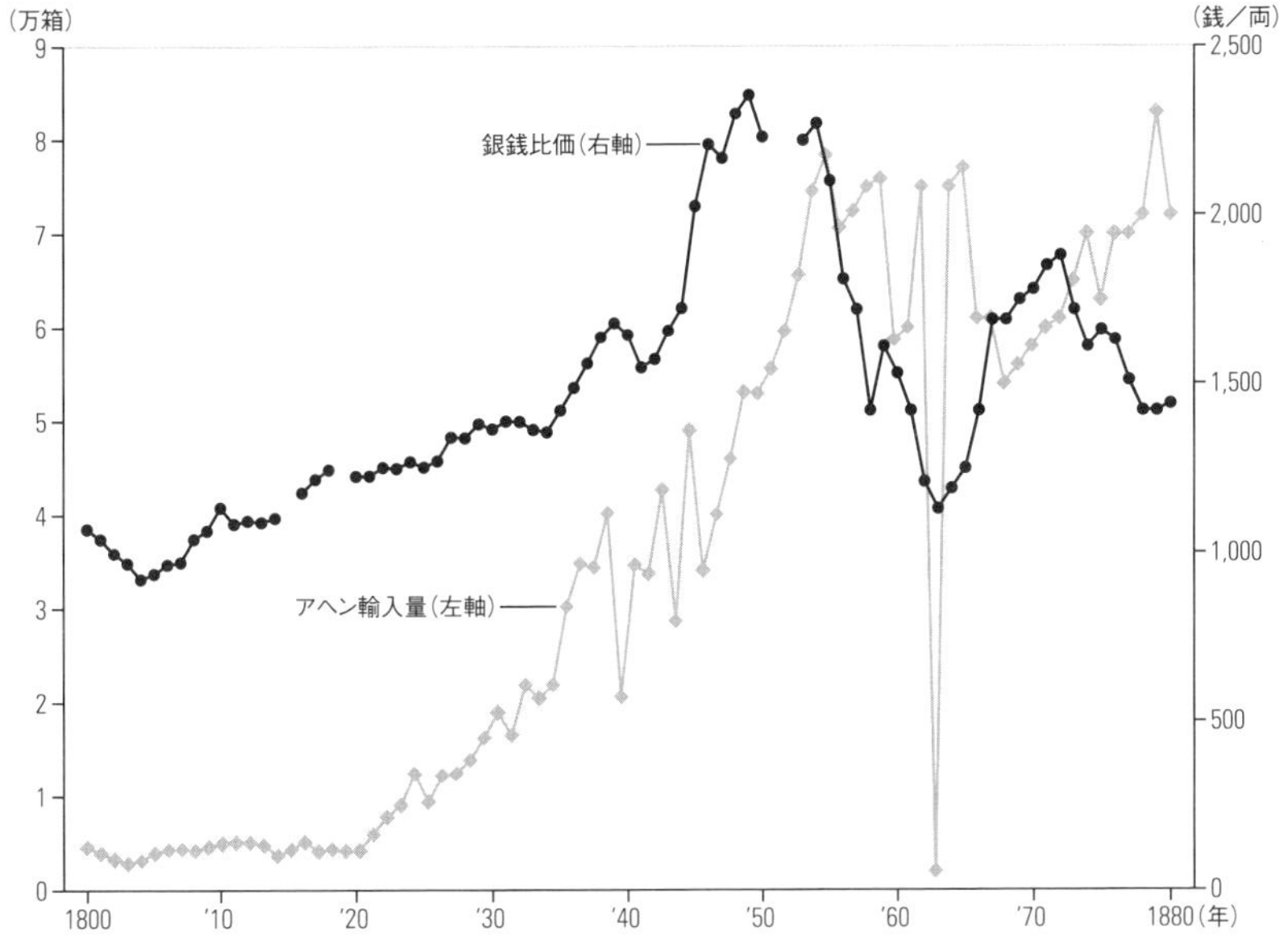

図2　銀銭比価とアヘン輸入量(1800〜80年)
出典：林満紅『銀線——19世紀的世界与中国』台北，国立台湾大学出版中心，2011年，107〜108，110頁。

ち込み、内地からは銀が出てゆく。中はうつろになるばかりで、外に実のあるものが流れ出しているのだ。見過ごすことはできない。外国人によって、銀がアヘンに換えられているのだ。

この文章を書いたのは、当時、地方官僚の秘書として活躍し、同時に学者としても著名であった包世臣《ほうせいしん》という人物である。彼は一八二〇年に記した「庚辰雑著《こうしんざっちょ》二」(『安呉四種』所収)のなかで、耕地を狭めるタバコ栽培や穀物を無駄にする酒の醸造と並ぶ、当時の経済的な不振の理由の一つとしてアヘンをあげている。アヘン吸飲の流行が、アヘン輸入、銀流出を増やし、当時の中国における銀の量を減らし、デフレーションを発生させるとともに銭建ての銀価格を押し上げ、銭の価値を押し下げることで、人々の生活を著しく悪化させた、と慨嘆していたのである［図2］。

包世臣も指摘するように、当時の中国においては、普段遣いの小規模決済には銅銭を用い、大口決済や納税に銀を用いていた（いつからこうなったのかは後述する）。銀の価値が、銅銭に対して上昇する（つまり銅銭の価値が下落する）と、庶民にとっては納税額や、他地域からはいってくる商品の値段が跳ね上がってしまう。そのため銀の不足とその価値上昇は、直接農民たちの生活を脅かす現象であると考えられていた。なるほど、包世臣の主張は、当時の経済構造に立脚したものであるのかもしれない。

しかし、包世臣の主張にはそのままでは納得し難い点がいくつか存在する。彼は、一日の消費量分のアヘンの末端価格銀〇・一両に一〇万人という推定アヘン吸飲者数と日数を乗じて、毎年、蘇州だけで三〜四〇〇万両がアヘンに消えたとしている。当時の清朝最大の経済都市蘇州をかかえる江蘇省蘇州府の人口は大きく見積もって推定六〇〇万人。同等の経済力をもつ大都市は清朝領域内では北京・漢口・広州くらいだろう。当時の清朝の人口は推定三億で、蘇州府の人口はその二%を占めるので、清朝全体の住民の経済力の平均が蘇州住民の平均と同程度であるならば、清朝全体で一年で「万の万倍」＝一億両分も消費できるのかもしれないが、そもそも末端価格の総計がそのまま海外へ流出するという考え方自体が奇妙であろう。ちなみに、アヘン戦争開戦前にアヘン厳禁論を主張した黄爵滋《こうしゃくじ》は、銀の流出量は毎年二〜三〇〇〇万両の巨額にのぼるとし、一八三〇年代前半に両広総督（広東・広西の地方長官）を長く務めた阮元《げんげん》は、巷間では銀一〇〇〇万両が毎年流出するというが実際には貿易差額が流出するにすぎないのであわせても年間二〜三〇〇万両程度ではないか、という推測をしている。[22] 二〇〇万両から三〇〇〇万両まで推測の幅は広いのだが、これとて一八三〇年代というアヘン輸入量が急増していた時期の推測であり、まだアヘン輸入が本格化していない一八二〇年に包世臣がおこなった「万の万倍」の銀両の流出、という主張はかなり誇張されたものといわねばならない。

当時のカントンでのアヘンの輸入価格は、一定していたわけではないが、一箱三〜八〇〇両程度で推移している。一箱に一〇〇斤（一斤＝六〇〇グラム弱）のアヘンが詰まっており、しばしば、これはアヘン中毒者一〇〇人の一年分使用量に匹敵するという。つまり、中毒者一人は一斤すなわち輸入価格三〜八両分のアヘンを消費することになる。では、中毒者が手にする末端価格はどれほどなのか。包世臣は、毎日〇・一両という。〇・一両だと、年間三六両程度を消費することになり、末端価格は輸入価格の五〜一〇倍ということになろう。こう考えると〇・一両というのは突拍子もない価格ではないのかもしれない。しかし、十九世紀初頭は、地域によるが一〜二両あれば、庶民一人が一カ月暮らせたのだから、もし〇・一両分のアヘンを毎日消費していると一カ月の生活費の倍近くの金銭を必要とすることになる。このようにアヘン戦争以前のアヘンは、中国社会においては、なかなかの高級品であったのだが、では中毒になるほどアヘンを消費できる人間が、当時の中国社会にどれほど存在したのだろうか。当時の清朝の緑営兵士(総計約八〇万人)の給与でも月額二両程度である[23](もちろんここにさまざまな非正規副収入があるので、実収入はもう少し多い)。緑営兵士は中間層の中下層くらいに位置づけられるので、毎日〇・一両出せるのはそこそこの富裕層ということになろうが、そんな富裕層がいくらもいたとは思えない。包世臣がいうほど、アヘンの消費が広範に広がっていたとは考えにくいのである。

加えて、**図2**をみればわかるように、銀の価値の上昇傾向は、アヘン輸入増加以前から始まっている。たしかに一八三〇年代にはいればアヘン輸入が銀価高騰をもたらしたようにみえるかもしれないが、それ以前について、アヘン輸入が銀流出をもたらし銀流出が銀価上昇をもたらしたと断言するのは難しいだろう。

包世臣の主張は、このようにいくつか検討を加えてみると、いささか無理な前提をもとに展開されたものであって、アヘン輸入が増えた、だから銀が流出した、それで景気が悪くなった、というのは、たとえ当時の人がみなそう信じていたとしても、実態としてそうだったとはなかなか認められないのである。

では、清朝側の実際の経済状況はどうだったのか。アヘン密輸とどのように関係するのか。これらのことを考えるためには、以下の事が解明される必要がある。

A　アヘン密輸によって、どれほどの銀が流出しているのか(銀流出の総量)

B　銀はどのようなかたちで流出したのか、あるいはしていないのか(銀流通の構造)

C　銀流出は清朝の人々の生活にどうかかわるのか（銀の役割）

アヘン密輸と清朝経済の関係を考えるならば、まずはここから確認がなされなければならない。Aの銀流出の総量については、おおむね貿易収支とかさなるからイギリス側の記録をみていくことである程度はわかるだろう。しかし、Bの銀流通の構造と、Cの銀の役割は、清朝の経済構造、市場構造の問題である。これがじつは非常に難しい。

上記の問題に対する当時の政策当局者の認識はどうだろうか。じつはアヘン戦争直前の清朝は経済構造について考えるのをやめていた。当時の清朝政策当局者は、アヘン密輸が銀流出を起こし、銀流出がデフレを起こし、デフレが清朝経済を痛めつけているのだから、アヘン密輸を根絶すべきである、とするのみであった。銀の価値上昇が始まった一八二〇年代には、銅銭の銅含有量低下やラテンアメリカ銀貨へのプレミアム付与（同じ重さ／銀含有量でも海外の銀貨のほうが高く取引される）などさまざまな理由が提起されていたが、そのうち、全部アヘンのせいになってしまっていた。[24]

一八三〇年代末、たしかに銀価格は高騰し、清朝経済は不景気に苦しみ、アヘン密輸は横行していた。これらの事象は簡単に結びつけることはできない。では、これらにはそれぞれどのような関係があるのか。そして、これらの要素は、清朝経済の景況、構造のなかでどのように位置づけられるのか。

本章では、右の問題意識をもとに四人の代表的な経済史研究者によって繰り広げられた論争を紹介しながら、実際の論争について読み解くための前提について説明してゆく。この議論は、たんにアヘン密輸と中国経済といった問題にとどまらない。海外貿易収支と国内の経済状況はどのようなかたちで連関するのかという抽象的な経済史上の問題もあるし、また、銀というモンゴル帝国の出現以来、数百年にわたって世界経済を結びつけてきた貨幣とは何だったのか、という世界経済史上の根幹的な問題にもかかわるものなのである。

では、実際に四氏の議論についてみてゆくことにしよう。

2　一八三〇年代の中国と銀──「道光不況」論争

発端──林満紅『チャイナ・アップサイドダウン』

アヘン戦争の背景となる中国の経済状況についての議論を活性化させるきっかけをつくったのは、二〇〇六年十二月に出版された林満紅『チャイナ・アップサイドダウン』[25]であった。

林はいう。アヘン戦争という清朝とイギリスの武力衝突が発生した原因となった銀流出は、アヘン流入によって引き起こされたものではなく、むしろ世界全体の銀流通量の減少によるのだ〔図3〕。十九世紀初頭、ナポレオン戦争とそれに引き続くメキシコ独立戦争により中南米における銀鉱山は操業を停止し、世界全体で銀流通量が減少した。さらに一八二〇年代には中国産品を買い求めるはずのヨーロッパが不況に陥り中国産品が売れなくなった〔図4〕。アヘン戦争にいたる十九世紀前半の清朝中国における銀不足とそれにともなう不況は、ここに原因があるのだ。銀という貨幣の不足はたんに商業的なデフレ不況を引き起こすのみならず、銀の高騰によって農村の困窮をもたらした。納税に使われる銀の価値上昇は、必然的に農民が収入として得る銅銭の価値の低下をもたらす。要するに農民にとっては急激な減収・増税に見舞われ、政府はとくに収入が増えないにもかかわらず徴税に苦労するようになったのである。一八五〇年代、中南米での銀鉱山の操業が本格的に再開され、ヨーロッパで景気が回復すると、清朝には再び銀が流入するようになり、息を吹き返した清朝は太平天国の乱を抑え込み、同治中興を達成した。世界全体での銀生産量と流通量こそが、十九世紀中国の運命を左右したのだ、と。

林の主張は、それまでの、アヘン輸入が銀流出を引き起こし、銀流出が清朝経済に打撃を与えていた、という伝統的な議論に大きな揺さぶりをかけるものであった。アヘン輸入と銀流出という関係だけをみていると要するに清朝とイギリスのあいだの貿易だけが問題になるのだが、それに対し林は、そもそも銀を生産し、世界に銀を供給しているラテンアメリカの状況を勘案し、世界全体での銀の流通量も検討すべきであると指摘したのである。これは、清朝の貿易赤字の拡大に対し、アヘン貿易はそれほど大きな影響を与えなかった、ということを指摘したものである。このアヘン密輸の重要性の否定については、多くの論者に受け入れられた。そして清朝経済の悪化の背景に注目が集まり出したのである。

ラテンアメリカ研究者からの反論――イリゴイン「道光年間の中国におけるトロイの木馬」

林の議論に対し、ラテンアメリカ経済史を専門とするアレハンドラ・イリゴインは、林の議論は銀の総量のみを問題としており、その種類について勘案していないという批判をおこなった。本書1章のイリゴイン論文「道光年間の中国におけるトロイの木馬」にその議論がまとめられている[26]。

これまでのような中英貿易ではなく、中国とアメリカの貿易に注目するイリゴインの主張は、以下のようなものである。重要なのは世界全体での銀生産量・流通量ではなく、メキシコで鋳造される銀貨の品質である。スペイン領ラテンアメリカ、なかでもメキシコでは、長らく八レアル銀貨、通称カルロス銀貨が鋳造されてきた(カルロス銀貨については本章三七～三八頁で後述するが、本書では一八一〇年代のメキシコ独立戦争以前にスペイン領ラテンアメリカで鋳造された八レアル銀貨を総称してカルロス銀貨と呼ぶ)。十九世紀にはいるとラテンアメリカ諸国がつぎつぎと独立する。一八二〇年代、独立後のメキシコでは銀貨改鋳がおこなわれ、銀含有量が引き下げられた(これ以降、本書では、メキシコで鋳造された銀貨をメキシコ・ペソと呼ぶ)。このことは、それまで数十年以上にわたって安定して高品質であったカルロス銀貨の新規供給が途絶えることを意味していた。清朝のなかでの経済中心地域である江南(長江下流域)では、長らく信頼できる交換手段として、カルロス銀貨を利用してきたが、このカルロス銀貨の新規供給が減少し、品質の悪いメキシコ・ペソが流通するようになると、江南では信頼できる交換手段が消滅し、取引コストは急上昇、清朝経済全体が混乱に陥った。じつ

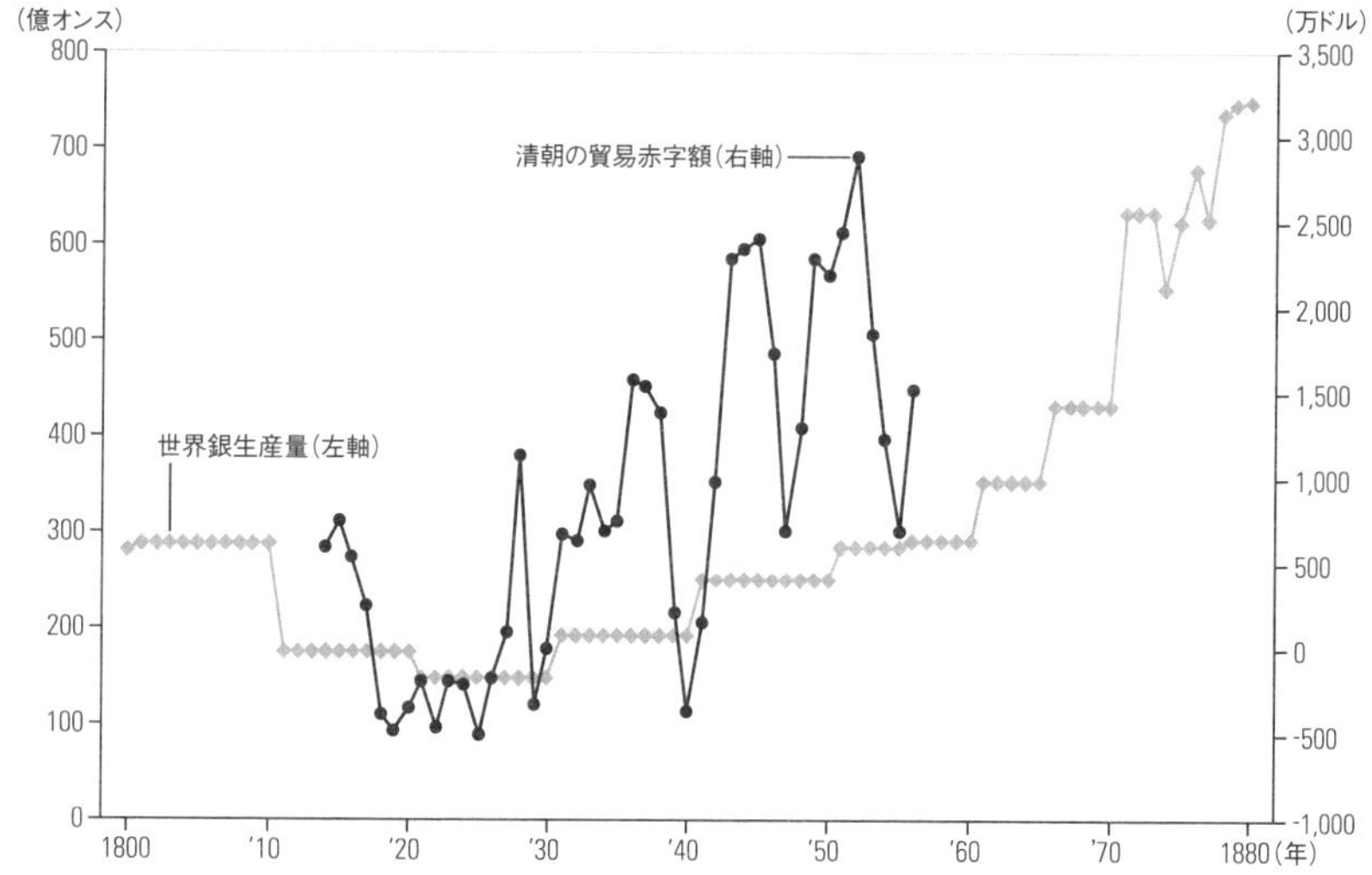

図3　世界銀生産量と清朝の貿易赤字額(1800〜80年)
出典：林満紅，前掲書，105〜106，131頁。

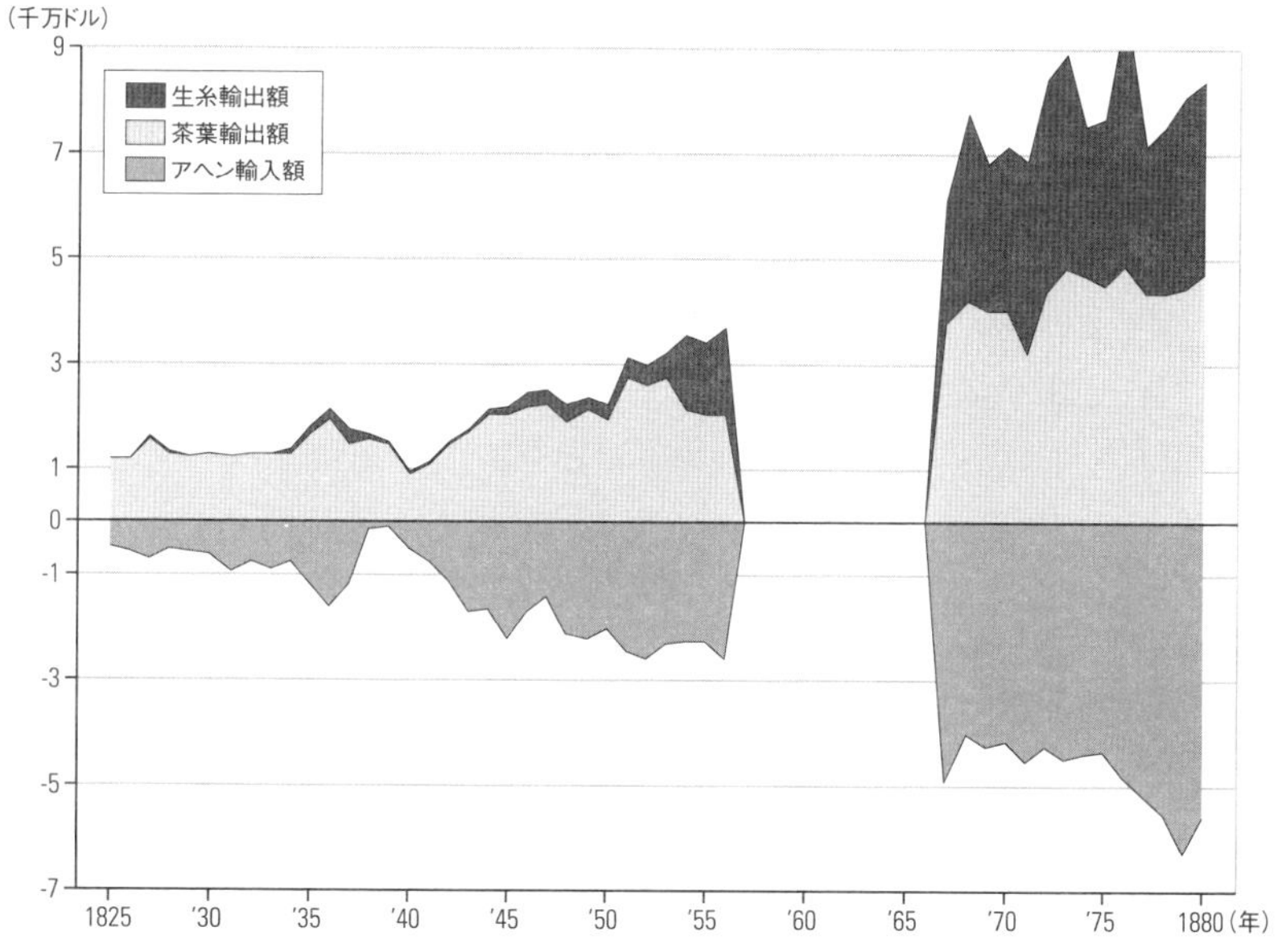

図4　茶・生糸・アヘンの輸出入額(1825〜80年)
出典：林満紅，前掲書，122〜124頁。

は、このような高品質なカルロス銀貨への依存は、同時期の米国市場でも見受けられたが、米国政府は独立後の品質が低下しているメキシコ・ペソに対し政府信用を与えることで市場での利用を促進した。一方、清朝政府はそのような貨幣政策をおこなわなかった。そのため、一八二〇年代以来、清朝経済は混乱のなかから立ち直ることができなかったのだ、と。

イリゴインの議論は、銀の総量ではなく、清朝の経済的な中心である江南地域でとくに好んで用いられたカルロス銀貨に注目し、なかでも、銀の供給量ではなく、需要する清朝側の特定の銀の形態への選好を重視している点に特徴があった。カルロス銀貨というスペイン領メキシコで鋳造されていた銀コインが、安定した銀含有量から、同じ重さ、同じ銀含有量の銀塊よりも少し高い価値を付されて流通していたことは戦前から指摘されていたし[27]、佐々木正哉は一九五四年にすでにアメリカからのカルロス銀貨流入が途絶したことが銀価騰貴にともなう混乱の原因となったと指摘していた[28]。イリゴインはこの点に着目し、その混乱の原因をカルロス銀貨の改鋳という、いっけん中国とまったく関係のない地域の事象に見出したのである。

中国経済の自律性への高評価――フォン・グラン「十九世紀中国における貨幣需要と銀供給」

林とイリゴインの議論を受けて、中国経済史の泰斗として長年活躍してきたリチャード・フォン・グラン(宋から明までの貨幣政策史および中国経済通史にかかわる著作がある[29])は、対外貿易収支の影響力を小さく見積もり、むしろ清朝経済の自立性と巨大さを前提として、清朝経済の混乱の原因を、清朝経済内部に求めるべきであると主張した(本書3章[30])。フォン・グランは、カルロス銀貨が広範に受け入れられたことは認めつつ、一八二〇年代におけるメキシコでの改鋳は中国経済に混乱をもたらすことはなかったとする。フォン・グランは中国では単純な貨幣数量説は通用せず、特定種類の貨幣供給が需要を刺激し、さらに貨幣需要が増して、供給が続くのに価格が上がり続けることがあると指摘している。すなわち、一八二〇年代に銀含有量が低下してもなお安定して供給されるカルロス銀貨を含むラテンアメリカ銀貨は、その供給量以上になお中国で需要されていたため、供給量にかかわらずプレミアムが付され、高い価値が付加されて歓迎され続けたとする。そのプレミアムのゆえに、広東での対外貿易では、銀塊を売ってカルロス銀貨を購入することが増え、銀塊は、中国では受容されず海外へ流出していた。その結果、中国全体で銀塊の流通量が減少し、銀価格が上昇したが、必ずしもその影響は大きくないとする。

フォン・グランは、むしろ十九世紀初頭の清朝政府による銅銭の改鋳による含有量低下が銭需要を弱め、価格低下を引き起こしたことに注目し、それが、銀価格を相対的に上昇せしめたという。そして、それらの貨幣的な要素に加えて、中国経済史研究者である呉承明が指摘したように、災害などの国内要因によって一八二〇〜三〇年代の中国経済が低迷していたとする[31]。このように、清朝経済の自律性を高く評価し、海外要因の影響を低く見積もる点が、フォン・グランの議論の特徴といえよう。

清朝経済構造の再検討――岸本美緒「十九世紀前半における外国銀と中国国内経済」

以上の議論は、基本的にそれぞれの研究者が独自に検討してきた事柄をそれぞれに発表するものであったが、二〇一一年四月にロンドンでおこなわれたグローバル・ヒストリーにかかわる国際会議のパネル[32]および、翌年九月に一橋大学でおこなわれたアジア歴史経済会議のパネル[33]で、上記三氏に加え、岸本が直接議論する場が設けられた。そこで、岸本は、上記三氏の主張をまとめながら、以下のような議論をおこなった。

まず、イリゴインが重視したカルロス銀貨については、分析の結果、カルロス銀貨を利用する地域は限られているし、利用している地域においても、銅銭や銀塊も重要な役割をはたしていることから、カルロス銀貨の銀含有量の変動が直接、清朝経済全体に影響をおよぼすとは考えにくい。また、当時、たしかに銀の高騰が全国的にみられたが、当時のカルロス銀貨に対するプレミアムは一〇％以下になる場合がほとんどで、これが清朝経済全体に銀不足をもたらすほど重要な要素であったとも考えにくい。このように岸本は、各地域における通貨使用状況を克明に検討したうえで、一八三〇年代の中国における不況（道光不況）の拡大プロセスを解明するにはさらなる検討が必要であるとした。

四氏の議論は、彼ら自身も整理するように、林、岸本の供給要因派と、イリゴイン、フォン・グランの需要要因派の二つに大別できる。前者は、清朝経済は海外からの銀流入に頼っているので、供給状況次第で清朝経済の状況も変動するとし、後者は海外からの銀流入の多寡よりも、銀を求める清朝経済内部の要素を重視しているといえるだろう。

では、この両派のあいだで、どのような要素をめぐって、議論がわかれているのだろうか。論点ごとにもう少し細かくみてみよう。

3　論点——供給要因派と需要要因派の違い

供給要因派と需要要因派では、清朝における銀流通の状況に対する評価が異なっている。以下、事項ごとに相違点を整理しておこう。まずは銀の流出量、すなわち対外貿易収支について確認し、その後は、清朝の市場構造にかかわる問題についてみてゆきたい。

銀流出量の多寡

銀流出入量の見積もりには、供給要因派・需要要因派のあいだで大きな差がある。林は、一八一四年から五六年のあいだの銀流出額は総計三億六八〇〇万ドル（当時の一ドルは純度約九〇％、二七グラムで、おおむね銀〇・七両にあたる）で、咸豊年間（一八五一〜六一年）に中国で流通していた銀総量一六億七〇〇〇万ドルの一八％にあたると推計している。一八四〇年以前に限るならば、六二〇〇万ドルあまりとなる一方、[34]フォン・グランは一八一八年から五四年までの中国の銀流出総額を一億三四〇〇万ドル（三五七六トン）と推計している。銀流通総量は林と同じ数値を用いているので、流出したのは全体の三・五％ということになろう。一八四〇年以前に限るなら三一四〇万ドルとなる。前者をとれば、銀流出の衝撃はかなり大きいし、後者を取れば、その衝撃は小さく見積もられることになる。

以上の議論は貿易収支額をめぐるものであり、実際の決済された額の推計をおこなっているわけではない点に注意が必要であろう。例えば、イギリス東インド会社は、清朝側の商人に数万両、数十万両単位で銀を貸し付けていたのだが[35]、貸し付ける銀はイギリス側が貿易で得た利潤が用いられるので、貿易収支には清朝側の赤字額として組み込まれているものの、実際には借金の元本分の銀は清朝領域にとどまり、流出していないことになる（なお、この貸付は利率も高いので評価が難しい）。そもそもすべて現銀によって決済がおこなわれたのかどうかを確認するのも難しい。信用決済であれば、物理的には流出していないことになる。結局のところ、現在利用可能なデータから銀流出の多寡を正確に算定するのは困難であるといえるだろう。

銀流出のメカニズム

基本的に銀は広東における貿易を通じて、インド（あるいはイギリス）へ向けて流出するという点は両派に共通する認識である。清朝は、一七五七年以来、対欧米貿易は広東省広州のみでおこなうよう制限を加えていたのであるが、それ以外の対外貿易は、例えば日本とは浙江で、東南アジアとは福建、広東各地の港湾で貿易がおこなわれていたし、内陸ではロシアや中央アジアとの交易もあった。そのなかでも、規模が突出して大きいのがいわゆる広東貿易であった（4章参照）。

供給要因派は、その銀流出を広東における貿易赤字によるものと見積もるのに対し、需要要因派は、カルロス銀貨への選好の結果であるとする。フォン・グランによれば、江南での質が安定したカルロス銀貨への選好により、広東での対外貿易においてもカルロス銀貨の輸入が求められた。その際、カルロス銀貨には同重量・同純度の銀に対し数十%にのぼるプレミアムが付されたため、銀塊はカルロス銀貨と交換に際して、銀塊が海外へ持ち出されることになったとする。ただし、フォン・グランはこのプレミアムに基づく銀流出量はそれほど多くないとしている。

　これに対し、岸本は、江南における一部地域での銀貨選好が、全国規模の銀価格上昇をもたらすかは疑問であるし、銀価格は中国内陸部においても上昇しており、カルロス銀貨との交換のために広東へ銀塊をもたらすよりも、直接内陸部へ持ち込まれるほうが自然であると指摘している。いずれにせよ、銀貨のプレミアムが銀流出に及ぼす影響は大きくないと評価されているといえるだろう。

銀流出の衝撃の度合い

　需要要因派は、問題は特定の銀貨にあるので銀流出の全体量は大きな問題ではないとする。一方、供給要因派はそれが、たとえフォン・グランなどの推計のとおり銀総量の数%であったとしても、銀流出は中国経済に打撃を与えうるとする。例えば林は以下のように指摘している。

> もし議論する対象が機械であれば三~七%の重量減少は重要ではない。例えば、一〇〇個のレンガからなる壁からレンガ三~七個を取り外しても、壁は崩れたりしないだろう。しかし、生物が議論の対象であれば、三~七%のシステム上の変化は致命的である。例えば、人体に、全血液量の三~七%に当たる量の毒が体内に投与されたら、それが極めて有害であることはいうまでもなかろう。中国の銀への依存は、政府の財政においても、経済全体においても、人体が血液に依存しているのと同様の性質をもつ。その有意な減少は、中国経済という組織の機能において有害なのである。[36]

供給要因派は、中国の市場が銀供給の継続を前提に構成されており、銀供給の停止は市場の機能を著しくそこなうとした当時の知識人の認識には根拠があると考えている。一方、需要要因派ははっきりとした取引の場についてのイメージを提示してはいないのだが、これは当時の知識人がもっていた認識と実態が異なっているため、史料に直接的に状況が描かれないためであるとする(フォン・グランは一九九六年に刊行した著書[37]でも当時の筆記史料の記述をそのまま鵜呑みにすることに注意を促している)。

カルロス銀貨の流通の一般性と中国市場流通構造

もう一つの問題は、銀がどのように流れ込み、流れ出すのかという、中国国内における市場流通構造の問題がある。この点は、需要要因派がある程度統合された中国市場をイメージし、その中心に江南経済をおくのに対し、岸本は地域別に貨幣利用状況を丹念に明らかにし、カルロス銀貨という特定の銀貨の利用が、必ずしも広範囲に広がっていないことや、ラテンアメリカ独立後もメキシコ・ペソ利用は拡大していることを指摘している。同時に岸本は輸入銀が流通過程に浸透する過程を以下のように描いている。

例えば、生糸生産者は、生糸を外部の商人に売って、銀を獲得し、それによって近隣の農民から食料品を購入する。これらの銀を食料品売却によって得た人々は、綿布やほかのこまごましたものを銀で購入していく。もし銀流入が何らかの理由で止まってしまうと、生糸生産者は食料品を購入する銀がなくなり、食料品生産者も綿布などを購入する銀がなくなる。収入の減少もまた連鎖する(岸本2章:一四五頁)。

そのうえで、岸本は貯水池連鎖モデル(岸本2章:図28)を提示し、それぞれの貯水池における広域市場と地域市場を結びつけるモデルとして、銀の貯水池が地域市場まで連鎖しているものと、銀を利用する広域市場と銅銭を利用する地域市場が独立したものの二つを提示している(岸本2章:図29、図30)。加えて、岸本は銀流出入量変動に対する反応には地域ごとの多様性があることを指摘している。

ただし岸本にしても、実証的なかたちで銀の市場への浸透の仕方を明らかにしたわけではなく、モデルの提示にとどまっている。例えば茶や生糸など輸出品の大宗を占める商品が生産者からどのような過程をへて輸出されるのかについてすら、まだはっきりと解明されたわけではない。清朝期の商業流通の詳細を記録した史料が見当たらないのである。しかし、この市場構造のあり方がわかれば、銀流出のメカニズムも、あるいは銀流出量も、そして銀流出がもたらす衝撃の度合いも理解できるだろう。この点の検討が今後求められているということについては、四氏の共通理解となっていよう。

貨幣使用についての観点

両派ともに貨幣を、名目主義(素材金属含有量にかかわらず、国家などの認定などによって価値が決まるとする考え方)、あるいは金属主義(素材金属含有量によって価値が決まるとする考え方)のいずれかの観点を排他的に採用するという二分法をとってはいない。フォン・グランとイリゴインは、カルロス銀貨の安定した銀含有量が、江南におけるカルロス銀貨選好の理由であるとしており、需要側の金属主義的選好に注意を向ける。このような、貨幣利用にさいしての金属主義的選好があったこと自体は、従来から指摘されているもので、両派ともに認めるところである。一方で、清朝における貨幣の価値が、すべて金属主義的に決まるわけでもない。銅銭にせよ、銀貨にせよ、その形状がつねに重視されており、ときにその形状ゆえにプレミアムがつくことがあった。この点も両派ともに認めている。

不況の原因

両派ともに、銀の銅銭建て価格一般が上昇していたことと、広範囲に経済的な不振がみられることについては一致している。ただし、ここまでの議論から了解されるように、その原因に対する認識に関しては大きな隔たりがある。供給要因派は、銀供給減少という貨幣量の変動から一八二〇～三〇年代のデフレ「不況」を説明する。需要要因派のイリゴインも、銀の全体量が問題であるとはしないが、カルロス銀貨の供給量減少が市場での取引の障害となったとしているため、この点については供給要因派に近いといえるかもしれない。

一方、フォン・グランは、銀貨供給量の減少は「不況」の一因ではあるが、それ以外の災害などの要因も重視し、例えば一八二三（道光三）年に長江下流域一帯で発生した飢饉に注目している。実際には、この論争に加わった四氏は、当時の不況の発生原因を単独の要素に求めてはいないが、フォン・グランは特に銀流出による経済的な不振の影響を小さく見積もっており、他の時期にも発生しうる要素から説明しようとしている。

このような、銀流出以外の「不況」発生の理由への着目は、最初に「道光不況」という現象名をつけた呉承明[38]に始まるもので、李伯重[39]などもむしろ一八二三年の災害の影響を重視している。この点は、後述するように、十九世紀前半の清朝経済がそれ以前に比べ非常に複雑な構造を有するようになった、という岸本の指摘ともかかわるものである。この点についても、市場構造の再検討を通じて考える必要があるだろう。

世界経済のなかでの中国の位置づけ

供給要因派の議論の前提の一つに、当時の清朝経済が、銀という貨幣供給において海外に依存しているために、ラテンアメリカにおける銀生産量や、ヨーロッパでの中国産品需要など外部の変動に対し脆弱であるという認識がある。この認識には、中国経済が世界経済のなかで相対的に影響力の小さい存在であるという前提が存するように思われる。この点について、さきに需要要因派に分類したイリゴインは、特定の貨幣供給を外部に依存しているために一八二〇年代以降、中国経済は混乱に見舞われたとしているように、条件を厳しく限定しており、中国経済の世界経済における位置づけについての認識を明確にはしていない。一方、フォン・グランの議論においては、中国経済は外部との関係に依存しておらず、外部の経済変動に対し脆弱な存在としては想定されていない。

世界経済と中国経済の連関があるとして、一方で、それはつねに中国経済が外部の経済変動の影響を受ける立場にあったとし、もう一方は影響を受けてはいないとする。では、中国経済の変動そのものが対外収支を通じて外部に対して影響を与えることはないのだろうか。例えば、もし中国経済の規模が人口同様に世界経済の大きな部分を占めるにもかかわらず、外部の経済変動に対し中国経済は脆弱であるとするならば、その論証にさいしては、いくつかの段階を設定して議論がおこなわれるべきであるだろう。議論を進めるうえで中国経済の規模と影響力について、さらなる検討が必要なように思われる。

市場構造の解明に向けて

以上、七項目にわたって論点を列挙したが、結局のところ、清朝の市場はいかなる構造を有していたのかという問題に行き着く。銀はどのような形状で、どのようなかたちで、何と交換されているのか。銀が減ると、市場のどこが困るのか。誰が困るのか。そもそも、銀はどのようなかたちで中国に流れ込み、流れ出すのか。銀の流れは商品の流れでもある。どのような商品がどのような人々、市場を通過して流れていったのか。林は、清朝経済全体を一つのものとして想定しているが、それ以外の三氏は、地域ごとに銀流出への反応は異なるとしている。例えば、フォン・グランとイリゴインは、長江下流域(江南)の状況が清朝経済全体を代表するものとしているが、岸本は、江南経済とその他の地域との連関や相違も検討しようとしている。

いずれにせよ、四氏の議論は、対外貿易が清朝の市場にどのようにかかわるのかという具体的な事柄のみならず、一人ひとりの生活と世界経済はどのような回路で結びつけられていたのか、という経済史研究上の根源的な問題を扱うものともいえるだろう。

4　清朝経済基礎知識――「道光不況」論争を読み解くために

ここまで述べたように「道光不況」論争は、直接的には、一八三〇年代の清朝における経済不振を取り扱うものだが、その背景を理解するためには、十九世紀にいたるまでの中国経済のあらましを確認しておかねばならない。そもそも、なぜ中国では銀が使われているのか、銀を使っているのに銅銭もあるのはなぜか、なぜカルロス銀貨と銀は別物として扱われているのか、銀流出と不況がすぐに結びつけられるのはなぜか、など、一見して不思議な事柄がさまざまに出てきている。ここでは、簡略に清朝貨幣経済のあらましと基礎知識について説明してみたい。

中国における銀利用の始まり

中国の王朝のなかで、貨幣利用を積極的に推進したのは唐(六一八〜九〇七年)であった。唐は銅銭を発行し、納税の銅銭化を進めようとしたが、銅銭発行数が足らず、結局、現物納に戻している。[40] 宋(九六〇〜一二七九年)は、銅銭の大量発行を通じて、納税の銅銭化を進めた。さらに銅銭と交換可能な紙幣を発行し、貨幣経済を支えていた。この段階では、貨幣としての銀利用はまったくないわけではないが、極めて少ない。[41]

銀が積極的に利用され始めたのは、金代(一一一五〜一二三四年)からであった。宋から華北を奪った金は、当初は宋と同じ経済体制をとったが、華北は銅鉱が少なく、銅銭発行が難しくなっていった。その代替貨幣として着目されたのが紙幣に加えて中央アジア・西アジアで生産過剰になり価値が低落し始めていた銀であった。金王朝は、銀をコイン状に鋳造して使っていた。

銀利用をさらに推し進めたのが元(一二七一〜一三六八年)である。モンゴル帝国は、モンゴル高原から中央アジア・西アジアのステップ地域を支配し、その地でイスラーム商人との協力関係を結んでから、金・南宋を滅ぼし、東アジアに支配を広げた。中央アジア・西アジアでは銀貨の利用が広がっていたため、元朝は商業拡大を目論み、旧金・南宋領域の貨幣も、銀に統一し、銅銭の使用を禁止した。もちろん当時の経済活動に対して銀の絶対量は不足していたので、実際には銀の現物ではなく、銀と交換可能な紙幣(交鈔《こうしょう》)を流通させた。この段階で、銅銭利用はかなり縮小する。

なお、元朝は、銀の重さと純度で価値を定め、コイン状に鋳造することはなく、唐代以来の煎餅型あるいは船型に鋳固めて保存していた。この形状の銀は「元宝」、あるいは銀錠、馬蹄銀などとも呼ばれた。この形状はいずれも保存用であり、市場ではさまざまな形状の銀塊が流通し、使用するたびに純度と重さが確認されていた。この利用のあり方は、その後も継続してゆくことになる。

元朝を長江・黄河流域から排除して成立した明朝(一三六八～一六四四年)は現物主義をとった。明朝成立直前まで続いていた戦乱により、中国経済は大混乱に陥り、紙幣は信用を完全に失い、西・中央アジアとの連絡も途絶え、銀や銅など貨幣として使われる金属も、民間に退蔵されてしまった。明初期の現物主義はやむを得ない選択であった。しかし、明朝はモンゴル方面での戦争を継続していた。現物主義では軍事物資の調達に支障をきたすことは明白であった。そのため、十五世紀中頃から元代に利用していた銀を用いて、税の銀納化や、官僚への銀での給与支払などがおこなわれるようになった。この時、明朝政府は、銀をコイン状に鋳造したりはしなかった。採掘、精錬、鋳造、放出などにかかわる貨幣発行コストを嫌ったためである。明朝政府は自分の銀庫に保存するために純度をそろえることはあったが、民間での流通のために、特定の規格にそろえたりはしなかった。要するに、明朝政府は自前の貨幣発行を放棄して、そこにある金属をそのまま使っていたのである。

ところが明朝の銀利用には大きな問題があった。明朝領内では浙江・福建・雲南などを中心に銀鉱がないわけではないが、生産高の半分の納税を求めるような高すぎる鉱山税などによって開発が進まず、銀供給が明らかに不足していたのである。周辺国では明朝での銀需要を当て込んで銀鉱開発が進展し、そのなかでもっとも成功したのが石見銀山をかかえる日本であった。日本をはじめ周辺国には、明朝産の絹や生糸、あるいは銅銭に対する需要があった。こうして、日本から明朝へ向けて銀が輸出され、日本には生糸や銅銭が持ち込まれるのだが、明朝は民間貿易の禁止を建国以来の国是としていた。そのため明朝には銀需要があり、日本では銀が大量に生産されているのに貿易が認められないという奇妙な状況になる。この状況下で活躍したのが「倭寇」と呼ばれた武装日中密輸貿易商人であった。倭寇の跳梁に手を焼いた明朝は結局、十六世紀中頃に対日貿易を黙認し、日本からの銀流入は加速することとなった[42]。

明朝には、日本からだけでなく、マニラ経由でスペイン領ラテンアメリカの銀も持ち込まれた。明朝産の生糸は、ヨーロッパでも好評だったから、スペイン商人が銀を対価として大量に買いつけていたのである。こうして当時、世界で生産される銀の二〇〜三〇%が明朝領域に流れ込んでいた。明朝の都市部は大量の銀流入により好景気に沸いた[43]。

注意すべきは大量の銀流入を前提にした明朝後期経済においては、銀の影響力が圧倒的であったことである。明朝は銅銭を大量発行しなかったし、紙幣はまったく信用されなかった。各地域では銅銭を鋳潰すなどしてそれぞれ独自の少額貨幣を使っていたが、他所の地域との交易には使えなかった。この銀だけに依存した貨幣構造が、清代初期の不況の原因となる。

「康熙不況」——明から清へ

十七世紀にはいると、好景気に沸く都市部と、税負担が集中し、穀物をはじめとする農産品を安く買い叩かれた農村部のあいだの格差が顕著になっていった[44]。とくに災害もあって困窮した西北部では流賊《りゅうぞく》が横行した。その首領の一人、李自成《りじせい》[45]が率いる一軍が一六四一年、洛陽を急襲、占領し、さらに兵を北京に向けた。

一六四四年、反乱軍の手で北京が陥落すると、清朝[46]（一六三六〜一九一二年）が万里の長城を越えてやってきた。李自成軍を壊滅させた清軍は瞬く間に旧明朝領域を南下し、明朝系の政権をつぎつぎに撃破していった。雲南で明朝皇帝を名乗る永暦帝を処刑したのが一六六一年のことであった。しかし、清には厄介なライバルが残っていた。台湾に拠点をおき、日中貿易で利益を上げていた鄭成功《ていせいこう》の後を継いだ鄭経《ていけい》率いる鄭氏東寧政権である。[47]

清は、明の経済構造をそのまま引き継ぎ、海外からもたらされる銀に依存していた。その海外銀の一大供給地である日本、あるいはマニラ経由のラテンアメリカとの貿易はライバルである鄭氏が握っていたのである。清朝は鄭氏を滅ぼすために、我慢比べを鄭氏にしかけた。遷界令と呼ばれる沿海部無人化政策を断行し、対外貿易をほぼすべて停止し（例外は多額の献金をおこなったマカオ）[48]、鄭氏の日中貿易を根絶しようとしたのである。このため、日本のみならずマニラ経由の銀供給もほぼ途絶した。さらにこの頃、清朝は財政緊縮に走っていた。その結果、清朝領域では、唯一の貨幣として利用されていた銀の流通量が激減し、激しいデフレに見舞われた。[49] この時の経済不振を当時の年号である康熙《こうき》（一六六二〜一七二二年）をとって、「康熙不況」（英語：Kangxi Depression、中国語：康熙蕭条）と呼ぶ。

康熙不況の特徴は、全般的な物価の低落と、商取引の縮小、それにともなう清朝領域に暮らすほとんどの人々の収入の減少にあった。要するに貨幣として用いられている銀の供給が止まり、さらに政府からの支出も減少したため、銀の流通量が急速に減少し、深刻な不況に陥ったのである。このメカニズムは比較的シンプルであった。輸入銀に一元的に依存していた清朝経済は、輸入銀の供給が止まることで苦境に陥ったのである。一六八三年に鄭氏が降伏し、遷界令が解かれ、対外貿易が解禁されると、再び銀流入が復活する。その結果、物価は上昇し始め、取引も活発になった。なお、フォン・グランは、以上のような岸本の説明に対し、海外からの銀流入の停止よりも、田畑運用による利益が縮小し、貨幣運用のほうが有利になり、銀の退蔵が起こり、結果物価低落が起きたとする。[50] これに対する岸本からの詳細な反論もある。[51]

いずれにせよ、康熙不況の背景には、比較的単純な経済構造があった。銀だけが貨幣であるので、銀の総量が貨幣流通量にほぼ等しく、そして経済状態に直結した。銀流入量が増えればインフレが起きて、景気が上向くのである。しかし、野放図な銀の流入による物価の上昇は、清朝経済全体はともかく、各地域の経済にとっては時に不安定要素として立ちあらわれてくる。要するに、貨幣が一律だと、他所の地域の事情が、突然悪影響を及ぼしてくるのである。例えば、Aという地域で不作が発生して、米穀価格が三倍に跳ね上がったとする。商人は、Bという例年どおり収穫のあった地域で米穀を大量に買いつけてA地域で販売する。商人は儲かるかもしれないが、B地域では凶作でなかったにもかかわらず、米穀価格が急上昇したり、あるいは突然食料が不足してしまうのである。このような不安定性を抑制するために清朝が目をつけたのが銅銭であった。

銅銭の登場――銀銭二貨制の出現

明朝は銅銭の鋳造を少量しかおこなわなかった。もちろん明朝がまったく銅銭を発行しなかったわけではない。朝貢国への下賜用、つまり輸出用には鋳造していた(例えば戦国時代の日本で流通する永楽通宝は明朝鋳造の海外向け銅銭をモデルにした私鋳銭である)。これは貿易品として利益が見込めるからである。しかし、明朝は国内向けに品質の良い銅銭をつくるコストを背負うことはなく、むしろ品質の悪い銅銭を鋳造して、鋳造差益(原材料より高い額面を与えて流通させ、差益を得る)を狙うのみであった。[52]

しかし、銀は価値が高すぎた。銀の一般的な単位である両は、約三七グラムで、銀一両あれば庶民はひと月生活できた。ひと月の生活費に相当する三七グラムの金属を一グラムずつばらして使うことなど到底できない。銀だけでは普段の生活は難しいので、もっと額面の小さい小銭＝小額決済貨幣が求められた。その結果、民間では私鋳銭が用いられる。もちろん私鋳銭は品質が良くないし、地域ごとにバラバラ、さらに納税にも使えないので、小額決済以外にはほとんど使われなかった。質がそろった銅銭が供給されれば民間ではそれを使っただろう。しかし明代においては銅銭は、王朝が惰性で少しだけ発行するものに過ぎなかったのである。

清朝は明朝を真似て、建国当初から、象徴的なものとして少量の銅銭を鋳造していた。旧明朝領域を占領しても、その態度は変わらなかった。だから康熙不況に見舞われたのである。しかし、康熙不況のあいだの緊縮財政は、清朝財政を好転させた。鄭氏との戦争や、三藩の乱(一六七三〜八一年)などの国内反乱をかかえていたにもかかわらず、一六七〇年代半ば黒字を達成し、八〇年代には北京の戸部(財政担当部局)が貯蔵していた銀の量は、六〇年代末の十倍に達し、その後も増え続けていた。明朝は、建国当初からずっと元朝・モンゴル勢力との緊張を抱え、後期には豊臣秀吉の朝鮮出兵への対応、国内反乱、清朝との戦争などによって財政的な余裕がなく、銅銭は一貫して鋳造差益をあてにしたものにならざるを得なかった。しかし、十八世紀にはいる頃、西北のライバルであるジューンガルとの戦いにも勝利した清朝は、経済政策の一環として貨幣政策をおこないえるだけの財政的余裕を手にしていた。[53]

十八世紀中葉、民間の銅銭への希求に応じて、清朝は大量の高品質な銅銭、(すなわち「制銭《せいせん》」:清朝政府が公式に発行した銅銭。私鋳銭や明代以前に発行されたものと区別してこう呼ぶ)を発行した。[54] 少量でもどうしても価値が大きくなる銀を普段の生活に使うのは無理があるから、やはり質の良い銅銭が必要なのである。この時期、雲南で銅鉱の開発が進んでおり、銅銭鋳造コストが下がっていたことも幸運だった。清朝当局者は、規格が統一された銅銭(鉄や錫などの金属では認められない)を発行することが中華王朝の義務であると認識していた。[55] その義務をはたす条件がついにそろったのである。

当初は、銅銭が供給されることで使用が促進され、さらに需要が増し、供給が増えているのに銅銭価格が上昇するという単純な貨幣数量説からすると奇妙な事態も起こったが、[56] そのうち、銅銭価格は落ち着いていった。地域での小額決済貨幣として、銅銭が行き渡り、わざわざ銀を地域内で使う必要はなくなった。地域内で使われる銅銭と、地域外との規模の大きい取引での決済に使われる銀という、二重構造が完成する。これを銀銭二貨制という。[57]

そして、行き渡った銅銭が、米穀価格の乱高下に苦しんでいた地域経済の安定に利用された。十八世紀中葉、清朝は米穀価格の安定を目的に、各地域での米穀備蓄量を増加し、凶作時の放出、豊作時の買い入れを通じて米価安定をはかった。清朝はこの備蓄用の米穀を、それぞれの地域内で買いつけることを義務づけた。これに加えて、清朝は米穀の取引には銅銭を利用することを義務づけた。こうすると米穀は、各地域内で使われることが前提とされる銅銭によってのみ取引される。隣の地域で凶作によって米穀が高騰しても、商人が他所で大量に米穀を買いつけて持ち込んで売るためには、いちいち銀と銅銭と米穀を何度も交換しなければいけなくなるので、投機目的で米穀を扱うのが面倒になる。そうすると米価は乱高下しにくくなるのである。実際、十八世紀中葉から十九世紀初頭までは、米価は前後の時期よりも安定していた[58]。こうして、清朝は、明朝時代の不安定な銀の一元的な利用から脱却し、経済の安定を達成したのである。

「道光不況」時の貨幣使用の概況

ここまで説明したように、十八世紀中葉までに、清朝は銀を一元的に使う経済構造を、地域内決済をおこなう少額貨幣としての銅銭と、地域間決済をおこなう、少量でも価値の大きい銀というかたちで棲み分ける構造に変容させた。では、「道光不況」の時期には、この構造はどうなっているのだろうか。貨幣使用の概況を確認しながら、変化をみてゆこう。

まずは銅銭である。銅銭は、一枚を「文」、一〇〇〇枚で「貫」を単位とした[59]。日常的な取引における少額計数貨幣として利用された。銅銭は漢代以来の歴代中国王朝が鋳造したもので、その品質は銅含有量八割以上で重量も四グラムを標準としていた。銅銭は兵士などの給与として市場へ放出されたが、清代には徴税はおもに銀でおこなわれていたため、政府による回収は難しかった。銅銭は政府の貨幣政策を通じて還流することはなかったため、王朝は継続して銅銭の供給をおこなわなければならなかった。

十八世紀後半、雲南などでの銅生産量が落ち、コストがかかるようになると、清朝は銅銭の銅含有量を減らし、発行量も抑制するようになる[60]。民間でも、政府発行の銅銭では足りないので、制銭を鋳溶かして、銅含有量の低い私鋳銭をつくるようになった。十九世紀にはいると、民間では銀に対する銅銭の価値の低減、すなわち銀の価値上昇傾向がはっきりしてきた。銀価格は十九世紀にはいる頃には、すでに上昇し始めていたことが誰の眼にも明らかになっていたのである[61]。なお、米穀と銅銭のあいだの取引は、地域内で流通している銅銭の数量が問題であって、銅銭の質とはあまり関わりがなかったので、米穀の銅銭建て価格は安定したままだった[62]。

では、銀のほうは事情が変わってはいないのだろうか。清朝もまた、明朝同様に銀をコインなど特定の形状・純度にそろえることを避けた。結局、中国で政府が銀貨を国内でそれなりの信用を帯びて流通させることができるようになるには一九一四年発行の袁世凱銀元（通称「袁大頭」）を待たねばならない[63]。ともあれ、銀は明朝期同様、秤量貨幣として利用された。銀塊は、現在の感覚からすると極めて煩雑な代物である。利用するたびに、重さと純度をはかり、その価値を決めて交換に用いるのである。ただし、毎回純度をはかっていては面倒なので、いくつか純度の基準が定められていた。例えば徴税にさいしては庫平《こへい》両（一両＝三三・九九〜三七・五〇グラム、純度〇・九七九〜〇・九八七、〇・一両＝一銭、〇・〇一両＝分）という単位で計量された銀塊が利用され、清朝財政における基本的な単位とされた[64]。しかし、実際に庫平銀という銀塊が流通していたわけではなく、さまざまな重さや純度の銀塊が市中を流通しており、納税にさいしては、市中で流通する銀を集めて庫平銀に換算して、鋳直す際の損耗分や市場換算率との差などを付加税として、納めていた[65]。

清朝では、銀塊は、地域外との大規模・長距離取引の決済に用いられることが多く、十八世紀に銅銭が大量供給されて以降は、地域内市場での日常的な取引にはあまり用いられておらず、その傾向に変化はない。しかし、大口でも普段の取引でいちいち銀の現物をやり取りしては煩雑をまぬがれない。そこで商取引にさいしてはしばしば、地域あるいは業種や取引品目ごとに平《へい》（重量）・色《しょく》（純度・除数）が設定された虚銀《きょぎん》両という計算単位によって銀塊を計算し、決済がおこなわれるなどの慣行がみられた。虚銀両は、それに対応する実物の銀塊があるわけではなく、あくまで地域間大口決済における単位なので、それぞれの地域内の銅銭や米穀の取引に直接影響しなくて済む。かくて、地域間決済と地域内決済は分離して、それぞれ安定するのである。この状況は十九世紀末でも同様だった。だからこそ、米穀の銅銭建て価格は安定していたのである。

十八世紀末、茶葉輸出を中心とする対欧米貿易が進展すると、清朝には大量の洋式銀貨が流れ込んでくる。「番銀《ばんぎん》（番は外国を指す）」「番銭（丸い形状が銭型であることから）」「銀銭」「銀元」「銀円」などと呼ばれた銀貨の大部分は、スペイン領ラテンアメリカのメキシコやペルーで鋳造された八レアル銀貨（スペイン語：Peso de a ocho 、英語：Piece of eight　二七グラム〈純度九〇％前後〉でおおむね〇・六九庫平両に相当）が占めていた。このスペインの貨幣単位で八レアルに相当する銀貨を、スペイン語ではペソ（Peso）と呼び、まったく同じものを広く利用していたイギリス領北米植民地およびその後のアメリカ合衆国ではドル（Dollar）と呼んだ。もっとも広範に利用された十八世紀後半から十九世紀にかけてのスペイン王カルロス三世・四世の名前からカルロス銀貨とも呼ばれる。このほか、研究者によってはペソ（Peso）とかカロラス・ドル（Carolus Dollar）と呼ぶこともある。スペイン本国では一六八六年に八レアル銀貨の重量・純度ともに引き下げたが、スペイン領ラテンアメリカでは、従来どおりの品質の銀貨を鋳造し続け、北アメリカやアジアとの交易に広く使われていた。

中国、とくに対外貿易がさかんだった福建では、十六世紀からスペイン領ラテンアメリカで鋳造された銀貨がマニラ経由で持ち込まれていた。その後も広州を訪れたヨーロッパの商人、アメリカの商人そしてマニラで取引を終えて帰国した華人商人たちが、カルロス銀貨を持ち込んでいたが、その流入量が急増するのが、対欧米貿易が活性した十八世紀後半のことであった。

当時の中国では、外見から「双柱《そうちゅう》」あるいは「花辺《かへん》」（フェリペ五世銀貨〈一七〇〇～四六年〉・フェルナンド六世銀貨〈一七四六～五九年〉・フェルナンド七世銀貨〈一八〇八～三三年〉）、「仏頭《ぶっとう》」（カルロス三世銀貨〈一七五九～八八年〉・カルロス四世銀貨〈一七八八～一八〇八年〉）、「鷹洋《おうよう》」あるいは「鉤銭《こうせん》」（一八二一年メキシコ独立以降の銀貨）などと呼ばれ、区別された（ただし、本書では前述のとおり表記簡略化のため、一八二〇年以前に鋳造されたものを「カルロス銀貨」と総称し、一八一〇年代以降に鋳造された銀貨を「メキシコ・ペソ」と呼ぶ）。このほかベニスで鋳造されたデュカトン銀貨や、フランスのクラウン銀貨、北欧・中欧で鋳造されたリックスダラー（Rix Dollar）なども、中国に流入していたとされる。[66] このうちオランダ東インド会社が持ち込んだとおぼしいオランダ銀貨の一部（おそらくSilver Riderと呼ばれた騎馬兵が刻まれたダカット銀貨）が「馬剣」と呼ばれていたとみられるが、[67] いずれにせよ数量としてはカルロス銀貨が圧倒的に多かった。

　これらの銀貨は、純度や重量が一定していたことから計量はせず、「圓《えん》」あるいは「元」という枚数を単位[68]として流通する場合が多かった（詳細は2章岸本論文参照）。これらも中国国内で模造され、私鋳偽造銀貨が出回っており、利用者側ではある程度どの地方で私鋳されているかを了解していたし、しばしば品質が確認できた本物のカルロス銀貨については新たに刻印を加えることもあった（この行為はチョップ〈Chop〉あるいはチョッピング〈Chopping〉と呼ばれる）。その結果、むしろコインとしての形状が崩れてしまうこともあり、そのようなコインは「爛板《らんばん》」と呼ばれた。[69]

　いずれにせよ、十九世紀にはいる頃までに、海外から流入する銀貨については質量ともに変化がみられ、また銅銭の品質悪化とともに、対銀価値の低下＝銀の対銅銭価値の上昇がみられたことが確認できる。海外からの銀貨流入の増加によって、銀両と並んで地域間決済に用いられたり、一部地域では銅銭のかわりに少額決済にも使われるような場合も出てきていた（詳細は2章岸本論文参照）。一八三〇年代の道光不況は、このような十八世紀中葉までにできあがっていた清朝の貨幣使用構造が、内外の事情の変化とともに変容するなかで起こったものだったのである。

清朝の財政構造と影響力の変容

ここまで確認してきたとおり、少なくとも十八世紀中葉まで清朝政府は、清朝経済に対し強い影響力をもっていた。十八世紀には銅銭供給を通じて経済をコントロールしていたし、そもそも十七世紀末の康熙不況は、清朝が遷界令を通じて貿易を途絶し、さらに緊縮財政によって市場から銀を奪い取ったことで発生したものであり、清朝が遷界令を解除するとともに解消されたものであったのである。しかし、道光不況が発生した当時、清朝政府は国際経済と自国経済のうねりに無力であったようにみえる。この間、どのような変化があったのだろうか[70]。清朝財政についてみてみよう。

清朝政府の財政構造は、中央政府が把握している正額財政（歳入・歳出ともに四〇〇〇万両前後）と、中央政府が把握していない正額外財政によってなっている。正額とは、広義には、政府が定めた人員や金額についての種々の定数、およびその内訳などである。財政に限っていえば、政府が定めた徴税額と支出額のことを意味する。

清朝の税は、銀納、銅銭納、現物納などにより納入されたが、銀納がもっとも多い。税目としては、土地税が八割、塩税や常関税（商品通行税）などが二割弱を占めている（これら商業関連の税金が占める割合は増加傾向にあった）。税収はほぼすべて地方に頼っているということになるだろう。この地方での徴税額は、清朝中央政府によって全額きっちり定められており、災害などでの猶予、減免措置などがとられない限り、毎年おおむね同じ額が納入されることになっていた。そして、地方で集めた税のうち、地方での経費として支出される分はそのままその地方に留めおかれ、それ以外の部分は中央やあるいは経費不足の地方に送られた。この中央や他地方へ送られる金額もまた、清朝中央政府によって定められていた。地方に存留される比率は税収の二割強で設定されていたが十九世紀にはいると二割を切る程度に設定されるようになっている[71]。

支出額のほとんどは、官僚や兵士への給与が占める。一人あたりの給与額は、十八世紀前半に手当額（養廉《ようれん》銀）が設定されたほかは、ほとんど変動していないし、官僚や兵士の人数（八〇万人程度）も大きく変更されていないので、支出額はそれほど変動していない。

つまり、清朝は、公式には支配地域全土の正式な税収額と支出額（正額）をすべて把握し、計画どおりに動かしていたということになる。この「正額」は、数年から数十年に一回細かい見直しがされてはいたが、十八世紀前半に清朝経済の成長に対応するべく給与水準の全体的引き上げを狙って養廉銀という手当が設定されたほかは、大きく変更されてはいない。清朝中央が把握する公的な正額財政は、著しく弾力性に欠けたものであったといえる。

しかし、清朝経済は、日々変動していた。変動の長期的な傾向としては、十八世紀から十九世紀前半を通じて拡大の一途をたどっているといえるだろう。人口は、清朝が北京にはいった十七世紀中葉から十九世紀初頭までに三倍に膨れあがっていた。米価をはじめとする銀建ての物価水準も十八世紀を通じて三倍程度となっていた。後述するように、貿易額も、十八世紀初頭からアヘン戦争直前までのあいだに十倍に跳ねあがっていた。このような経済変動に対し、正額財政は十八世紀前半に一回調整がおこなわれたのみで、その後は対応をほとんどおこなっていない。では、この間のギャップはどう埋められたのか。正額外の動向をみておこう。

正規の地方経費は、中央から指定された正額によって定められていた。しかし、その額はそもそも十分とはいえないものだったし、経済の拡大にともない、決定的に不足するようになっていた。また、正額は、徴税項目と支出項目の一致・固定をするものだったので、ある地方のなかで、全体として財政が充足していても、特定の項目へ支出できる予算がない、ということも起こっていた。これらの資金不足を解決するために、地方当局は、さまざまな附加税や手数料を徴収した。これらの追加分はすべて非正規で、正額に含まれないものであった。附加税にはさまざまな形式があった。例えば、銀で納入する際には鋳直すときの減少分を名目に附加税を徴収したり、軍事行動などがあった際にはその支援を目的に附加税を徴収した。銀建ての税額を銅銭で納入することを認める際には、市場レートよりも地方当局に有利なレートを設定したり、あるいはそこに手数料を設定したりした。林は、銀建ての税額に価値が下がった銅銭で納税するので実質増税が発生したというが、実際にはそこにさらに附加税や非正規手数料がついてさらなる負担増が発生していたのである。[72]

これらの正額外徴税にはもちろん、正額外支出をともなっていた。例えば、人口の増加、経済活動の活発化にともない、地方当局の業務は増えていたが正額内の人員は増えていない。このニーズに応えるために、正額外で、地方当局が自発的に人員を雇い入れることもあったし、行政サービスを提供する場合もあった。その経費は、正額外徴税によって賄われていた。これらの正額外財政によって、各地方当局は弾力性を確保していた。

この正額外財政の運用状況は中央では把握されていなかった。地方ごとに、地方長官や徴税担当者などが中央のコントロールを受けずに勝手におこない、そこから私腹を肥やすものもいた。もちろん常軌を逸した附加税徴収がおこなわれれば暴動が発生し、当地の責任者が処罰されたが、そのようなことが頻繁に起こったわけではない。民間の負担は、確実に増えていた。さらに、この正額外徴税には、国家の強制力はないので、科挙合格者や官僚経験者など地方の有力者(そのほとんどは地主)はコネや権威などで負担をまぬがれ、一般の農民に負担が転嫁される傾向もあった。正額徴税には公平性を意識して科挙官僚などへの優免条件は設定されなかったが、中央政府が把握していない正額外財政の運用には、そのような歯止めはなく、各地域の権力関係や格差がそのままあらわれた。そして「吏治《りち》の廃弛《はいし》」と呼ばれた、十八世紀末から強く問題視されるようになった賄賂や付け届けの横行を招くこととなった。[73]

このような正額外財政が、どの程度の規模で運用されていたのかはまったくわからない。しかし、そのメカニズムは、経済規模の拡大と拡大しない正額財政のギャップを埋めるものであるのだから、そのギャップが広がる十八世紀から十九世紀には、正額外財政は一貫して拡大を続けていたと考えるのが自然であろう。このことは、清朝中央政府による経済への統制力の縮小を意味していた。十七世紀後半、康熙不況の引き金となったのは、清朝中央政府による海外貿易禁止と緊縮財政であったし、康熙不況を終わらせたのは貿易禁止政策の解除と、緊縮財政の終了であった。大規模な不況を引き起こし、そして終わらせる能力が清朝政府にはあったのである。ところが、それから一五〇年後のアヘン戦争の頃には、その能力は失われていた。財政規模は相対的に縮小し、財政的余裕もなく高品質な銅銭の発行もできなくなっていたし、もちろん貨幣政策もうまく行かなかった。前述のとおり、銅銭の品質は十八世紀後半から維持できなくなっていたし、一八三〇年代から福建ではカルロス銀貨を模造した同重量の銀貨(足紋銀餅。「銀餅」は当時の銀コインの呼び名の一つ)を発行したことはあったが、大量に流通させることはできなかった。[74] 一八三〇年代の道光不況においては、政府の積極的な関与は望むべくもなくなっていたのである。

貿易収支と広東システム

清朝は、そもそもどのようなかたちで外国との貿易をおこなっていたのだろうか。ここまで銀の流れについて議論をしてきたが、その制度的な背景についても確認しておきたい。図5は、清朝の対外貿易の取引額の変遷を方面ごとに示したものである。ここからわかるように、清朝の対外貿易は、北辺(モンゴル、ロシア)、朝鮮、日本(浙江から渡航)、マニラ(福建から渡航)、東南アジア(福建、広東から渡航)、欧米船のカテゴリに分けることができた。十八世紀中葉から十九世紀にかけては、対外貿易全体でおおむね三〇〇〇万両程度の取引規模であったと推計される。岸本の推計[75]によれば、一八〇〇年の清朝の国民純収入が二〇億両と見積もれるので、対外貿易の占める割合は全体の一・五%程度となるという。なお清朝の正額財政の歳入も三〇〇〇万両から四〇〇〇万両であったので、ほぼこれに相当する額だといえる。

清朝の対外貿易は日本の「鎖国」からの連想からか、非常に閉鎖的なものだと思われがちである(大陸の研究でもしばしば「閉関〈門を閉ざした〉政策」などと呼ばれる)。しかし、実際にはむしろ過度に開放的であったといったほうがよい。明朝は十六世紀の倭寇の活動に手を焼いて、海外貿易を黙認したけれども、一貫して海外貿易を禁止し続けていた。これに対し、清朝は遷界令が解除された一六八〇年代以降、海外貿易に関する制限をほとんど撤廃した。海外貿易に関する

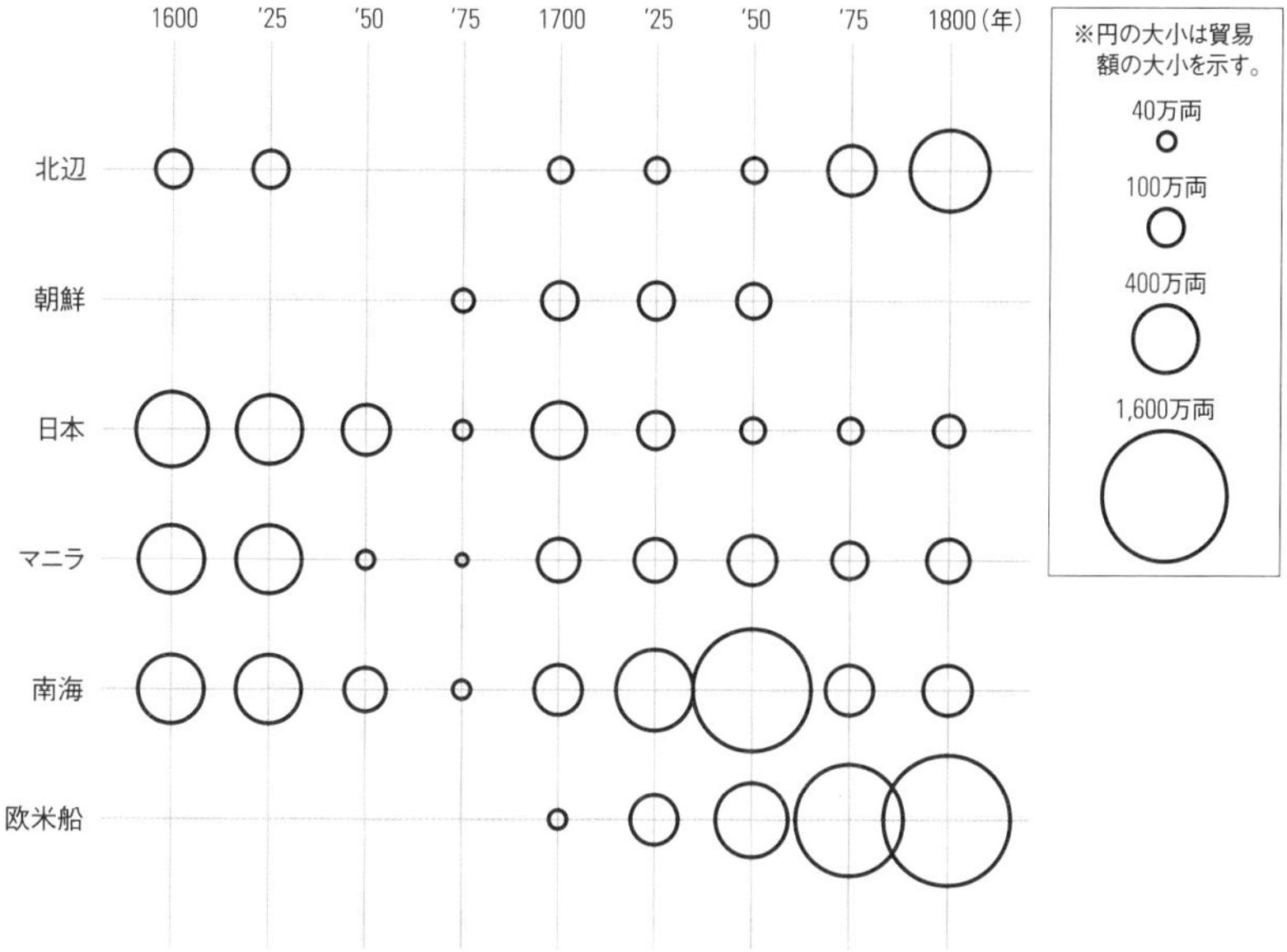

図5　17〜18世紀における清朝の貿易構造

出典：岸本美緒『清代中国の物価と経済変動』研文出版，1997年，190頁。
注：「北辺」はモンゴル，ロシアおよび西北遊牧民族を含む。「日本」は琉球を含む。「南海」はフィリピン諸島を除く東南アジア諸地域を指す。「欧米船」は欧米の地方貿易船を含むが，マカオのポルトガル船は含まない。

規定は、清朝領域の港湾への入港時および出港時に規定の通行税（船舶および商品に課税）を支払うことぐらいであった。この通行税支払いは、内陸の交通の要衝におかれた「常関《じょうかん》」と呼ばれる関所でも徴収されていたので、現在の関税のような対外貿易への課税とはだいぶ性質が異なる。さらにいえば現在の関税は貿易量のコントロールにも利用されているが、清朝の通行税はたんなる政府の収入として利用されていたにすぎない。

ただし、この通行税の支払いには煩瑣な手続きが存在していた。通行税は、清朝官憲に直接支払うのではなく、清朝地方当局が認定した「牙行《がこう》」と呼ばれる取次商人（「牙行」は広東の海外貿易にかかわるものは「行商〈Hong Merchant〉」、台湾では「郊商《こうしょう》」などと呼ばれたように地域ごとに名称が違った）に、商品代金に含むかたちで支払うのである。牙行は、自分の商売で上がった利益をもとに、取引状況の報告に加えて規定の税額を地方当局に納入する。つまり、他所からきた商人と、地元の商人は、必ず清朝の認定を受けた牙行を介して貿易をしなければならなかったということになる。とはいえ、例えば海外からきた商人や、海外へ渡航して帰国した華人商人などに対して、入港を制限したり、特定の港湾への入港を求めたりということはなかったことは再確認しておきたい。十八世紀中葉まで、入港に関する制限は欧米商人にも適用されなかったことも指摘しておかなければならない。

いわゆる広東システムという欧米商人の取引を広東省広州一港のみに制限するという制度は、一七五七年に始まった（もちろん欧米船以外はこれ以降も、従来通り沿海各地の港湾を利用している）。直接のきっかけは、イギリス船の久しぶりの寧波、天津来航であった。清朝が明朝領域を接収し、その後、遷界令を宣布した十七世紀には、欧米船といえばほとんどオランダ東インド会社の船舶であった。ところが十八世紀にはいるとイギリス船があらわれ始め、対清貿易をどんどん拡大していった。十八世紀末までに、イギリス東インド会社および「カントリー・トレーダー」と呼ばれる非東インド会社イギリス商人取引をあわせて広州における取引全体の八割を占めることとなる。[76] 十八世紀初頭、清朝沿海にあらわれたイギリス船は寧波にもたびたび入港していた。しかし、東南アジア産品の取引に慣れない寧波商人との取引を嫌ったイギリスはじめ欧米船舶は、広州に入港して取引をおこなうことが通例となっていた。[77] 一七五七年、イギリス東インド会社は、再び寧波や、さらに北上して天津での取引を念頭に会社船を派遣したが、清朝側の反対もあり、結局、広州以外での取引を断念していた。清朝では、欧米船が経済の中心地である浙江、江蘇周辺、さらには政治の中心北京の外港である天津に寄港し、それに現地の人々が勝手に接触するのを治安維持上の観点から嫌がったのである。こうして、一七五七年の欧米船広州入港という制度ができあがった。[78]

前掲の図5にあるように、広州での欧米船の取引は増加する一方であった。広州で、欧米向けに輸出されるのは、茶葉と生糸が中心であった。[79] 中国で生産される生糸への需要は古くから、紀元前後のシルクロードの時代からあった。一方、茶葉は、十八世紀にはいってから拡大したイギリスの茶葉需要に対応したもので、一七八四年にイギリスでの茶葉輸入関税が大幅に引き下げられ、イギリス国内での茶葉価格が下がると、茶葉の取引量は格段に増加した。銀は、その代価としてイギリス商人によって中国へもたらされていたのである。そうすると、銀は、茶葉や生糸が広州へもたらされるルートを逆にたどって行くことになるだろう。実際、広州の取引を通じて持ち込まれた銀貨が、江南の生糸生産地へ持ち込まれることもあった。ただし、茶葉生産地や生糸生産地ならどこでも銀貨が多く流通しているわけではないので、海外貿易が、どのようなメカニズムを通じて清朝の各地の市場に影響を与えていたのかは今後の検討が深められるべきであろう。なお、清朝はイギリス商人に茶葉生産地がどこにあるのか決して教えようとしなかったので、イギリス側の史料からはこの点はまったくみえない。

茶葉取引の増加は、思わぬところで貿易に障害をもたらした。茶葉は、イギリス側が自由に農家を訪れて買い付けができるわけではなく、広州の行商を通じて購入するしかなかった。行商は、茶葉買い付けのための現金が必要だったので、イギリスの商人からこれを借りる。当時のイギリス商人から行商への貸し付けには高い利息が複利でついていた。つまり不測の事態、例えば茶葉の不作などによる騰貴が起こると、予想された金額よりもはるかに高い価格で茶葉を買い付けねばならない行商は容易に膨大な負債をかかえることになる。一七八〇年代以降、茶葉買い付け量が増えると、行商の倒産も増えていった。行商になるにはそれなりの資産が必要であったが、そのような資産をもつ商人が多数いるわけではない。結果、行商の名義貸しや不渡りなども増える。行商は清朝の貿易管理のためのほぼ唯一のチャンネルであったのだが、このチャンネルに不具合が生まれた。この不具合に不満をもったのがイギリス商人であり、後にイギリス側の派兵の要因の一つとなった。

いずれにせよ、十九世紀にはいる頃には、清朝の海外貿易管理能力は低下していたのである。もともと清朝は貿易を放任し、徴税だけができれば良いという態度をとっていたが、さらに、徴税においても不具合をきたしていた。禁制品であったアヘンの流通を阻止することなどできようもなかった。清朝は十九世紀にはいる頃、対外貿易をコントロールできず、むしろその経済は過度に開放的になっていたのである。

清朝物流量の推移

清朝の貿易管理が必ずしも厳格でなかったのは、経済規模の拡大に対し、清朝政府が対応をしなかったからである。では、その経済規模はどの程度拡大していたのだろうか。指標として、清朝が各地においた常関[80]の収入動向をみてみよう。

常関は、清朝中央の戸部あるいは工部が管理する関所で、交通の要衝におかれ、通関税を徴収していた。税額は、常関ごとに、物品ごとに評価額を定められ、それぞれの物品ごとに税率を定めていた。つまり全国一律の税額ではなかったが、徴収方法は一律であった。すなわち、常関がおかれている地域の官許を受けた牙行が、取引を独占し、税金分を上乗せして取引をおこない、まとめて納税するのである。常関税は、ある種の間接税であった。

牙行は、官許を受けて徴税を請け負っているのだが、徴税額の上限が決まっていたわけではなく、徴収できた分だけ納入することになっていた。ここで牙行が税額を大幅にごまかすと政府側にすぐに露見するため、少なくとも短期的に大幅な納税逃れをおこなうことはなかったと考えられる。このため、各地の常関の収入は、おおむね当地の商品の流通量とリンクすると考えられていた。なお、十九世紀前半の商品流通量の内訳は、穀物が四三%、綿花・綿布が二七%、塩が一五%、茶が八%、絹織物・生糸が七%と推計されている[81]。

各常関の収入に関するデータはすでに明らかになっている［図6］[82]。これをみると常関収入の総額は、十八世紀を通じて増加し、一七八〇年代以降、アヘン戦争直前まで変わらないという趨勢をたどっている。このことから倪玉平は、

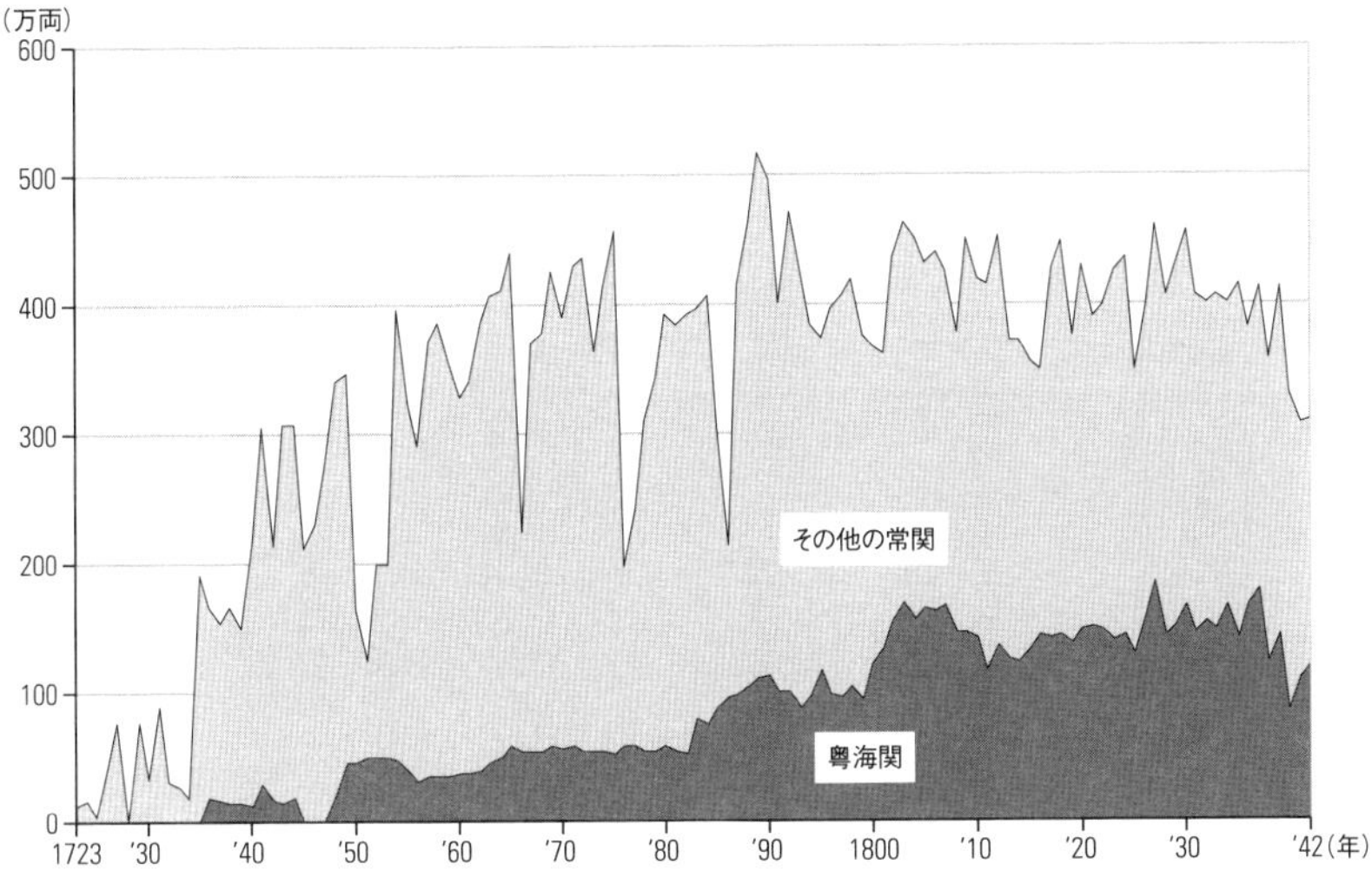

図6　常関収入（1723〜1842年）
出典：廖声豊『清代常関与区域経済研究』北京，人民出版社，2010年，309〜436頁。

物流に関しては「道光不況」というほどの縮小を見出すことはできないとしている。[83] しかし、この収入の内訳をみると、一七八〇年代以降、対外貿易からの徴税分を含む粤海関《えつかいかん》（広州）の収入だけが伸びて、総額を支えていることがわかる。言い換えるなら、一七八〇年代以降、ながく内陸の常関収入は減少を続けていることになる。

常関収入は、十八世紀においては、おそらくおおむね商品流通量と比例しているのだが、十九世紀にはいってからは、むしろ常関＝牙行を通さない取引も増えて、その結果税収が減少していると考えられる。[84] そうすると、常関収入の減少は、清朝の管理能力の低下を示してはいても、経済状態自体を示してはいないこととなるだろう。物流のあり方については、道光不況論争ではあまり扱われないが、銀の流れとも連関するものであり、さらなる検討が必要である。

人口増と移民の流れ

清朝の人口は、いくつか推測がなされているが、十七世紀中頃から十九世紀初頭までのあいだに一億人から三億人へ三倍程度に増加していると考えてよかろう。この人口増は食糧事情の改善と、移住と開拓によって起こったものであった。清朝が明朝領域をおおむね接収し、遷界令も解除された一六八〇年代から人口は増加を始める。中国では、十五世紀頃に季節ごとの死者数が平均化していた。これは、農業技術の進歩や新大陸産作物の導入などにより食糧がある程度行き渡り、端境期に食糧が不足して死者が増加する、ということがなくなったからである。このことは、戦乱や災害などがなければ人口は増加傾向をみせることを意味する[85]。実際、十五世紀までの中国の人口はそれほど増加していないが、十七世紀末から十九世紀中頃の太平天国の乱までの清朝領域が平和を享受していた時期には人口が爆発的に増加することになる。

人口増を支えたもうひとつの条件は、移住先の存在であった。明朝末期から清朝初期の戦乱のなかで疫病の流行などで、長江中流域(湖南・湖北・四川など)では人口が著しく減少していた。長江下流域や沿海部などで増加した人口は、まずは長江中流域に流れ込み、放棄された耕地の再開発とともにそれまで開発の手がおよんでいなかった地域にも人間がはいっていくようになった。台湾や広西などそれまで農地開発があまりおこなわれていなかった地域にも移民がどんどん流入していった。それが可能だったのは、トウモロコシを中心とする新大陸産作物の導入があったからである。山間部や痩せた土地でも栽培可能な作物が行き渡ることにより、栄養が確保できるようになり、開発が進んでいった[86]。

移住の進展は新たな経済循環を生み出した。移住先である程度成功した層は、さまざまな商品の買い手となった。また、新大陸産の唐辛子やタバコなどの商品作物の栽培が拡大することでそれらの商業流通も拡大した。湖南、湖北などでの米穀栽培の隆盛と移出増は、江南での生糸や綿布などの生産を下支えすることになった。台湾での開発進展により台湾で生産された米穀は福建へ移出され、福建での茶葉栽培に当たる人々などの食糧確保に貢献し、同時に台湾にさまざまな商品をもたらしていった。こうして、人口増によって清朝経済の規模は拡大、分業化していった。

本書4章の大橋厚子論文にあるとおり、この時期の中国大陸における人口増と経済の拡大は東南アジアにも影響を及ぼし、いわゆる「華人の世紀」をもたらした。5章多賀良寛論文が明らかにしているように、この急増した人口の一部は北ベトナムにも流入し、当地の鉱山開発を担った。このように、当時の人口増は、東南アジアと中国の経済的結びつきも強めることになったのである。

いずれにせよ、この人口増は、移住可能な開拓地の存在が前提にあるからこそ持続可能なものであった。十八世紀末頃から、移住民の増加に対し開拓地が飽和し始めた。早めに移住してきた人々は土地を取得し、清朝官憲と関係を結び、場合によっては一族のなかから科挙合格者を輩出して、その地位を確かなものにしていった。一方、後発の移住民は、土地を得ることはできず、すでに土地と地位を確立した、先に移住してきた人々に使役される立場に甘んずることになった。後者の不満が爆発したのが、一七九六年に勃発した白蓮教反乱であった[87]。清朝中央政府は、この白蓮教反乱鎮圧に、中央に貯蓄していた銀七〇〇〇万両あまりのうち、五〇〇〇万両あまりを費やした[88]。中央にはたしかに銀二〇〇〇万両程度が残っていたが、前述のように銀の高騰によって税収が伸び悩んだため補塡は進まず、加えて白蓮教反乱以降、清朝は辺疆の開拓地で発生する暴動や、少数民族と移住民のあいだの衝突を押さえ込まなければならなくなり、以降、慢性的な財政難に悩むことになったのである[89]。

「道光不況」までの流れ

ここまでみてきたとおり、アヘン戦争にいたる清朝経済の流れは以下のようにまとめられる。

(1) 十七世紀後半、遷界令により貿易が途絶すると、海外からの銀輸入に依存していた清朝経済は、同時期の緊縮財政もあいまって、急速にデフレ不況が進行した。

(2) 十七世紀末、遷界令が解除されると、銀流入が復活し、清朝経済はデフレから脱却した。

(3) 十八世紀前半、財政的余裕を背景に高品質な銅銭を大量に発行し、清朝は銀への一元的な依存から脱却し、米価の安定を達成した。

(4) 十八世紀を通じて、人口増と移住による辺疆開発が進行し、清朝領域内部の経済規模はおおむね三倍に拡大した。

(5) 十八世紀末、清朝中央は困窮しているとまではいえないが、財政的な余裕を失い、高品質銅銭供給を縮小した。それにともない地域ごとでの貨幣利用のあり方は多様化していった。同時期から銀の対銅銭価格は上昇傾向をみせている。

(6) 十八世紀後半から、清朝政府の公式財政(正額財政)は経済拡大に対応できず、地方当局が運用する非正額財政の割合が増大していった。

(7) 十八世紀から十九世紀にかけて、対欧米貿易は拡大を続けているが、清朝の貿易管理体制はこの貿易の拡大に対応できず、十八世紀末頃からほころびをみせ始めていた。

(8) 清朝経済の拡大の前提となっていた移住可能な開拓地は、十八世紀末には飽和し、暴動などが多発するようになっており、清朝は治安維持に奔走せざるを得なくなっていた。

このように、清朝経済は、十七世紀から時代を追うごとに複雑性を増し、同時に清朝中央政府の影響力が相対的に縮小していることが確認できる。ここに、アヘン密輸と、貿易赤字の拡大が起こった。「道光不況」はこのような経済構造の変遷のなかで発生したのである。この複雑な経済・財政の変容過程を前提とするならば、アヘン輸入増加により銀流出が起こり、デフレ不況が起こったという国際貿易にかかわる説明のみでは不十分であることが理解できよう。今後は、この経済構造の変遷、およびその世界経済の動向との関連について、さらに詳細な検討が加えられることによって、アヘン戦争前の清朝経済の状況が明らかとなるであろう。

銀再流入と「同治中興」

一八五〇年代後半、清朝からの銀流出は止まり、逆に流入してくる。南米での銀生産量の増加やヨーロッパでの景況回復、そして、欧米での金本位制導入による銀需要の縮小、銀価格の下落が、比較的高値で銀が流通している清朝への銀流入を促進し、貿易収支を逆転させたのである〔図2・図4〕、清朝領内の銀価格上昇は抑制され、清朝経済は小康状態を取り戻し、むしろ輸出が活発となっていった。この時、中国へと流れ込んできたのは、当初はメキシコ・ペソだった(1章参照)。一八六〇年代後半になると、メキシコ・ペソとほぼ同様の重量・純度のロンドンで鋳造された香港ドル銀貨があらわれ、その後、おおむね同様の規格の明治日本の貿易銀、アメリカ合衆国のUS貿易ドル銀貨も大量に用いられるようになる。十九世紀末にはイギリスがムンバイで発行した貿易ドル銀貨やフランス領インドシナの貿易ピアストル銀貨も流通するようになるが、これらも品質はメキシコ・ペソとほぼ同じでいずれも中国との貿易に使われた[90]。発行主体はさまざまであったが、カルロス銀貨を原型とする銀貨が、中国経済を再び活性化させたのである。

一八五〇年代から六〇年代にかけての時期、清朝は長江流域では太平天国の乱をかかえ、太平天国の乱に巻き込まれなかった広東や北京も、第二次アヘン戦争(アロー戦争)にともなって派遣された英仏軍に蹂躙された。高額銅銭や紙幣を発行して財政の足しにしようとしたがまったくうまくいかないなど貨幣政策にも失敗した[91]。それにもかかわらず、清朝は滅亡することなく、英仏など欧米列強との協調体制をつくり上げ、太平天国の乱を勝ち抜いた。その後の小康状態を当時の年号である同治(一八六二〜七四年)をとって「同治中興」と称する。この小康状態の背景には、前述の一八五〇年代後半からの銀流入があった。一九一一年の辛亥革命や翌年の清朝滅亡は、アヘン戦争前後の不況とはまったく別の文脈で論じられるべき事象であろう。十九世紀後半の中国は、欧米列強の圧迫を受けて、ともすれば人民共和国成立まで一貫して苦しんでいたかのように描かれることもあった(この歴史像に中国共産党の自己正当化の論理が含まれていることはいうまでもない)が、実際の経済状態についていえば、そう単純ではなく、十九世紀後半から大恐慌の時代までの中国に好調な時期もあったのである。

おわりに——中国経済は世界経済のどこに位置づけられるべきなのか

アヘン戦争は、当事者であるイギリスと清朝、双方の事情が絡み合って勃発したものである。イギリス側は世界を一周する決済構造の維持をめざし、清朝は一八三〇年代までに発生していた複雑な様相を呈しながら深刻化する不況、すなわち道光不況からの脱却をめざした。前者の構造はかなりの程度明らかになっているのだが、後者の実際の状況がはっきりしない。その後者の道光不況の発生原因についておこなわれたのが四氏の議論である。

一見すると、この道光不況をめぐる議論は、中国史、とくに近代初期の中国経済史に限定的な問題だと思われるかもしれない。しかし、この問題は、世界のなかの中国経済というあまりにも大きな存在の位置づけを念頭におくと、実際にはまた別の広がりがある。

二十一世紀にはいり、強烈な存在感を示している中国経済は、それ自体が巨大なのだが、同時に大量の輸出によって外貨を獲得することで成長を遂げてきた。とするならば、中国経済はつねに輸出依存型経済なのだろうか。四氏の議論は、貿易黒字がない状態で中国経済は立ち行くのか、という点で分岐があった。とくに、フォン・グランの議論は、対外貿易収支の影響を低く見積もり、中国経済の自律性を高く評価している。この点は、道光不況論争に限らない。フォン・グランは、やはり一六七〇年代の「康熙不況」についても、対外貿易の途絶の影響を低く見積もり、むしろ中国経済の内部要因を重視する。このような傾向は、二十世紀末に、「グローバル・ヒストリー」という方法論を実行してみせた、いわゆるカリフォルニア学派（カリフォルニア大学の中国学研究者を中心とするのでその名がある。代表的な成果が当時、カリフォルニア大学アーバイン校で教鞭をとっていたケネス・ポメランツ『大分岐』）の研究に共通するものともいえる。[92]

カリフォルニア学派は、中国経済は歴史的に輸出依存型であるがゆえに、世界経済の動きに対し非常に脆弱であるとしてきた従来の学説を批判し、むしろ中国経済の強靭さを強調し、二十世紀末以来の中国経済の急成長を必然であるとしてきた。一九八〇年代から九〇年代にかけては、イマニュエル・ウォーラーステインの「世界システム論」[93]をベースに、中国経済と世界経済の連関が主張され、むしろ中国経済の世界経済に対する脆弱性が強調され、例えば、ウィリアム・アトウェルは、一六四四年の明朝崩壊の理由の一つを、天災に加え、海外からの銀流入の鈍化に求めている。[94]これに対し、カリフォルニア学派は、その脆弱性を過度に単純にとらえようとすることへ異議を唱えているのである。実際、中国経済内部の事情というのは、ここまで述べてきたように複雑で、対外貿易収支以外の要因によって、中国経済の動向が変容しうるということは首肯できるだろう。とはいえ、供給源をほぼ輸入に頼る銀を利用し、同時に対外貿易に対しあまりにも開放的な中国の各地域の経済の構造をみるときに、中国経済の内部事情だけですべてを説明することは難しいという感覚をいだくことも自然だろう。

銀流入による社会経済の転換は、いわゆる十六世紀ヨーロッパにおける価格革命と呼ばれる全般的物価上昇にもみられるものとされた。一方で、同時期のヨーロッパにみられる物価上昇には人口増という別個の要因があるとする場合もある。いずれにせよ、銀流入による貨幣が増加し、景況が好転したり、あるいは銀流出によってデフレ不況が起ることとは、状況証拠としては十分ありえるのだが、そのメカニズムについては慎重な検討をかさねて、明らかにしてゆく必要があるだろう。十九世紀の清朝中国における経済構造は、ゆっくりと解明されてきている。今後の議論の進展に期待したい。

註

1　十九世紀の中国・東南アジアの連環を考えるうえで濱下武志が提唱した「朝貢貿易システム」に言及しないわけにはいかない。この語に含まれる「朝貢」が独り歩きし、あたかも前近代には一貫して、中国を中心として周辺国が服属して、朝貢という唯一かつ非対称なチャネルをとおして両者が結びついていたと誤解される場合がある。しかし、濱下は、そもそも欧米列強がもたらす条約体制に先んじて存在し、条約体制成立以降もなお強靭な生命力をもち、むしろさらに拡大・複雑化してゆく在来貿易構造の存在を印象づけようとしていたにすぎず、濱下の概念を用いて前近代東アジアの国際政治・経済構造を規定しようとするのは踏み込みすぎであるといえるだろう。濱下武志『近代中国の国際的契機――朝貢貿易システムと近代アジア』東京大学出版会、一九九〇年。同『朝貢システムと近代アジア』岩波書店、一九九七年。

すなわち、「朝貢」という語も、あるいはその実際の「朝貢」使節派遣についても、十八世紀以降の経済的側面についていえば(研究者がここ二十年来たびたび指摘してきたように)必ずしも中心的な位置を占めるものではないのである。岡本隆司『近代中国と海関』名古屋大学出版会、一九九九年、七四頁。同「朝貢と互市と會典」『京都府立大学学術報告．人文』六二、二〇一〇年。

2　例えばアンドレ・グンダー・フランク、山下範久訳『リオリエント――アジア時代のグローバル・エコノミー』藤原書店、二〇〇〇年(英語原著：一九九八年)やジョヴァンニ・アリギ、中山智香子監訳『北京のアダム・スミス――二十一世紀の諸系譜』作品社、二〇一一年(英語原著：二〇〇七年)などが代表にあげられるかもしれない。日本の論者でいえば與那覇潤『中国化する日本』文藝春秋、二〇一一年(同増補版、文春文庫、二〇一四年)もあげられよう。

3　丸川知雄・梶谷懐『超大国・中国のゆくえ四　経済大国化の軋みとインパクト』東京大学出版会、二〇一五年。

4　大分岐論を含む、グローバル・ヒストリーの諸議論については、水島司『グローバル・ヒストリー入門』山川出版社、二〇一〇年に詳しい。

5　ケネス・ポメランツ、川北稔監訳『大分岐――中国、ヨーロッパ、そして近代世界経済の形成』名古屋大学出版会、二〇一四年(英語原著：二〇〇〇年)。

6　村上衛「「大分岐」を超えて――K・ポメランツの議論をめぐって」『歴史学研究』九四九、二〇一六年、および岸本美緒「グローバル・ヒストリー論と『カリフォルニア学派』」『思想』一一二七、二〇一八年三月号を参照。

7　むしろアヘン戦争をめぐる中国近代史叙述は政治的な宣伝に利用されがちであったことについては茅海建『天朝的崩潰――鴉片戦争再研究　修訂版』北京、生活・読書・新知三聯書店、二〇一四年、二〇～二八頁で指摘されている。

8　本書では、林満紅の論考の訳出はしなかった。これは、林の議論が著作によって公刊されており、全体を収録することが難しかったからである。林の著作の内容については、豊岡康史「批評と紹介 林満紅著『チャイナ・アップサイドダウン――貨幣・社会・思想　一八〇八～一八五六』」『東洋学報』八九-四、二〇〇八年参照。ただし、林の議論は、後述のとおり、二〇一一年に台湾で出版された繁体字版で修正が加えられている。

9　Paul A. Cohen, *Discovering History in China: American Historical Writing on the Recent Chinese Past*, (New York: Columbia University Press, 1984.)（ポール・コーエン、佐藤慎一訳『知の帝国主義――オリエンタリズムと中国像』平凡社、一九八八年）

10　松浦正孝『「大東亜戦争」はなぜ起きたのか――汎アジア主義の政治経済史』名古屋大学出版会、二〇一〇年、七〇六～七〇八頁。

11　矢野仁一『アヘン戦争と香港』弘文堂書房、一九三九年、一一頁。

12　江口圭一『日中アヘン戦争』岩波書店、一九八八年（文庫版：中央公論社、一九九〇年）。朴橿著、小林元裕・吉澤文寿・権寧俊訳『阿片帝国日本と朝鮮人』岩波書店、二〇一八年。

13　井上裕正『清代アヘン政策史の研究』京都大学学術出版会、二〇〇四年、二五〇頁。

14　後藤春美『アヘンとイギリス帝国――国際規制の高まり　一九〇六～四三年』山川出版社、二〇〇五年、二一～五四頁。

15　木村靖二・岸本美緒・小松久男『詳説世界史Ｂ』山川出版社、二〇一五年、二九五～二九六頁。

16　吉澤誠一郎「ネメシス号の世界史」『パブリック・ヒストリー』一〇、二〇一三年、平成二四年に文科省検定を通過した『新詳世界史Ｂ』帝国書院、二〇一二年は、この図のキャプションで少し踏み込んだ説明をしている。

17　井上裕正『林則徐』白帝社、一九九四年、二一八～二二四頁。

18　新村容子『アヘン戦争の起源――黄爵滋と彼のネットワーク』汲古書院、二〇一四年、一一頁。

19　田中正俊『中国近代経済史研究序説』東京大学出版会、一九七三年、一五三～一五四頁。

20　濱下『近代中国の国際的契機』九七～一一〇頁。

21　新村『アヘン戦争の起源』一四〇～一四四頁。

22　同右。

23　羅爾綱『緑営兵志』北京、中華書局、一九八四年、三四五頁。

24　新村『アヘン戦争の起源』一四〇～一四四頁。

25　Man-houng Lin, *China Upside Down: Currency, Society, and Ideologies, 1808–1856*, (Cambridge, Mass., Harvard University Asia Center, 2006.) その後、林は、岸本の書評（Mio Kishimoto, "New Studies on Statecraft in Mid- and Late-Qing China: Qing Intellectuals and Their Debates on Economic Policies," *International Journal of Asian Studies*, 6 no.1 (2009): 87–102.）などの指摘

を踏まえて改稿のうえ、繁体字版『銀線——十九世紀的世界与中国』台北、国立台湾大学出版中心、二〇一一年を出版している。本章では二〇一一年出版の繁体字版に依拠して議論を進めるが、二〇一一年以前に公刊された論文に基づくイリゴイン論文（1章）については二〇〇六年出版の英語版に依拠している。

26 イリゴインの主張は、二〇〇九年の論文で公刊されている。Alejandra Irigoin, "The End of a Silver Era: The Consequences of the Breakdown of the Spanish Peso Standard in China and the United States, 1780s–1850s," *Journal of World History*, 20 no.2 (2009): 207–244.

27 百瀬弘『明清社会経済史研究』研文出版、一九八〇年、一〇三～一〇八頁。この百瀬の論集に収録される論文の多くは一九四〇年以前に公刊されたものである。

28 佐々木正哉「阿片戦争以前の通貨問題」『東方学』八、一九五四年。

29 Richard von Glahn, *Fountain of Fortune: Money and Monetary Policy in China, 1000–1700*. Berkeley/Los Angeles: University of California Press, 1996; Richard von Glahn, *The Economic History of China: From Antiquity to the Nineteenth Century*, (Cambridge,U.K.:Cambridge University Press, 2016.)

30 フォン・グランはこの報告の内容をより発展させ、つぎの論文を公刊している。合わせてお読みいただきたい。Richard von Glahn, "Economic Depression and the Silver Question in Nineteenth Century China," in *Global History and New Polycentric Approaches: Europe, Asia and the Americas in a World Network System* edited by Manuel Perez Garcia, Lucio de Sousa, 2018, 81–118.（Open access at: http://www.palgrave.com/jp/book/9789811040528）

31 呉承明『中国的現代化——市場与社会』北京、生活・読書・新知三聯書店、二〇〇一年。

32 "China's Silver Trade and the Philippines in the 16th - 18th Centuries," the Third European Congress on World and Global History, hosted at the London School of Economics, 16 April 2011, organized by the European Network in Universal and Global History (ENIUGH).

33 "Silver and Money in 19th Century China," 2012 Asian Historical Economics Conference, Hitotsubashi University, Tokyo, 15, September, 2012.

34 林『銀線』一〇一～一〇九頁。数値は濱下『近代中国の国際的契機』九三～九六頁所載のデータによる。

35 岡本『近代中国と海関』九五～一〇五頁。

36 Man-houng Lin, "Latin America Silver and Early Nineteenth-century China," paper presented for the session "The World Upside Down: The Role of Spanish American Silver in China during the Daoguang Reign Period 1821–50," Third European Congress for World and Global History, April 14–17, 2011.

37 Von Glahn, *Fountain of Fortune*, 5–6.

38 呉『中国的現代化』二四一頁。

39 李伯重「「道光蕭条」与「癸未大水」——経済衰退・気候激変及十九世紀的危機在松江」『社会科学』、二〇〇七年第六輯。

40 本書5章で取り上げられるベトナム同様、中国でも、銅以外の金属による銭の鋳造はおこなわれた。しかし、本章で取り上げる十八・十九世紀においては、ほぼ銅を原料とする銭が一般的であるため、本章では、中国の少額貨幣を銅銭と総称する。

41 この項目については、古松崇志「宋遼金～元——北方からの衝撃と経済重心の南遷（十～十四世紀）」、丸橋充拓「魏晋南北朝～隋唐五代　南北分立から南北分業へ（三～十世紀）」、岡本隆司「明清　伝統経済の形成と変遷（十五～十九世紀）」、いずれも、岡本隆司編『中国経済史』名古屋大学出版会、二〇一三年所収を参照。

42 倭寇を含む日明関係については、村井章介ほか編『日明関係史研究入門——アジアのなかの遣明船』勉誠出版、二〇一五年に概況と研究状況の紹介がある。

43 岸本美緒『東アジアの「近世」』山川出版社、一九九八年、一一～一八頁。

44 中島楽章『徽州商人と明清中国』山川出版社、二〇〇九年、二九～三三頁。

45 佐藤文俊『李自成——駅卒から紫禁城の主へ』山川出版社、二〇一五年。

46 清朝の国号は正式には満洲語でダイチン・グルン、漢字では「大清」であるが、本書では日本での慣習に従い、「清朝」と表記する。

47 鄭氏台湾については林田芳雄『鄭氏台湾史——鄭成功三代の興亡実紀』汲古書院、二〇〇三年参照。

48 豊岡康史「清朝と舊明領國際關係（一六四四～一八四〇）」『中國史學』二二、二〇一二年。

49 岸本美緒『清代中国の物価と経済変動』研文出版、一九九七年、二三九～二四一頁。

50 Von Glahn, *Fountain of Fortune*, 211–216.

51 岸本美緒「明末清初の市場構造——モデルと実態」古田和子編『中国の市場秩序——十七世紀から二十世紀前半を中心に』慶應義塾大学出版会、二〇一三年。

52 上田裕之『清朝支配と貨幣政策』汲古書院、二〇〇九年、三八～四三頁。

53 同右、九五～九七頁。

54 黨武彦『清代経済政策史の研究』汲古書院、二〇一一年、三二一～九五頁。

55 黒田明伸『貨幣システムの世界史――〈非対称性〉をよむ 増補新版』岩波書店、二〇一四年、九九頁。

56 黒田明伸は、貨幣数量説（多い貨幣の価値は低く、少ない貨幣の価値は高い）は均衡がとれた市場経済（必ずしも「進歩している」わけではない）においてのみ通用する理論であり、条件次第で貨幣数量説とは逆の状況があらわれることを十八世紀中国における銅銭供給、あるいは十九世紀東アフリカにおけるマリアテレジア銀貨供給を例にとって実証している。黒田明伸『中華帝国の構造と世界経済』名古屋大学出版会、一九九四年、八、八五頁。同『貨幣システムの世界史 増補新版』二八～三五頁。

57 黒田『中華帝国の構造と世界経済』二八～三七頁。

58 同右、六三～九九頁。

59 ただ、一貫に含まれる銅銭の枚数は一四〇枚から七七〇枚など地域ごとに大きく異なっていた。このような慣習を短陌慣行《たんぱくかんこう》と呼ぶ。岸本『清代中国の物価と経済変動』三二九頁。

60 上田裕之「清代乾隆中葉における雲南銅の収買価格」『社会文化史学』五七、二〇一四年。

61 劉朝輝『嘉慶道光年間制銭問題研究』文物出版社、二〇一二年。Man-houng Lin, "The Devastation of the Qing Mints, 1821–1850," in *Money in Asia (1200 – 1900): Small Currencies in Social and Political Contexts*, ed. Jane Kate Leonard, Ulrich Theobald (Leiden: Brill, 2015) 155–187.

62 黒田『中華帝国の構造と世界経済』九〇～九一頁。

63 同右、二六二～二六五頁。袁世凱銀元に先行する清朝政府の銀コインとして光緒銀元（通称「龍元」）があるが、対外貿易での利用を目的に鋳造されたもので、明治日本の貿易銀など（本書4章参照）と同じ文脈で理解すべき硬貨であろう。

64 清朝が会計単位の一つとして庫平銀を用いていることは、清朝が銀本位制の国であったことを意味しない。会計単位として銅銭が用いられることもないわけではないし、そもそも清朝中央財政が特定の純度の銀を単位としているだけで、それ以外の清朝経済においては地域や取引商品ごとに多種多様な銅銭や銀、銀貨が用いられており、むしろ貨幣使用構造上、本位がないというべきであろう。黒田『中華帝国の構造と世界経済』一一～一二頁。

65 岩井茂樹『中国近世財政史の研究』京都大学学術出版会、二〇〇四年、五三〜五六頁。

66 Hosea B. Morse, *The Chronicles of the East India Company Trading to China, 1635–1834*, (Oxford: Clarendon Press, 1926), vol.1, 66.

67 Richard von Glahn, "Foreign Silver Coins in the Market Culture of Nineteenth Century China," *International Journal of Asian Studies*, 4-1, (2007) 56.

68 この圓表記が、現在の日本語の円や、韓国語のウォンの語源となっている。中国では、十九世紀にはいるとだんだん「圓」から「元」へ表記が変わってゆく。なお普通話（大陸の標準中国語）および、広東語では「圓」と「元」の発音は同じであるが、台湾語では「圓(oan)」「元(goan)」と少し異なる。

69 百瀬『明清社会経済史研究』一〇三頁。加藤繁『支那経済史考証』東洋文庫、一九五二年、四五四頁。

70 清朝の政府機能と経済規模、国際貿易動向についての十八世紀から二十世紀初頭までの概況については、村上衛「中国経済の発展と十九世紀清朝のふたつの危機」秋田茂編『アジアからみたグローバルヒストリー』ミネルヴァ書房、二〇一三年が中国国内の景況の地域差を念頭におきながら丁寧に示している。

71 岩井『中国近世財政史の研究』二六〜五三頁。

72 同右、五三〜五七頁。

73 同右、五七〜六二頁。

74 加藤『支那経済史考証』四五〇〜四五四頁。

75 岸本『清代中国の物価と経済変動』二〇六頁。

76 なお残りの二割のシェアを占めていたのはアメリカ合衆国から来航していた商人であった。つまり、十八世紀末までに大陸ヨーロッパ諸国の対中貿易はマカオのポルトガル人の取引を除いてほぼ途絶していたのである。Earl H. Pritchard, "The Struggle for Control of the China Trade during the Eighteenth Century," *Pacific Historical Review*, vol.III, (1934) 280-295.

77 岡本『近代中国と海関』一四ページ。

78 藤原敬士『商人たちの広州——一七五〇年代の英清貿易』東京大学出版会、二〇一七年、一八〇〜一八三、二一四〜二一五頁。

79 貿易の通時的な概況の把握に関しては、なおモースの年代記が有用である。Hosea B. Morse, *The Chronicles of the East India*

Company Trading to China, 1635–1834, 5vols, (Oxford : Clarendon Press, 1926–29.)　このほか、広東貿易に関する研究史は、藤原『商人たちの広州』が丁寧に整理している。

80 「常関」という用語は十九世紀前半にはまだ存在しない。当時は「戸関」「工関」あるいは具体的な関の名称で呼ばれ、総称はなかった。「常関」という用語は、一八六〇年代に上海などの開港場におかれた外国人税務司が管理する「洋関」と対比するかたちで古くから常設でおかれている「関」を指して用いられるようになったものである。本章では、時期的には正確ではないが、ほかに用語が見当たらないために清朝が設置した通関税徴収部門を「常関」と総称する。岡本『近代中国と海関』四七七～四七八頁。

81 中島『徽州商人と明清中国』五〇頁。

82 廖声豊『清代常関与区域経済研究』北京、人民出版社、二〇一〇年、三〇九～四三六頁。倪玉平『清朝嘉道関税研究　第二版』北京、科学出版社、二〇一七年、一八二～三七五頁。

83 倪『清朝嘉道関税研究　第二版』一七〇頁。

84 例えば福建の常関回避の事例については、豊岡康史「清代中期における海賊問題と沿海交易」『歴史学研究』八九一、二〇一二年を参照。

85 上田信『伝統中国――〈盆地〉〈宗族〉にみる明清時代』講談社、一九九五年、四七～六一、二三一～二三三頁。

86 上田信「中国における生態システムと山区経済――秦嶺山脈の事例から」宮嶋博史ほか編『アジアから考える(六)長期社会変動』東京大学出版会、一九九四年。

87 山田賢『移住民の秩序――清代四川地域社会史研究』名古屋大学出版会、一九九六年、一四七～一五三頁。

88 史志宏『清代戸部銀庫収支和庫存統計』福州、福建人民出版社、二〇〇九年、七八頁。

89 十九世紀初頭以来の辺疆への漢人の流入は少数民族や、後発移住民との矛盾を生んだ。その矛盾が爆発したのが一八五〇年代の太平天国の乱であった。菊池秀明『広西移民社会と太平天国』風響社、一九九八年。

90 小野一一郎『近代日本幣制と東アジア銀貨圏　円とメキシコドル　小野一一郎著作集一』ミネルヴァ書房、二〇〇〇年。

91 加藤『支那経済史考証』四二一～四四九頁。

92 なお、「グローバル・ヒストリー」といっても、実際には多くのパターンがある。本章ではおもに経済史的な手法に基づく研究をあげたが、文化・知識の比較や混淆、物品の流通・消費構造、疫病感染、環境史などを分析するものも含まれている。

羽田正編『グローバル・ヒストリーの可能性』山川出版社、二〇一七年、および岸本「グローバル・ヒストリー論と『カリフォルニア学派』」参照。

93 Immanuel Wallerstein. *The Modern World System*. 4 vols. to date, (New York: Academic Press, San Diego: Academic Press, Berkeley: University of California Press, 1974-.)（イマニュエル・ウォーラーステイン、川北稔訳『近代世界システムⅠ』岩波書店、一九八一年。同『近代世界システムⅡ〜Ⅳ』名古屋大学出版会、一九九三年〜）

94 William S. Atwell, "International Bullion Flows and the Chinese Economy circa 1530-1650," *Past and Present* 95 (1982): 68-90.

1章　道光年間の中国におけるトロイの木馬

――そして太平天国反乱期の銀とアヘンの流れに関する解釈

アレハンドラ・イリゴイン

はじめに

一八五六年十月、上海に停泊していたアメリカの蒸気船サン・ジャシントの船上で書かれた『ニューヨーク・タイムズ』宛てのレポート「中国における反乱の進展」には、つぎのような内容が示されている。すなわち、アメリカ政府は「士官に高給を支払うため、カルロス銀貨の購入にあたってますます大きな負担を強いられている。これは、給与の支払いを受ける側のためではない。というのもアメリカ海軍のパーサーにとって、カルロス銀貨はメキシコ・ドルやアメリカ・ドルより大きな価値をもつわけではないからだ」。上海においてカルロス銀貨には、メキシコ・ドルやそれ以外の同重量の流通銀貨に対し、五〇％のプレミアムがつけられていた。このような激しい騰貴には、ひとえにラテンアメリカの古い銀貨に対する「中国人の偏見」という理由が与えられた。史料によると、「中国にあるいずれの一流商社においても、一〇〇枚のカルロス銀貨でアメリカ・ドルもしくはその他のドル銀貨一五〇枚を買うことができ、（また）イングランド銀行の一〇〇ポンドの手形は、おそらく二五〇または二七〇枚のカルロス銀貨に相当する」とあるが、この当時ヨーロッパおよびアメリカの各地では、一スターリング〔一〇〇ポンド手形の誤記か〕に対し四五〇かそれ以上のペソ銀貨が要求されていた。レポートの作者は、カルロス銀貨が標準価値よりこれ以上高く評価されている場所はほかにないと結論づけている。[1]

中国が銀に関する問題をかかえていたことは、経済史・貨幣史の研究において広く知られている。[2] 従来の歴史研究において、道光年間の不況とそれに続く咸豊年間の銅銭インフレーションは、銀流出の結果として説明されてきた。[3] 本章では、輸入銀に対する中国特有の依存状況について、今までと異なった見解を提示しようと思う。先の『ニューヨーク・タイムズ』宛てのレポートにみられる懸念は、この問題の兆候をよく描き出しているものの、説明されるべき問題の本質にはふれていない。本章では、この懸念が含むところをさらに掘り下げて説明してゆきたい。第一節では、中国における銀の役割について可能な諸解釈を概観する。そこでは、最新の研究で流布している「供給」および「需要」サイドからの分析について論じる。第二節では、「供給サイド」の観点がもつ弱点について証拠を提示し、問題は一八二〇年代以後の世界経済で入手可能であった銀の量ではなく、銀の質にあったことを論じる。第三節では、ラテンアメリカのペソ銀貨の標準が分裂していたことを示す文献史料に基づき、中国が複本位制であったとする通説に異議を唱える。中国は銀貨を鋳造することがなかったため、このことは理論的には些細でも、結果的に重要な問題を提起している。中国が不可解にも通貨主権を欠いていたという制度的側面については、本章の範囲を超える政治経済的分析の主要問題であるため、部分的な議論にとどまるだろう。

そのかわり本章では、ラテンアメリカのペソ銀貨が、中国南部の諸地域でいかにして支払い手段として好まれるようになり、中国北部にも浸透していったのかを示したい。第四節では、ラテンアメリカの銀貨とその他の諸銀貨、そしてさらに重要な銀塊との交換レートの変動に関する証拠を提示する。一七九〇年以後、とくに一八〇〇年代には、中国でますますペソ銀貨の品質が低下していった。中国の銀塊を輸出用に調達することで大規模な裁定取引が実現される一方、大量の銀貨が中国に持ち込まれていた。同時代の人々によって認識されながらも、多くの研究者によって無視されてきたのは、この貿易が銀貨さらには広く銀一般を扱う貿易商にとって、巨大な利益の源泉となっていたことである。この貿易の根底にあったのはアヘンであった。それゆえ第六節では、アヘン輸入を銀流出の原因とする伝統的な理解を再検討し、実際にはむしろその逆であったことを述べる。じつのところ銀の流出はアヘン輸入の原因であり、その結果ではない。アヘンの輸入データに基づくと、一八二〇年代におけるアヘンの「著しい消費」は、それまで中国南部で普及していた銀本位の中断がもたらした副産物であったと判明する。これはなにも目新しい考えではない。なぜなら後に示されるように、当時中国の高官たちは、銀流出の主要原因およびその流出先をはっきりと認識していたからである。[4]

最後に本章では、カルロス銀貨に対する持続的な需要——カルロス銀貨は一八一〇年代以後もはや鋳造されなくなったため、利用可能な量は減少していた——がもたらした諸影響について分析的な議論をおこなって結論とする。ラテンアメリカの情勢と中国貨幣システム独自の機構が固有なかたちで組み合わさり、一八二〇年代以降中国の脱銀経済化を引き起こす「トロイの木馬」[ii]として作用したのである。こうした状況が引き起こした市場、商取引、さまざまな商品の相対価格と支払い手段の混乱により、中国が十八世紀を通じて享受してきた経済成長と統合のペースは大きく損なわれることとなった。十九世紀中葉に中国の経済が崩壊し、巨大な社会不安と政治的混乱、市場の分裂が起こったのは驚くべきことではない。ここで提示される議論はまた、一八五〇年代半ばから銀輸入が再開した事実の説明にも寄与するであろう。それは別の信頼すべき銀貨、すなわちメキシコ・ペソの使用が発展したおかげであった。

1 清朝中国の銀問題をめぐる諸解釈

ヨーロッパの史料に依拠した歴史叙述においては、清朝中国の貨幣および銀をめぐる諸問題の起源として、貿易収支の問題が強調されている。最近の研究でさえ、当時の銀流出は、中国が前世紀〔十八世紀〕の経済軌道から逸脱する主要因であったと主張している。従来の考えによると、貿易収支の逆転は、銀輸入によって均衡していた貿易を継続する手段として、イギリスの民間商人がベンガルより持ち込んだアヘンの大量輸入から説明される。当時イングランドでは織物の機械生産がなお加速していたものの、その市場を中国には確保することができず、アヘンに対する需要のみがヨーロッパによるアジアとの交易を可能にしていた。銀の流出は、銅銭建ての大幅なインフレーションとかさなっていた。他方、銀建ての物価が急落し、銀によって徴収される地税の負担が増加したことは、人々の不満に火をそそぎ、大規模な反乱を引き起こした。この説は、清朝後期の中国史の概説でなお広く受け入れられている。したがって道光年間、とりわけ当時の経済不況は、それまでの清朝中国と、一八五〇年代に中国を「開放」する条約港体制とを分ける時代区分の切れ目であり、またユーラシアの内部でもともと分岐しつつあった道筋の終着点でもあった。

近年、何人かの中国史研究者がこうした言説に疑問を投げかけている。林満紅はその画期的な研究のなかで、新しい視点を加えている。『チャイナ・アップサイドダウン』において林は、中国の銀問題が、銀のみを支払い手段とするアヘンへの需要によって引き起こされたのではないことを明らかにした。林は著作の導入部で、「十九世紀後半に中国はより多くのアヘンを輸入したが、それでも銀の流れは中国へ戻ってきていた。それゆえ十九世紀前半の銀危機がアヘンによって引き起こされたとする前提は十分な正当性をもたないということを発見し、大きなショックを受けた」と認めている。[5] 十九世紀を通じ、中国の絹と綿製品は工業化しつつあるイギリスに自らの地歩を譲り渡そうとしていたので、歴史家たちは物語の途中で立ち止まり、アヘンの流入から銀の流出、銀の不足から不況および衰退にいたる因果関係を想定した。林はこれにかえて、銀不足の起源に関する異なった見方を提示する。彼女は供給サイドの要因について論じた。すなわち、中国にもたらされる銀の量が一八〇八年以後劇的に減少したというのである。

十八世紀を通じて増加した中国への銀供給が南アメリカに由来することを示したうえで、林は一八二〇年代における銀輸入の急激な減少を実証し、それを同時期に新大陸で起こった銀山開発の崩壊の結果として説明した。一八二〇年代以後、銀輸入はかつての年間数百トンの規模から、ほぼゼロへと低下した。林は、銀輸入の中断が、当時植民地支配からの独立過程にあったラテンアメリカの変動に対応していたと結論づける。ラテンアメリカに関する文献に依拠し、林は中国で深刻化する銀不足の原因を、独立戦争によって引き起こされた銀生産地域の混乱に求めたのである。さらに彼女は、アヘンと銀の流れにみられる「時期的な相関関係」を検証することで、アヘン輸入が金と銀の希少化に対応したものであったと説明した。[6] これは道光年間の銀問題に対して供給サイドからの明確な説明を提起するものだが、相関関係は因果関係を示すものではない。そこからつぎの興味深い問いがうまれる。因果関係は、はたしてラテンアメリカの鉱山から中国へと向かっていたのか、それともその逆であったのか？[7]

他方でリチャード・フォン・グランは、中国国内の銀市場の不均衡によって輸入銀への需要が低下したと論じている。それゆえ彼は、貿易収支からする議論に見直しが必要であることには同意する。ラテンアメリカの政治的な出来事によって引き起こされたグローバル銀市場での供給不足を指摘するかわりに、彼は銀輸入が低下した原因を、中国国内市場の変化に見出した。二〇〇三年の論文によると、フォン・グランは自らの議論をさらに進め、銀本位制への移行が「巨大な銀流入の前提条件」であったとしている。[8] 需要と供給のどちらが牽引していたとしても、問題が絶対的もしくは相対的な銀の不足にかかわっているという点において、二人の著者は一致している。林はその実体経済への影響を詳述していないのに対し、フォン・グランは銀の輸入と流出の原因を、中国国内(および輸出)経済のダイナミズムによって牽引される、支払い手段としての銀需要に帰しているのだ。

2　道光年間における銀不足の原因

林は〔銀不足が始まる〕時期については正しかった。需要サイドからする古い説明が、中国からの巨額の銀流出の原因をアヘン需要の高まりに帰していたのに対し、林はアヘンと銀の関係を逆転させ、銀不足の原因を従来の銀供給源が枯渇した点に求めたのである。英領インドとの貿易は一八一〇年代から逆転するが、銀の流出は一八二〇年代中盤に始まった。従来の輸出品では消費の拡大するベンガル産アヘンの代金を支払えなかったため、中国の貿易バランスが逆転するのは不可避であった。そして〔貿易バランスの逆転に〕輸出の増大によって対応することができなかった中国は「さらに遅れをとることとなった」。このことは、当時中国の最大の貿易相手であり、アヘンの供給源であったイギリスとの交易データのみによって裏づけられている。しかしながら、本章ではこれが部分的にしか正しくないことが示されよう。

当時中国の重要な貿易相手であった他の諸国も含めてみると、異なったシナリオがあらわれてくる。[9] 一七八〇年代以後、アメリカは中国にとって西洋で二番目に大きな貿易相手国となった。さらに重要なのは、アメリカが中国にとっての主要な銀供給国であり、一七九〇年代以後にはほぼ唯一の銀供給源となったことである。別の論文において中国とアメリカの銀貿易とその発展の時期について説明したように[10]、アメリカの商人はラテンアメリカとの貿易によって銀を得ていたため、一八〇〇年以後の世界経済における銀の相対的な供給能力を比較する価値はあるだろう。十八世紀において、イギリス東インド会社、オランダ東インド会社、マニラのガレオン貿易、そしてその他の貿易商人によっておこなわれる銀輸出の主要な商品は、銀貨であった。そして銀貨は、アメリカによる対中輸出全体の少なくとも九五％を占めていた。[11] その銀の主要供給源はメキシコであり、規模は小さいがその他のラテンアメリカ諸国も銀を供給していた。[12]

図1は、一八二一～五六年の期間につき、中国によるアメリカ「から」の銀輸入とアメリカによるメキシコ銀の輸入を、メキシコにおける銀鋳造額とともに示したものである。膨大な文献によれば、独立の時点において、メキシコの輸

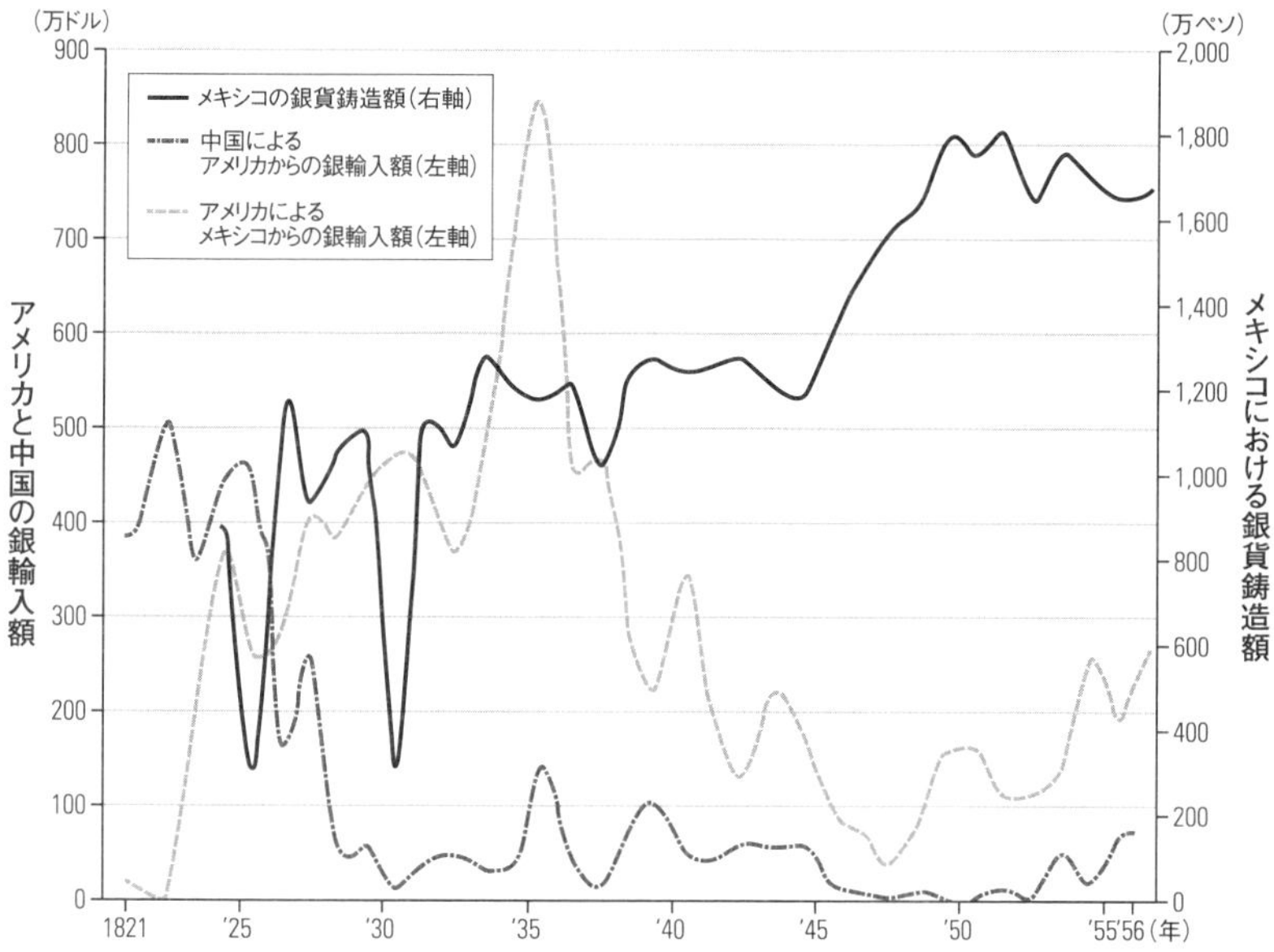

図1　銀の流れ(1821〜56年)

出商品である銀の生産は崩壊していた。一七九〇年代にピークであった銀採掘および銀貨鋳造の規模は、年間約二四〇〇万ペソ、もしくは純銀にして六〇〇トンであったが、独立後の銀生産と銀貨鋳造量はこれに比べ明らかに減少していた。それでも、一八二〇年以前における中国の銀輸入およびアメリカによるメキシコからの銀輸入のペースに照らせば、従来の交易において利用可能な銀の量は、明らかに中国――アメリカ間でおこなわれる通常の銀の輸出入を十分満たすのものであった(実際にはその数倍の規模でさえあった)。中国が従来必要としてきた銀の量も説明する必要があるだろう。先の数量と比べれば、広州における銀輸入の年間平均量はわずかなものであり、その額は一七八〇年代で三五〇万ペソ(八七・五トン)、一七九六〜一八〇六年には四一〇万ペソ(一〇二・五トン)、そしてピーク時にあった一八一九〜二〇年では八〇〇万ペソ(二〇〇トン)であった。[13] 要するに、独立戦争によりメキシコの銀採掘は混乱したものの、一六四〇年代以後ずっとそうであったように、従来の生産地域には中国が輸入を継続するのに十分な量の銀が存在し、供給に開かれていたのである。

ラテンアメリカの独立戦争とそれによる混乱はたしかに銀の供給源を動揺させたが、図1から見て取れるように、中国による従来の銀需要を満たすのに十分な量の銀が存在していた。この点によって中国による銀輸入の低下を説明することはできないのである。したがって、量の問題ではないとすれば、中国による銀輸入中断の原因はどこか別のところに存するのであろう。これは論文「銀の世紀の終焉」[14]での主要な発見であり、そこではアメリカによる中継分を含む中国の輸入について、一七一九年に広州が貿易に開かれて以後の規模と傾向を詳細に示し、中国への銀流入の終焉が銀を需要する側によって主導されていたことを主張した。実際のところ、銀輸入の停止とのちの銀流出の原因は、国際経済で流通する本位銀貨の品質にあった。問題であったのは、銀の量ではなく、銀貨の品質だったのである。銀を欲していなかったのは中国のほうであり、それは後に知られるように、ラテンアメリカの独立が貨幣面でもたらした帰結のためだった。

『広州番鬼録《ばんきろく》』において報告されているように、中国人は長らくさまざまな銀貨を区別してきた。[15] ラテンアメリカの独立にともない、本位銀貨は突如として姿を消してしまう。[16] その後、ペソ銀貨の基準のばらつきが当時のアメリカの造幣局やイングランド銀行によって確認され、イギリス議会の継続的な関心事となった。東南アジアの君主や世界中の商人たちも、このことを見逃さなかった。[17] 貿易商人たちはただちにその変化を記録したが、それは十九世紀を通じて続くこととなる。メキシコ政府は、一八五〇年代中盤になってようやく銀貨鋳造に対する管理を回復しようと努め、メキシコ・イーグル銀貨[iii]が徐々に名声を博するようになった。林が指摘するように、比較的安定した本位銀貨の登場——この銀貨は数百万枚も鋳造され、金に対する銀の国際的な比価は下落した——とともに、中国は銀の輸入を再開したのである。

一八二〇年代にかけておこった銀本位の終焉(the end of silver standard)は、国際貨幣システムを大きく変え、それまでの支払い手段に甚大な影響を与えた。経済史家たちは当時の「世界不況」を指摘しつつも、このことを無視ないしは誤解している。[18] 従来の経済史研究のヨーロッパ中心的視点によって、中国の銀問題がもつグローバルな側面は見過ごされてきた。それゆえ、中国―イギリス間の貿易における貿易収支の逆転と銀流出の同時的な展開は、外生要因としてのアヘン消費からは部分的にしか説明できないのである。[19] 中国人は十八世紀後半にはすでにアヘンの存在を知り、輸入していたにもかかわらず、アヘン需要の突然の高まりについてはいまだ十分な説明がなされていない。[20] モースの『イギリス東インド会社対中国貿易編年記』は、一八一〇年代までに中国が年間二〇〇〇から四〇〇〇箱のアヘンを輸入していたとする。しかしアヘンの輸入は、道光年間だけで二〇～二五倍にまで増えているのだ。[21]

　銀の欠乏とそこから派生する貨幣面での影響は、中国経済史研究において主要な関心事となっている。中国は、銀と銅銭という二重の金属本位を維持していたと理解されている（それはほとんど複本位制に近い）。[22] そこには固定比価が存在せず、中国はまたそれを確立するための制度的な手段をもたなかったが、二種類の金属貨幣の交換レートは伝統的に銀一両あたり銅銭一〇〇〇文付近を揺れ動いていた。[23] キングはこれを「並行複本位制」と呼んだが、この概念では中国貨幣システムの仕組みを説明できない。銀は中国において法貨の位置を占めていたものの、決して政府によって発行される貨幣ではなかった。実際には、民間の主体がさまざまな重量と品質の銀を鋳造しており、それらは計算単位として機能しえなかった。[24] 異なった重量と品質を表現しうる唯一の両《テール》の標準が存在しなかったため、銀のインゴットが計数貨幣として流通することは不可能だったのだ。[25] 一六四〇年に日本からの銀輸入が停止して以降、銀と銅銭の交換レート（一両に対する文）はおよそ八〇〇文から一〇〇〇文のあいだを揺れ動いていた。嘉慶年間（一七九二～一八二〇年）における平均は一二〇〇文であり、一八三〇年代中盤までに交換レートは下がりはじめ、政治・社会状況が悪化した一八四〇年代と五〇年代には下落がさらに加速した。この時期には銅銭建てのインフレーションと銀建てデフレーションが同時に進行したが、同時発生したこれらの異常な貨幣動向は、しばしば道光不況の原因にあげられている。

3　中国の貨幣システムの特徴

中国の貨幣システムがもつ複雑性は魅力的であり、十九世紀の同時代人のみならず、現在の研究者をも困惑させ続けている。その複雑性は、ここですべてを論じつくすのが不可能なほどたくさんの刺激的な研究を触発してきた。少なくとも西洋においては、モースからキンドルバーガー――彼によれば、貨幣を支出するヨーロッパ人に対し、中国人は貨幣の備蓄を好む――にいたるまで、歴史家たちは国際収支モデルのレンズをとおして貨幣動向をみる傾向にあった。[26]このアプローチは、アジアへの銀流入とアジアからの銀流出を説明する理論的根拠となってきた。しかし、もし中国における銀銭比価の動向を中国の銀輸出入に関するより包括的なデータと比較するなら、そこに問題が立ちあらわれてくる。図2からわかるように、道光年間における銅銭の価値下落は驚くべきものである。省の鋳銭局はしばしば銅銭の品質を落としたが、道光年間において銅銭の品質低下は悪名高いものとなり、咸豊年間のインフレーションにいたった。[27]経済史家たちは銅銭の品質低下を、拡張的な財政政策の帰結、もしくは銀流出による複本位制の歪みとして説明しようとする。いずれの場合でも、必然的連関として主張されるのはつぎの点である。銀不足はアヘンの過多な輸入によって説明され、銀流出は銅銭との交換レートを押し上げることとなった。銅銭は民衆にとっての、また少額取引における支払い手段であったため、アヘン輸入は間接的にインフレーションをもたらした。しかし、（大部分の取引は「銀で」記録されていたため）銀の流出はデフレーションを引き起こさずにはいない。それゆえ、道光不況の貨幣的要因は矛盾を含んでいる。[28]

林が示したように、銅銭の減価率は一八五〇年代中盤に銀輸出が再開すると減速した。アヘン輸入の増加は銀銭比価の下落と一致しており、一八三四年に一三五〇文であった比価が、五〇年代には二〇〇〇文以上にまで騰貴している。これらの変動は、複本位制の作用に信憑性を与える。しかしながら、一八〇五年から二一年のあいだに銀銭比価が下落

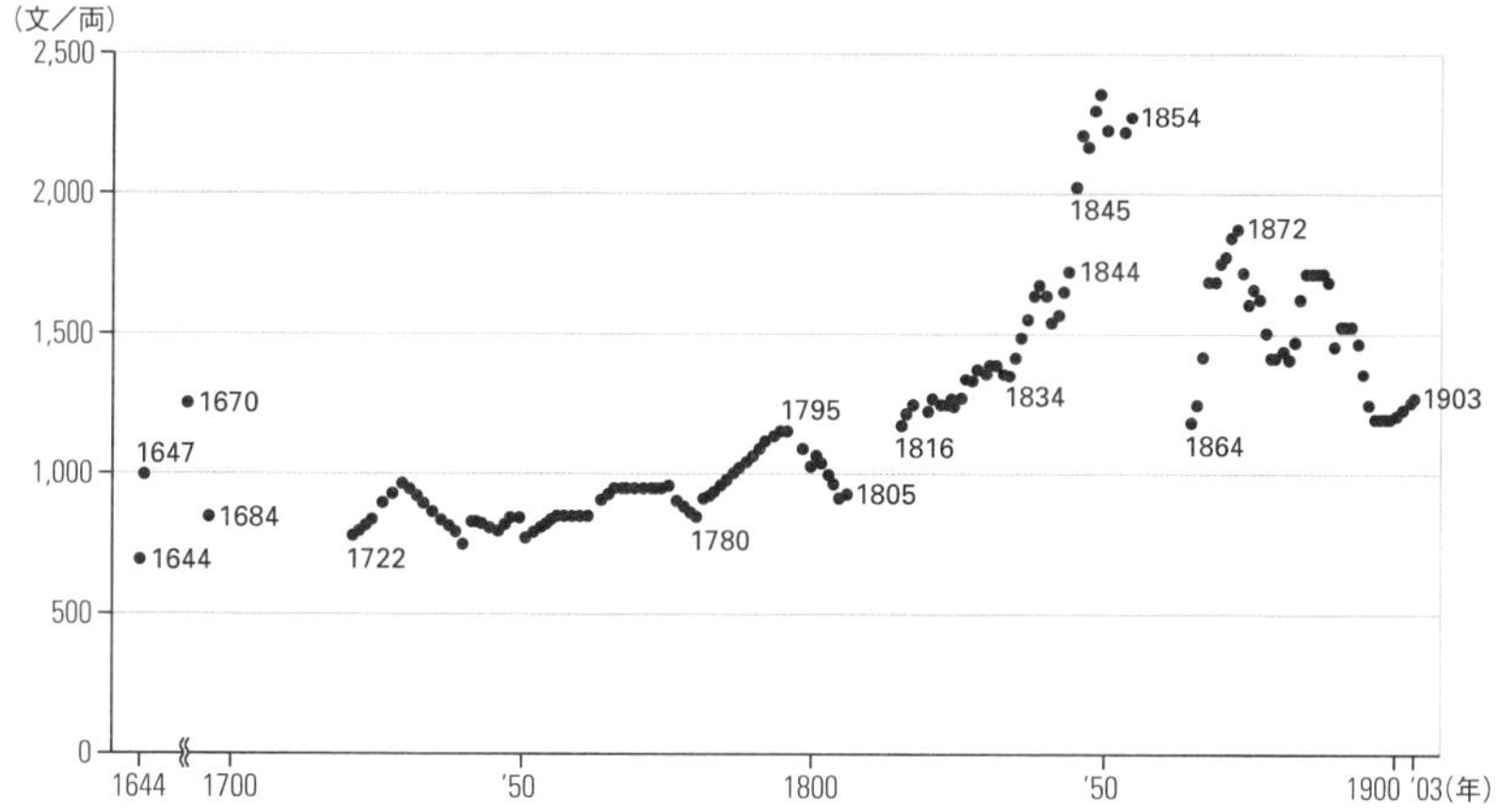

図2　中国の銀銭比価(1644〜1903年)

出典：Lin Man-houng, *China Upside Down : Currency, Society, and Ideologies, 1808–1856* (Cambridge, Mass.: Harvard University Asia Center, 2006), 86.

傾向となり、九三五文であった比価が一二七六文まで三五%も下がったことについては、どのように説明すればよいのか。この期間において、銀の年間輸出額は約二二〇万ペソ(五五トン)から三六〇万ペソ(九〇トン)まで増加しており、銀はかつてないほどに豊富だった。[29] アヘンの輸入がなく、銀の持ち込みが増加していたことを踏まえると、一七八〇〜九五年および一八〇五年にいたる時期の銀銭比価は不可解である。このことは、中国が複本位制のもとで動いていたという考えに疑いを投げかける。[30]

しかし実際のところ中国は、銀と銅銭のストック・フローの変動から比価が説明される純粋な複本位制のもとで動いていたのだろうか。黒田明伸は、複数貨幣の共存と「イマジナリー・マネー」の広範な使用を強調することで、この見方に異議を唱えている。[31] この点において中国は、多様な通貨のもとで機能していた当時のほかの諸経済と変わるところがない。これら複数の貨幣はそれぞれが完全に代替可能なものではなく、したがって市場や商人は計算単位として実体をもたない単位、いわゆる「イマジナリー・マネー」を用いていたのである。[32]

通貨問題における主権の欠如という中華帝国独特の性格は興味深い。濱下武志はいみじくも、「銀の交換レートに対する制度的な管理は存在しなかった」と論じており、またフォン・グランは、「銀に対する需要はすぐれて民間セクターの問題であり、一条鞭法《いちじょうべんぽう》のような財政政策によって規定されるものではなかった」ことを立証している。[33] しかしながら、銀の役割と機能を誤解し、通貨危機への対応において王朝の政策がはたした役割を強調する研究は、経済学を中心に今なお活発である。[34] 当時の『チャイニーズ・レポジトリー』の編集者を信じるなら、このアプローチはこじつけにみえるだろう。彼は一八六三年において以下のように説明している。

国家による貨幣鋳造の欠如は、アジア諸国においても慣例に対する極めて特異な例外であるため、その理由を探りたくなろう。そしてその驚きは、これまで人々を向上させるのに貢献してきた商業的自由にその原因がないとわかると、いっそう大きなものとなる。政府は一方では、鋳貨を偽造した臣民を、広範な領土のいかなる場所においても処罰しうるほど強力ではない。他方で政府は、統一的な基準の鋳貨を長年にわたって発行し、臣民の信頼を獲得するほど誠実でもないのだ。[35]

このような取り合わせと中国国家の限定された財政・貨幣的能力を踏まえれば、そこに今日のエコノミストの考えるような通貨政策がおこなわれる余地は存在しない。[36] 従来の説明によると、「現実には」一つではなく複数の貨幣システムが存在していた。中国は、「地方的なバリエーションをともなう構造的統一性」をもっていたのだ。[37] 実際のところ中国には、統一された経済も統一された貨幣制度も存在しなかった。その制度が、「部分的には政治制度のため」、または「原始的な鋳銭や低品質な通貨の存在にみてとれる技術的後進性のため、非効率的である」と考えられていたのは、驚くべきことではない。[38] 統一的貨幣制度や市場が存在しなかったことを踏まえると、道光不況を引き起こした銅銭建てインフレーションの役割も問い直されるべきであろう。

近年の歴史家は政策面にあまり重点をおいていないが、商品としての銀地金と銀貨との相違を見落としている。それゆえ叙述においては重金主義的なニュアンスが維持され、反証の存在にもかかわらず、貿易収支のバランスモデルが存続している。実際には、黒田によって強調されているように、銀は十八世紀中国で流通を拡大しつつあった支払い手段のうちの一つであり、地金もしくは銀貨のかたちで銅銭、紙幣、銀行券、手形とともに流通していたのである。黒田はこのような統一性の欠如についてさらに論及しているが、これらの諸手段は相互に代替的であるというよりも補完的なものであるとされる。

ただし、中国で銀貨が鋳造されることはなかった。皇帝の許可を得た省の鋳銭局が銅銭を供給する一方、馬蹄型の銀は民間によって鋳造されるものであった。中央も地方政府も、主権にかかわるものとして銀の鋳造をおこなうことは一度もなかったのである。ラテンアメリカの銀貨を模倣しようとする試みが繰り返されたのは明らかで、ウェルズは広州の南に位置する順徳、一八三八年の福建、台湾、一八四〇年代の常州の諸事例に言及しているが、いずれも長くは続かなかった。[39]王朝が実質的に銀貨を鋳造しなかったことは、中国の貨幣史においてしばしば見過ごされてきた重要な側面である。しかしこれこそが経済に根本的な問題を引き起こし、市場とそこでの行為主体は、そのほかの通貨調節手段の「予測不可能性に大きく左右される」こととなったのだ。[40]十八世紀においてこれは輸入銀の役割であり、とくにラテンアメリカで鋳造された銀貨の重要性は高まっていった。

それゆえ、銀地金と銀貨は同一のものとみなされるべきではなく、中国において両者は相互代替的なものでもなかった。また後に示すように、両者は補完的な関係にもなかったのである。ここで提示される議論において、この区別はもっとも重要である。もし別の場所で銀貨の価値が地金としての価値を下回ったなら、所有者は銀貨を公的機関に持ち込み、銀地金へと溶かしてしまうことができる。それゆえ中国において、「悪い」銀は最終的に民間で銀塊へと溶解される。[41]これに対し、銀貨の価値が地金としての価値を上回っている場合、銀地金の所有者は別の場所から鋳造局に地金を持ち込み、鋳造差益にあたる手数料を支払って銀貨を手にすることができる。中国には銀貨を鋳造できる鋳造局が存在しなかったので、銀塊を保持している人間にこの選択肢はなかった。[42] その結果として、ラテンアメリカの銀貨と銀塊との交換レートは、非対称的な調節に左右されることとなった。銀貨は溶解されうるため、その価値が銀塊を下回ることはない。一方、銀塊に対して銀貨の価値が騰貴した場合には、その銀貨を中国へ輸入することが裁定取引の唯一の手段となるため、カルロス銀貨への需要は押し上げられる。しかしラテンアメリカにおいてカルロス銀貨の鋳造はすでに停止しており、一八二〇年代に銀の交換レートが上昇した後は、新規鋳造された銀貨の輸入も不可能となった。おそらくこれらの可能性が絶たれていたため、裁定取引の余地は大幅に広がり、一八二〇年代以後にはラテンアメリカにおける貨幣基準の「混乱」が中国に輸入されることとなった。このことは、それまで銀貨と銀地金を結びつけてきた基準の崩壊を意味していた。それゆえ銀塊と銀貨は、もはや補完的な関係ではなく、相互に競合し合う存在となったのである。後に示されるように、それによってもたらされた影響は、中国の貨幣「システム」にとってトロイの木馬のようなものであった。

4　中国におけるペソ銀貨の普及とその経済的帰結

中国における銀の輸入、流通、輸出に関する文献のほとんどは銀を商品とみなしてきたが、十八世紀中国の銀使用において、銀貨に対する需要の高まりがみられたのは明らかである。商人の残したあらゆる文書類に記録されているように、当時中国でビジネスをおこなっていたいかなる人間も、このことに気づいていた。一七三五年から一八一一年のあいだに、メキシコだけで一三億枚の銀貨が鋳造されたが、これは銀三万四〇〇〇トンに相当する。これらのうち一七七二年から一八一一年にかけて鋳造された九億二九〇〇万枚、すなわち二万二八六〇トンの銀貨には、表にスペイン王の顔が打刻されていた。有名なカルロス銀貨は、一七五九年から一七八八年にかけてスペイン王であったブルボン家のカルロス三世と、彼の後継者で、一七八八年からフランスの侵略によって追放される一八〇八年まで王位にあったカルロス四世にちなんで名づけられた。[43] 発行額はより少ないが、スペイン領となっていた他地域の造幣局でもまったく同じ銀貨が一八〇八年まで鋳造されていた。[44] スペイン王は一七三二年になって銀貨鋳造を民間の手から取り上げ、新たに造幣機械を使用し始めたが、そのさい銀貨には特徴的な縁がつけられ、造幣局の名前が印刻された。それゆえラテンアメリカにおけるペソ銀貨の鋳造は、極めて標準化されることとなった。一七二八年まで銀貨の重量は二五・五六二グラム、品質は千分率で九三〇・五の純銀を含み、ジブラルタル海峡の入り口におかれた「ヘラクレスの柱」を示す二本の円柱のあいだには、王旗がかたどられた。銀貨はこの円柱ゆえに「ピラー・ドル」の名で呼ばれたが、その後カルロス三世が大きさと重量を保ったまま銀貨の品質をわずかに低下させると（千分率で九一六・六から九〇二・七への引き下げ）、王の肖像がもう一方の側に印刻されるようになった。それゆえこの銀貨はカルロスとして知られるようになる（図3に示されるように、銀貨の鋳造年とともに王の名前が出現したことによる）。中国で出版された手引書に見えるように［図3］、この特徴は人々によって容易に気づかれ、これらの銀貨は「オールド・ヘッド」もしくは「仏頭」と呼ばれるようになった。[45]

フランスによる圧力のもと、カルロス四世は一八〇八年に退位し息子に王位を譲ったが、そのさい通例にそって銀貨鋳造用の金型がつくられることはなかった。その後しばらくのあいだ古い金型が用いられたため、一八〇八年以後に鋳造された銀貨のうちには、「誤った」主権者の肖像をもつものが見出される。より重要なことは、スペイン統治の内部崩壊によって、帝国の財政および貨幣制度が分裂するにいたったことである。地方当局によって運営されるさまざまな造幣局が、それぞれ独自の銀貨を生産するようになった。ラテンアメリカで内戦が勃発すると、地方政府は銀貨の品質、サイズ、重量の変更が得策になると考えた。十年のあいだに、メキシコだけで六つの新しい造幣局が増設された。域内の銀は造幣機械ないしは海外へと向かい、かつてメキシコシティにただ一つであった植民地造幣局と競合した。ペルーでは新たに二つの造幣局が開かれ、リマによる鋳造差益の独占に挑戦した。鉱山労働者から鉱石を入手し銀を精錬

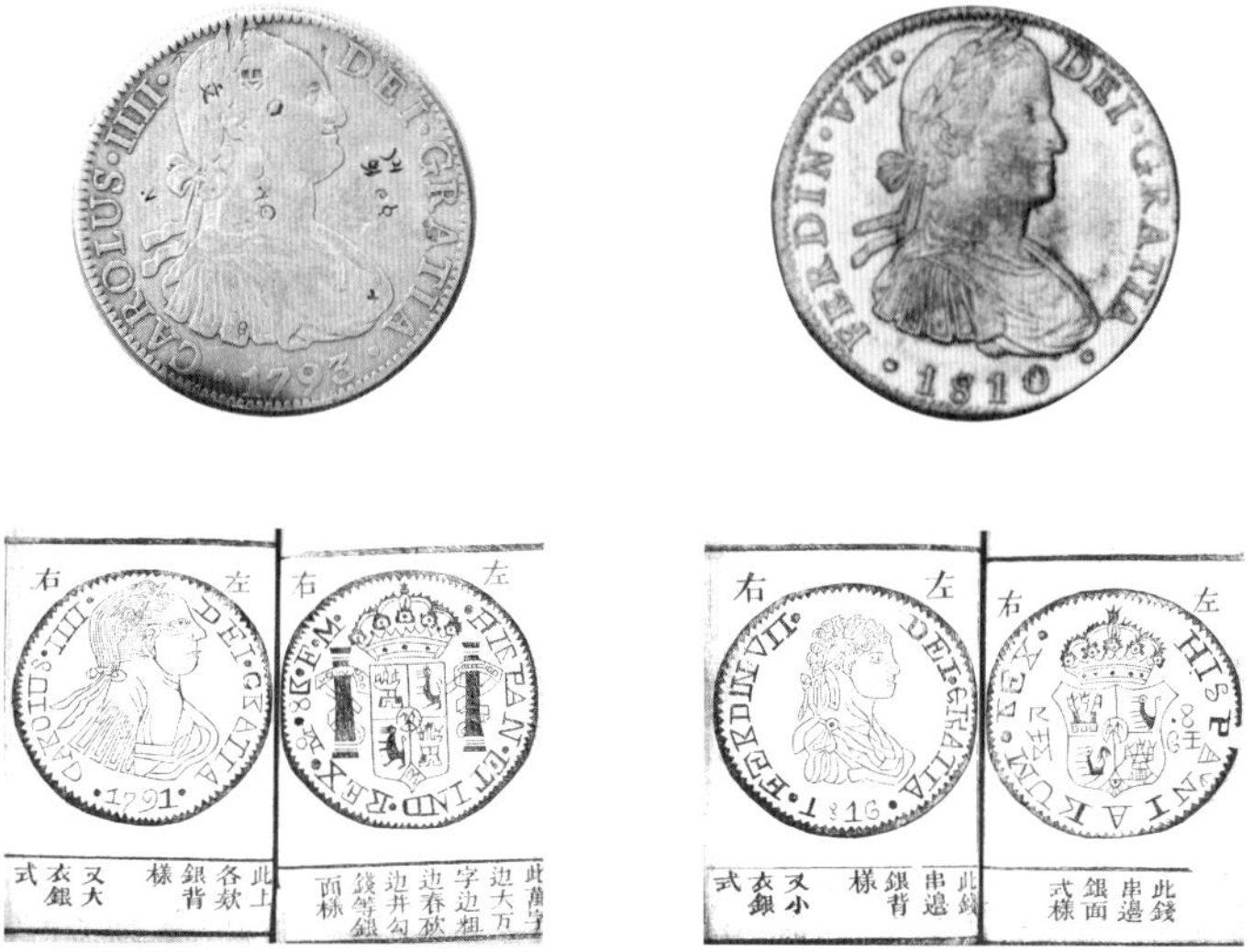

図3　カルロス銀貨，フェルナンド銀貨(上段)と中国で出版された銀貨の手引書(下段)

できるあらゆる鉱産地域が、銀貨の鋳造に乗り出そうとした。スペインの制度の崩壊がもっとも深刻となった時期には、金型と造幣機械の窃盗により、いたるところで銀貨の鋳造が可能となった。はじめのうち、すべての造幣局は多かれ少なかれ既存の銀貨の仕様に従っていた。しかし、銀貨への細工は拡大する軍事費をまかなう手軽な手段であったため、銀貨の鋳造額は増加し、続いて銀貨の貶質《へんしつ》が蔓延した。ラテンアメリカは、財政赤字を埋め合わせるためのインフレ的方策を発見したのだ。[46]

銀貨の種類の増加によって貶質化はいっそうひどくなり、近世期にもっとも成功した銀貨を特徴づけてきた基準は崩壊した。**図3**に示されているのは、中国の商人や金貸しが銀貨の品質と由来を確証するために用いた資料である。両方の銀貨は一見して識別可能である。[47]

ラテンアメリカのペソ銀貨は、中国にとって目新しいものではなかった。[48] 銀は中国との貿易でもっとも好まれた商品であったため、世界中からますます多くのペソ銀貨が船荷としてもたらされ、乾隆期にもっとも豊富となった。これらの銀貨は、銀塊と区別するために銀元として知られるようになる。そして時がたつにつれ、銀貨の名前の一部であった元という漢字は、貨幣の計算単位としても使用されるようになった。[49] モースの『編年記』は、他のヨーロッパ銀貨や銀塊に対するラテンアメリカ銀貨の持続的な価格騰貴について、豊富に言及している。しかしながら、モースは用語として通貨と銀とを区別しておらず、中国における銀の不足は商業問題の結果という印象を与えている。一七九六年までに、広州において銀は「少なく」なっていたが、これは銀貨に対する需要がとくに増加していたと言い換えられる。モースは、「ヘッド・ドルは九二の銀品位をもつが、現在では銀品位が一〇〇である同重量の銀塊すなわち純銀と容易に交換できる。ここからヘッド・ドルに八・六九%のプレミアムがついていることは明白だ」と記している。[50] カルロス銀貨は、銀塊だけでなく他のヨーロッパの銀貨に対してもより好まれていた。一七九八年には広州での貿易において、ヨーロッパの銀貨はカルロス銀貨に対し一四〜一八%もの減価を受けていたらしく、また「ヘッド・ドル」には銀塊に対するプレミアムがついていたことをモースは記録している。これ以後ラテンアメリカの銀貨は、重量を計って用いられるかわりに、枚数を数えて（元として）使用され始める。その間古いピラー・ドルは流通から消え、東南アジアへ輸出された可能性が高い。広州における銀需要が、銀一般に対する需要というよりもむしろラテンアメリカのペソ銀貨に対する需要であったことは明らかである。中国の買い手たちは、ラテンアメリカのペソ銀貨の品質と、各種銀貨にみられる差異を十分に認識していた。

　モースによれば、これらペソ銀貨が成功した理由は「単純であった」。なぜなら、「ある人間が分割することのできない四ポンドの銀をポケットに入れて持ち歩くのは嫌であろうし、同じく小銭として六ポンドの銅銭を持ち歩くことも望まないからである」。[51] 銀両は分割することができないが、より重要なのは、均一でないということである。銀両には五〇両《テール》から三銭（銭は重量単位であり、一両の十分の一に相当）までさまざまなサイズのものがあり、純銀の含有量を保証するためには、鑑定人の印章が押されねばならない。貨幣史研究者は、一般に認められた（銀両の）標準として六七種を数えあげているが、政府が公認したのはわずかに三つのタイプだけであった。すなわち、税関で用いられる海関両、国庫支出に用いられる庫平両、さらに商業用の単位として拡大した上海両である。ラテンアメリカの銀貨がもつ長所はその利便性にとどまらない。広州にはじめて持ち込まれたアメリカのドル銀貨は、〔ペソ銀貨と〕極めて類似した重量、直径、品質をもっていたが、結局溶解されてしまった。キングのいう「信頼性」が銀貨にさらなる価値を与えていたのである。またこれにつけ加えるべきは、信頼性によって銀貨が標準となった時に生まれる「なじみ深さ」であり、さらには中国の海関や徴税機関による「受領保証」も、「〔ペソ銀貨が〕選好されるもっともな理由であった」[52]。

それゆえ、ラテンアメリカのペソ銀貨によって信用できる銀本位が提供された点を踏まえると、ペソ銀貨に対する中国人の選好は驚くべきことではない[53]。実際に、〔現在の政治経済学の文献において〕スペインの制度がこうむっている悪評にもかかわらず、その銀貨は銀本位として驚くほど広範に受け入れられたのである。アメリカも、〔独立戦争時に発行された紙幣が失敗したのち〕スペイン・ペソの型にしたがって一七九一年に最初の貨幣となる銀貨をデザインした。「レアル」「ペソ・デ・ア・オチョ」「ピース・オブ・エイト」「スペイン・ドル」、ピラー、カルロスなどの名称で呼ばれたその銀貨は、地中海からカリブ海をへてインド洋、シナ海にいたるまで、一定の規模をもつ貿易地、都市、市場ならどこでも流通した。東南アジアでは、この銀貨が税として受領され、現地でもっとも好まれる支払い手段となった。モースが指摘するように、その理由は単純かつ強力であった。すなわち、中国経済が人口増加をともないつつ急成長するなかで、〔信頼性の高い銀貨は〕取引費用の軽減をもたらしたからである。一八七七年五月四日付けの『ノースチャイナ・デイリーニュース』の報告によると、八二シリングのカルロス銀貨には、七六・二五シリングのメキシコ・ドルに対してプレミアムがつけられていた[54]。一九〇一年になっても、蕪湖周辺地域ではカルロス銀貨が地金価値に比して二〇〜三〇％高く評価されていた[55]。

ただし、銀貨は銀両の小額面貨幣もしくは補助貨幣だったわけではない。実際にはキングが示しているように、銀貨は「銀での支払い一般において銀塊よりも好まれており、それゆえ伝統的な銀両制度のライバルとなっていた」[56]。中国の内部において、ラテンアメリカの銀貨は七銭二分を基準に流通していたが、これは一〇〇パーセントの純銀からなる虚銀両単位の約七〇〜七三%にあたる。このレートはもともと広州で確立したものだが、それは銀貨が同品質の広東銀両の〇・七二にあたる重量だったためである。[57] これにより、岸本美緒が以前の論文で「七折銭慣行」(銀一両＝銭七〇〇文の固定レートに基づき、銀両単位を用いて銭貨を表示する方法)と呼ぶところのものが生み出された。すなわち、ラテンアメリカの銀貨価値と等しい価値基準の創出である。もしくは、デント商会のジョージ・ブレインが一八四七年の議会特別委員会で証言したように、「ドル銀貨は、現金かバーターかを問わず、あらゆる取引で価値を固定する手段として用いられている」[58]。

洞察に富む一九九一年の論文で岸本は、実体貨幣もしくは仮想的な通貨単位として、ラテンアメリカの銀貨がどこまで使用・受容されていたのかを示した。そこで彼女は、多くの州県において、賃金や土地の契約、家賃、労役に対する給付、各種謝金、商業契約、資本勘定でそうした基準が出現していた事実を強調している。彼女の引く諸史料は、十八世紀中盤までに南京、福州および揚子江デルタと福建北部で七折銭慣行が出現していたことを示すものだ。それはたちまち江蘇、浙江、福建、安徽、湖南を含む中国の中〜南部地域へと広がり、「固定比価の使用がやがて『七折銭』という成熟形態に発展していった」[59]。彼女が示す早い時期の史料には、康熙年間のこととして、「もはや銀を取り扱うのに重さを量ったり切断したりする必要はなくなった」という(銀貨への)賞賛がみえる。[60]

一七八〇年代以降銀輸入が増加すると、銀貨とりわけラテンアメリカの銀貨は、中国経済のなかにより深く浸透していった。銀貨は中国内部、とくに福建と広東のさまざまな取引や契約に出現し、さらには江蘇や浙江にも徐々に浸透してゆき、国内市場における土地や茶の契約にも銀貨があらわれるようになった。[61] 一八〇〇年代初頭には、浙江、安徽、直隷においても銀貨が広く知られ使用されるようになるが、これは海上交易が主要な銀供給源であったためである。一八五〇年の報告では、広東、山西、広西、江蘇そして雲南東南部で銀貨の流通が確認されている。一定規模の町には必ず「銀店」があり、たくさんの鑑定人や両替商が銀通貨の取引に雇用されていた。銀の取引には、民間の銀行・質屋から一般人にいたるまで、あらゆる範囲の人々が関わっていた。重要なのは、揚子江沿いにある輸出商品の産地でカルロス銀貨への強い需要があったことである。バタビアとジャンク貿易をおこなう中国人でさえも、故郷への送金手段としてこの銀貨を好んでいた[62]。

福建・泉州の商人である頼一族とそのパートナーである王一族がのこした民間文書は、この問題についていくつかの洞察をもたらしてくれる。その文書は、一七七五年、一八二六年、一八五〇年および一八六五年の証書であるが、それぞれの家の主がどのように貨幣資産を割り振っていたのかについてよく示している。驚くには値しないことかもしれないが、一八二六年の証書の作成者は会計係であり、一七七六年に彼が最初についた仕事は銀の両替店であった。彼はそののち砂糖のビジネスで富裕となり、なくなったときには、不動産や道具類、投資に加え、ドル銀貨建ての貯蓄と借金をかかえていた。彼は抵当として二三の店舗を手に入れていたが、その価値は銀貨八〇〇〇ペソとされている。また彼は貨幣の貸付もおこなっており、「資本として三〇〇ドル(ママ)ペソを投資し、一四カ月後にはその利益として九四ドル(ペソ)を回収したが、後者のドル銀貨が前者よりも軽量であった事実を踏まえると、年間純益は二三%となる[63]」。

頼一族の文書によれば、「文書では四種類の貨幣が言及されている。銅銭、輸入されたドル銀貨、地方銀両および庫平両である。最初のもの(銅銭)は小額面の取引にのみ用いられる。他の三種類の貨幣のあいだには、『大まかな換算の方法として』一二ドル=一〇地方銀両=八庫平両という慣習的なレートが存在していた。実際の交換レートは変動していたが、それは数種類のドル銀貨が存在していたからである。一八二六年と一八五〇年の証書で使用されている計算単位はドル(ペソ)、一八六五年の証書では庫平両である。一七七五年の証書と一七七六~一八一〇年の財産目録では単一の計算単位こそ使用されていないものの、そこで言及されている銀両はほとんどが地方の銀両である。一八〇三~一八二七年の財産目録ではペソ銀貨が用いられているが、大体の場合は単位ごとの銀貨の重量が庫平両の一定割合として与えられている」[64]。

同様に、一七九五年から一八二〇年にかけての質屋の文書では、さまざまな種類の「七折銭」が「七四」「七七」「八〇」などとして区別されており、多様なタイプの銀貨についてそれぞれ異なった表記があったことを示している[65]。岸本の関心はこの「慣行」の空間的広がりにあるため、通時的にみられる微妙な変化にはあまり注意がはらわれていない。ウェルズは銀貨のさまざまな比価について、「天津と営口における通常の比価は、銀貨一〇〇枚に対し七〇両《テール》の重さの銀塊であるが、これはほぼ平価といえる。一方上海では、銀貨一〇〇枚に対し七四〜八一両《テール》の比価であることがよく知られている。そして広州では、銀貨一〇〇枚につき七二両《テール》を超えることはめったにないことがさらに広く知られている」[66]と記しているが、岸本の記述はウェルズの観察と一致している。この慣行が出現した時期は、ラテンアメリカの銀貨の入手可能性が増大した時期と一致する。そして彼女の記録した個々の取引の事例は、当時の銀貨流通にみられた品質基準の多様性を反映するものだ[67]。

生活必需品の取引においてはその使用がみられないように、すべての種類の取引に「七折銭慣行」が広がっていたわけではない。ただこの慣行は、現金での購買よりも信用取引の勘定や商業活動への貸付においてよくみられる。今日の「ドル化」した諸国家と同様、特定の本位を用いることは、（それが米ドルであれカルロス銀貨であれ）物理的な貨幣の存在や実際の銀貨流通とは別の問題である。実際に銀貨そのものがかかわるのは一部分であったとしても、中国の国内経済でおこなわれる膨大な取引において、カルロス銀貨は通貨を安定させる碇《アンカー》としての役割をはたしていたのだ。

現代におけるドル化の経験は、カルロス銀貨の供給可能性が価格水準にどのようなインパクトを与えたかについて示唆を与えてくれる。よく知られているように、外部から供給される本位貨（今日の米ドル紙幣）の不足は貨幣の退蔵へとつながり、さらにはそうした退蔵が貨幣の絶対量のみならず流通速度をも低下させるため、銀貨はいっそう不足するにいたる[68]。結果として、その通貨によって表示される資産価格のデフレーションが発生せざるを得ない。したがって逆説的

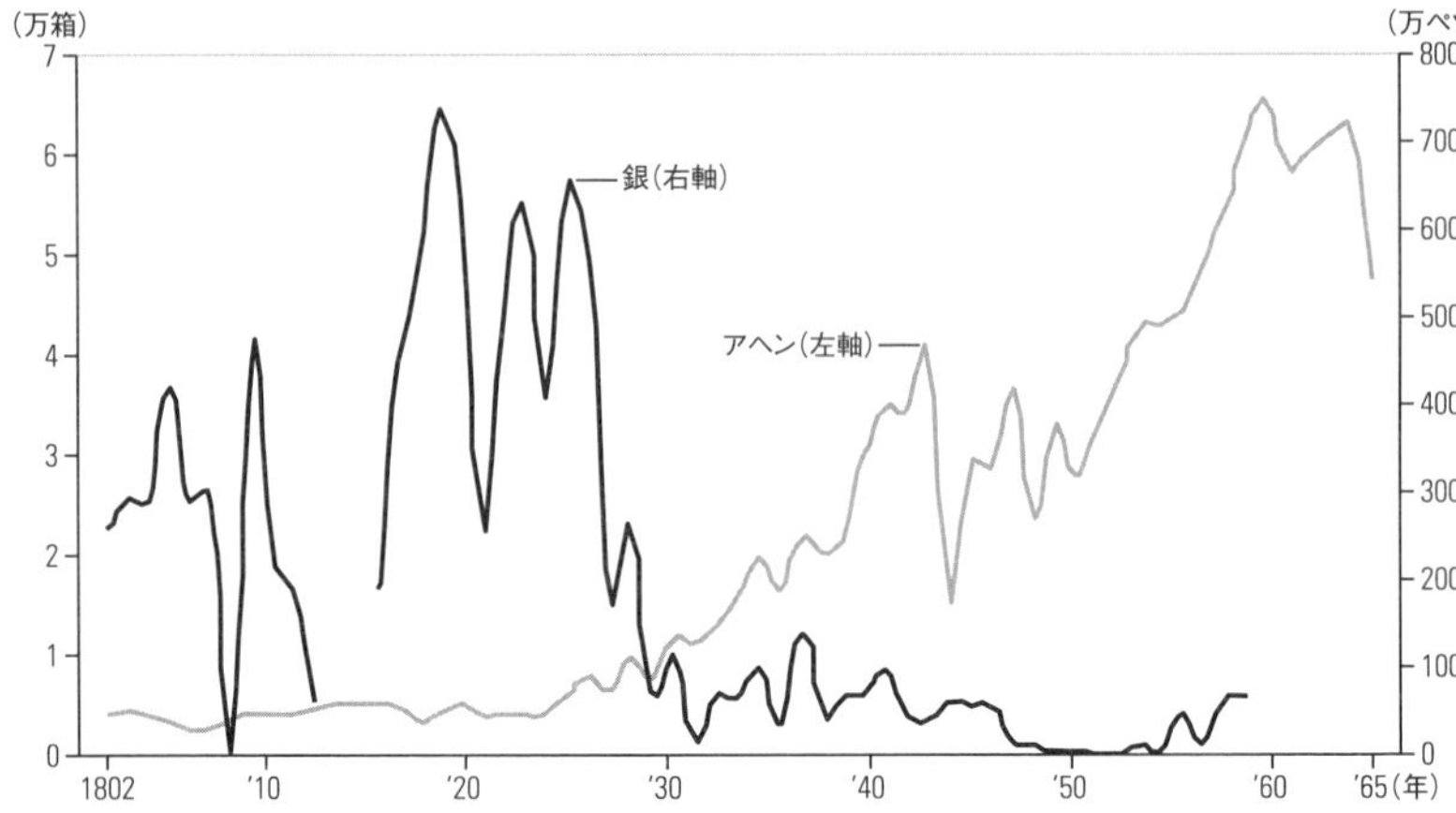

図4　中国によるアヘンと銀の輸入(1802〜65年)
出典：アヘン輸入はLin, *China Upside Down*。銀輸入は Alejandra Irigoin, "The End of a Silver Era: The Consequences of the Breakdown of the Spanish Peso Standard in China and the United States, 1780s-1850s," *Journal of World History* 20, no.2 (2009) による。
注：銀の輸入は広州をとおしたもののみである。

ではあるが、たとえ実際の取引が銀貨によっておこなわれていなくとも、カルロス銀貨で表示された価格のデフレーションが発生しうるのである。これは道光年間における銀デフレーションについて、ベンガル産アヘンの大量流入に起因する銀不足とはまったく別個の説明を提示するものである。図4が示すように、この時点で銀輸入の大部分はアメリカの商人によって輸出された銀貨によって構成されており、その輸入額はアヘン輸入の増加に先立って劇的に減少している。

　フォン・グランおよびその他の研究者が考えるように、中国への銀輸入は需要側に起因するものである。また、それが銀地金というよりもむしろ確実な支払い手段に対する需要であったことは本章で論じられるとおりだ。一八二〇年代中盤に銀輸入が減少したのは、中国にもたらされる銀貨の品質が不均等になったためであって、供給側に銀そのものの不足がみられたからではない。アヘンの輸入は、銀輸入が減少した後になってはじめて急増するのである。アヘンが銀のかわりをはたしたのであってその逆ではなく、したがってアヘンを銀流出の犯人として断罪するのは困難である。そしてこれは、一八五六年になってアメリカの商人が上海のイギリス領事へ書き送っているように、貿易の不均衡の問題ではなかった。

この周辺、実際には中部諸省一帯の中国人が、長らくカルロス銀貨として知られるスペイン〔領アメリカ〕の銀貨を慣用してきました。しかしこれらの銀貨の生産はかなり前に中断しており、さらには中国における銀貨への印刻および溶解から年々生じる多額の損耗と、多数の人々のあいだに銀貨が広く散布された結果として、この銀貨は今では極めて希少となり、貿易に通常必要とされる量にもまったく足りません。にもかかわらず、変化を嫌う中国人は、品質、均質性および印刻に馴染みがあり、またその価値が欲求にもっとも適合した銀貨に対する愛着をもち続け、ほかの手段でビジネスをおこなうことを拒絶しています。われわれの商業だけでなく、内陸に住むこれら五〇〇〇万以上の人々の取引も、この偏見によって大きく妨げられています。一八五三年にいたるまでの長いあいだ、この国は輸入超過を補うために年々大量の銀輸出を余儀なくされてきました。ただこの時期において、流通している銀貨にはつねに銀としての価値を上回るプレミアムがついており、カルロス銀貨の場合そのプレミアムは一〇〜一五%におよびました。したがってわれわれは、現在の通貨問題はいわゆる貿易収支の問題とまったく関係がなく、希少な銀貨に対する中国人の偏愛によって生み出された結果であると結論づけます[69]。

カルロス銀貨の鋳造が停止すると、古い銀貨に対する需要が最初に上昇したが、その後これらの銀貨は、当時国際経済に出現し、品質面で〔カルロス銀貨に〕劣ると考えられていたリパブリカン・ペソ[iv]とともに流通し始めた。それゆえ〔銀の〕輸入が崩壊することとなったのである。この時点において、中国でつけられていたプレミアムはその地金価値を大幅に上回っていたため、カルロス銀貨は含有する金属価値から離れて通用する貨幣であることが明白となった。

一八二〇年代までに、品質の劣った〔リパブリカン〕銀貨の出現は通貨基準を混乱させ、問題をさらに悪化させた。基準を定めるため銀貨にチョップ〔銀貨に品質保証の刻印を施すこと〕もしくはスタンプが押されるようになったが、取引に関わるすべての人間が銀貨にチョップを加えていった結果、銀貨の外形は損なわれていった。[70] 一八五〇年代にかけてこの問題は切実なものとなる。再度『チャイニーズ・レポジトリー』の編集者が説明するところによると、

破損したドル銀貨は流通時においてつねに重量でやり取りされ、銀塊と実質的に変わるところがない。そこでの唯一の違いは、前者の品質が一定であるのに対し、後者の規格や品質が不確かなことであり、また前者に不正を加えるのに手間はかからないが、後者の銀塊に不正をした場合はより容易に見破られることである。[71]

チョップは銀貨の流通速度をはかる良い目印となったが、銀貨の完全性を損ない、円滑な流通を阻害するため、問題をさらに悪化させた。それでもなお「チョップされたカルロス銀貨」が銀塊より好まれていたことは、その流通の根強さを物語っている。カルロス銀貨よりも人気がなく、割引をうけて流通していたほかの銀貨は、最終的に銀塊へと溶解された。一八四〇年代末から五〇年代にかけ、無傷のカルロス銀貨とチョップされたものとが区別されるようになったが、後者は華南の諸港でより広く用いられたようであり、無傷の銀貨は北部の諸港でより普及していた。キンドルバーガーが念頭においていたのとは違った理由からではあるが、ある時期以降中国の人々は、無傷のカルロス銀貨を退蔵し始めた。[72] このコンテキストにおいて、銀建て価格のデフレーションは不可避となった。

カルロス銀貨に対する中国人の選好は、銀塊および類似するほかの銀貨との交換レートにおいてはっきり見て取れる。モースの報告では、一七九七年の時点でカルロス銀貨はすでに同重量の純銀と交換できたという。[73] 同じ史料が示すところによると、カルロス銀貨は銀の含有量が少ないにもかかわらず、一八一一年以降銀塊に対してプレミアムを受けており、二九年にはプレミアムの幅がすでに約六〜八%に達した。イギリス東インド会社にとって、これは銀塊を中国から輸出する絶好の機会となった。[74] 三〇年代において、プレミアムは一四〜一五%まで上昇した。エドワード・カーンが五二年について報告しているように、五〇年代にプレミアムは二〇〜三〇%となった。[75] レートは太平天国の乱の時期に突出し、五〇%の高さまで上昇したが、内陸では六三年になってもまだ一五%のプレミアムを保持していた。[76]

銀塊との違いはカルロス銀貨とスターリング・ポンドの交換レートに反映されている。南京条約の締結以後、交易港のイギリス領事からもたらされた報告には、アメリカのドル銀貨やメキシコのペソ銀貨のみならず、スターリングもカルロス銀貨に対して割引を受けていたことが示されている。ラテンアメリカのペソ銀貨に対する国際的な標準交換レートは、その時まで長らく五〇ペンス（四シリング二ペンス）であった。一方中国における平価は、表1のように変動していた。

再び『チャイニーズ・レポジトリー』の伝えるところによると、「一八五〇年の厦門《アモイ》では、一枚のスペイン（領アメリカ）のドル銀貨でもっとも質の悪い（銅銭）を三六〇〇枚買うことができ、これがバリ島向けに選ばれた銭貨なら一三〇〇枚、緡差《びんざ》しの状態にある通用銭なら一五六〇枚となる。広州では同じ時期に一枚のドル銀貨で一二〇〇枚の通用銭が手にはいった。上海では一七五〇枚である。一八六三年にはこれと同じ三都市で、銀貨はそれぞれ一一〇〇枚、一〇五〇枚、一一〇〇枚の銅銭と交換された」[77]。消えつつある銀貨への需要は銅銭に極度の圧力を与え、咸豊初期における高額面銅銭の鋳造、さらには銅銭建てのインフレーションへと繋がったはずだ。

貨幣状況がそのようであったとしても、ほとんどの貿易が「物々交換」に戻ったとしたらそれは驚くべきことである[78]。福建商人の運命が示すように、信用は不安定で危険性がともない、投資の停止、貿易の停滞を余儀なくされ、すべてのビジネスは衰退したにちがいない。しかし、このような停滞状況において銀の流出はどのように説明されるのであろうか。文化史家であれば、こうした状況下での麻薬消費といった心理的説明を好むであ

（単位：ペニー）

1808年	60-64
1829年	48-51
1835年	49-80
1852年	54-58
1856年	72-93
1857年	74-92
1877年	83

表1　中国におけるカルロス銀貨とスターリング・ポンドの交換レートの推移

典拠：British Parliamentary Papers (1857-58) (287); 1877年については Bailey & Zhao, “Familiarity, Convenience,” figure 2.

注：1ペニーは12分の1シリング，すなわち240分の1ポンドに相当。

ろう。しかしそこでは、中国で進行しつつあった脱銀経済化とそれに続く銀銭比価の変化を説明しうる、強い貨幣的な力が働いていたのだ。

5　トロイの木馬

「トロイの木馬」論は、一八〇八年以後カルロス銀貨がもはや鋳造されなかったという事実から引き出されたものである。銀貨鋳造の停止は当初大きな問題とならなかったが、それはラテンアメリカにおける銀貨のストックが極めて巨大であったため、中国への輸出を継続できたからである。問題は、一八二〇年代中盤以降カルロス銀貨が南アメリカの共和政体で鋳造された銀貨と混在するようになったことであり、これによって中国ではカルロス銀貨の信用に疑いがもたれるようになった。それらの銀貨の外形・重量・品質の明らかなばらつきによって疑念は高まり、人々は銀貨の基準を確かめるよう余儀なくされ、カルロス銀貨にチョップをすることとなったのである。したがって、カルロス銀貨に対する需要は――カルロス銀貨は必ずしも純銀をもっとも多く含んでいるわけはなかったが、もっとも人口に膾炙した信頼度の高い銀貨であり、それゆえもっとも広く流通していた――急増したのである。カルロス銀貨は価値基準であったため、例えば「文」建ての銅銭との交換レートのように、理論的には他の代替貨幣物との交換レートに深刻な影響をもたらしたはずである。こうした事態の急速な進行については、表1に示したごとく数量的な証拠が断片的に存在している。以下にみるように、数値ではとらえられない質的な証拠がより決定的であるように思える。

6　銀流出とアヘン貿易の関係

しかしこうした歪みは別の影響をもたらした。[79] 入手可能なカルロス銀貨はどんどん少なくなっていったので、プレミアムの幅は上昇し続けていたものの、銀塊との取引は難しくなりつつあった。当時外国商人は中国に売り込むために別のものを必要としており、それがまさにアヘンだったのである。中国は英領インドからアヘンと綿花を輸入していたが、アヘン輸入のブームと中国の脱銀経済化が同時に起こったことは、こうした特有の状況によって説明されうる。

濱下は一九八四年の論文において、当時のアジアでイギリス商人のあいだに広くおこなわれていた銀への投機を描いている。カルカッタの造幣局は、〔中国の〕銀塊の銀含有量が同重量の銀貨に比べ価値にして一五％多いと推計した。それゆえ民間商人は、利益のあがるインドへの送金手段として銀塊を求めたのである。[80] このことは、早くも一八二九年に両広総督へ送られた皇帝の諭旨によって確認することができる。

商品の販売という口実のもと、外国船は異国の通貨を満載して諸省の港を訪れ、銀塊を購入している。内陸部では、銀通貨の量が少なくなり、外国の通貨は日増しに増加している。近年では、こうした状況の結果、銀の価値が日々上昇している。アヘンもまた内陸部で大きな需要があり、その吸飲者も日ごとに増加している。[81]

ここで示唆された銀貨およびアヘン交易と銀塊との繋がりは、一八三〇年八月に広東巡撫によって明確にされた。

銀流出との関連でアヘンにふれた諭旨に答えますと、外国船は商品の取引を口実としながらも、その主目的は外国の貨幣を持ち込むことにあり、諸省の海港にやってきては銀塊を買い上げています。それゆえ内地の銀は日増しに少なくなり、外国の銀貨は日々増加しております。加えてアヘンが内地に流れ込んでいますが、これはひとえにアヘンを満載する外国船のせいであり、停泊が可能なマカオ、厦門その他の場所に到来しています。ここで彼らは、海関から〔アヘンを〕持ち込む手助けを請負う胥吏や密売人と密通しています。[82]

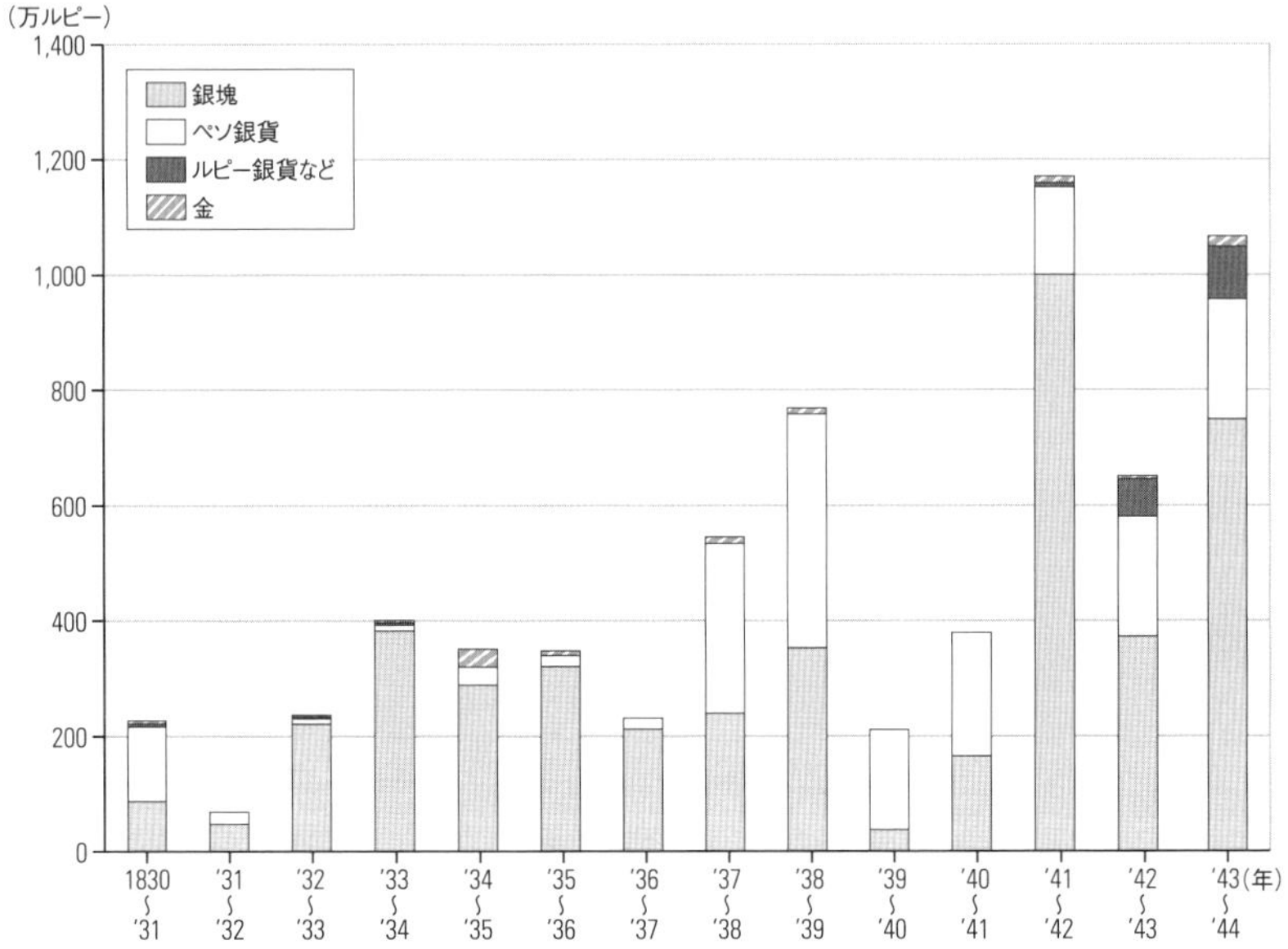

図5　アヘン販売の代価として中国からベンガルに輸入された銀地金額(1830〜44年)

出　典：East India and China. Returns of the value of bullion imported from China and the amount realized upon the opium sold by the East India Company, in the years 1830 to 1845, respectively. 1846, British Parliamentary Papers (1846) (318).

大量の銀が〔中国から〕インドへ送られたことはよく知られている。しかしながら、そこではすべての銀が同一だったわけではない。一八五三年にいたるインドへの銀輸入は、図5からわかるように、ペソ銀貨の比率の高まりを示している。この特徴はベンガルのアヘンが高品質の銀塊によって支払われていた事実を示しているが、銀貨の存在感の高まりについてはさらに説明が必要である。史料においては、アヘンの支払いにどの銀貨が用いられたのか特定されていない。すなわち、それらが無傷のカルロス銀貨であったのか、それとも独立後のラテンアメリカで鋳造されたより評価の低いチョップ銀貨であったのかということである。おそらくは、後者が一八一〇年〜二五年に輸入された銀貨の大部分を占めていたであろう。

　中国の大部分ではカルロス銀貨にプレミアムがついて流通していたため、それらがアヘンの対価として輸出された可能性は低い。なかでも、中国にとって一番重要なアヘン輸入者であり、アジアにおけるもっとも活発な銀貿易商の一つであったジャーディン・マセソン商会は、さまざまなタイプの取引で使用された銀の種類を簿記のなかで区別している。会社の「居住諸費用」はスペイン・ドルで、「アヘンと砂糖に対する支払い」もまたスペイン・ドルで、「植民地省に対する支払い」はメキシコ・ドルで記録され、さらには「カルロス銀貨を上海に送付」「スペインのペソ銀貨を福州とカントン(広州)に送付」「銀塊をボンベイへ」などの記述があり[83]、さまざまな銀交換の回路と、銀に対する複数の交換レートの存在が示唆されている。

ただし、銀の裁定取引と引き換えにアヘンの輸入がおこなわれたことはこれらの記述から十分に論証されない。そこでもっとも重要となるのは、アヘン流入と銀流出の時期である[84]。図4に示されているのは、広州が(西洋諸国にとって)唯一の貿易港であった時期の銀輸入の記録にとどまっている。中国への銀流入は一八五〇年代までに再び増加し始め、一八五三年からは、西洋商人の協調行動によって新たなメキシコ・ペソの導入が実現した[85]。これらのペソ銀貨は、新しく上海に設立された諸銀行の準備金となり、銀貨の流通に保証を与えた。メキシコ・ペソはカルロス銀貨と同等の品質をもっており、内陸部ではいまだカルロス銀貨にプレミアムがついていたものの、上海では徐々にメキシコ・ペソがカルロス銀貨に取ってかわった。したがって図2からもわかるように、銀輸入は再開し、道光年間にみられた比価の混乱は終息したのである。

けれどもアヘンには何が起こっていたのか。図4にみえるように、銀貨の輸入が再開するにつれ、アヘンの輸入は減少し始めた。アヘンに対する需要(もしくは需要の欠如)のタイミングは、重要な意味をもっている。道光年間には、数量ベースでみてアヘンの輸入が一〇年ごとにほぼ二倍となっており、一八五〇年代には七万ピクル(一ピクルは約六〇キロに相当)に達している。この傾向は、アヘンの価格が徐々に低下していったにもかかわらず六〇年代に終わりを告げ、一〇年間の平均輸入量は六万三〇〇〇ピクルにまで減少した。輸入量は七〇年代において七万ピクル前後で安定しており、九二年には減少し始めている。七〇年代までに、中国国内で生産されたアヘンは輸入アヘンの数量と拮抗するようになった。一八四七年に九〇〇〇〇ピクルであった国内のアヘン生産は、六六年に一万六五〇〇ピクル、七六年には二万七五〇〇ピクルに達し、その後は平均三万ピクル前後で安定した。[86] アヘンの輸入および国内生産のタイミングが示唆するのは、アヘンと銀の相対価格が不利に傾いた時、中国人のアヘン消費が国産のものに向かったことである。[87] この輸入代替栽培の事例が示すのは、銀流出と道光年間の不況を説明するにあたって、アヘンがアドホックな要素にすぎないということである。

一八五六年に福建巡撫であった呂佺孫の理解によると、

私が生まれ育った江南では、人々のあいだで現在用いられている外国銀貨は極めて高く評価されており、その価値は純銀を上回っています。その理由を説明するのは困難です。この銀貨は完形なら七銭二分の重量があります。品質を確かめたところ、それぞれの銀貨からは六銭五分の純銀しか得られませんでした。（中略）福建と広東ではチョップを受けたドル銀貨が広く使われており、たとえ表面がひどく損傷し破損していても、その価値は純銀と等しく評価されています。浙江と江蘇では、チョップを受けた銀貨は流通していませんが、「光洋」と呼ばれる種類が好まれています。はじめ、ドル銀貨には〔銀の重量にして〕七銭以上の価値がありました。その価値はしだいに上昇して八銭にいたり、今では九銭となっています。大都市だけでなく地方の村落でも、この銀貨について熟知している人間が見出されます。銀塊についていうと、事態は正反対です。というのも、銀塊の純度と重量を確定させるためには、鑑定人が必要だからです。これらの銀貨は、税の支払いにおいても地方当局によって必ず受領されます。それゆえ、現在手元にある外国銀貨は、合金部分を除くと六銭五分の銀しか含まないにもかかわらず、その価値は中国の銀塊にして九両〔正しくは九銭か〕を超えるのです。ここには大きな利益の源泉がある一方で、銀の国外流出の原因ともなっています。[88]

一八五三年以降銀の流入は再開するものの、これによって中国がかかえる根本的な通貨問題がただちに解決されたわけではない。一八五〇年代は中国の輸出経済にとって決定的な時期であったが、その時中国は輸入銀貨への依存に深く影響されていた。キングは、貿易の復活によって生じた変化にもかかわらず、茶・絹の生産地や上海ではカルロス銀貨へのプレミアムがいかに存続していたのかを描いている。広州や香港など動きの比較的素早かった華南の諸港では、一〇年ほどかけて〔カルロス銀貨とは〕別の銀本位を確立しようとしたが、そこで西洋商人や〔わずかに遅れて〕銀行家たちは、メキシコ・ペソの導入によって決定的な貢献をおこなった。最終的に、古いラテンアメリカの銀貨は「廃貨」され始めた。しかし、これによってその貨幣としての役割に終止符が打たれたわけではない。内地の生糸生産者の需要によってカルロス銀貨はまず上海に吸い上げられ、その後さらに内陸部へと向かったが、そこで銀貨は銀塊に対するプレミアムを長期にわたって保持していた。カルロス銀貨は、「太平天国の乱に対する警戒」から地中に埋められたとされている。この時点で、一八五六年と五七年には他の支払い手段に対する銀の交換レートが急騰することとなった。[89] 七七年五月になっても、上海における銀両の価格はいまだ〔一両につき〕銅銭一五〇〇文以上であった。[90]

おわりに

本章では、銀地金と銀貨に対するそれぞれ異なった需要と供給を説明することではじめて、道光年間の中国でおこった銀流出が解明されると論じた。中国国内で鋳造される本位銀貨の欠如という特異な状況を背景に、民間主体は十八世紀を通じてラテンアメリカ銀貨の使用に傾いていったが、それはこの銀貨が世界経済で唯一利用可能であった大量かつ信頼度の高い本位銀貨だったからである。一八〇〇年までに、中国による銀輸入のほとんどは、銀地金ではなくこの銀貨によって構成されるようになった。図4に示されるように、銀の輸入は一八二〇年代初頭まで続く。少なくともその時までに、ラテンアメリカ銀貨は実際の銀貨または計算単位として、中国内部で基準単位としての役割を広くはたすようになった。十八世紀後半に中国経済が成長するにつれ、カルロス銀貨には銀含有量に比してますます大きなプレミアムがつくようになった[91]。当時の諸報告から確認されるのは、中国の人々にとり、高額取引において信頼できる本位銀貨の利点は、地金価値を大幅に上回るプレミアムの支払いに十分見合うものであったということである。中国内部でのこのような銀の貨幣使用により取引費用が軽減され、国内経済と輸出経済のさらなる統合が促進されたことは間違いない。

銀貨が大量に鋳造されているかぎり、アメリカの商人が貿易で実現しうる裁定取引の利益によって、カルロス銀貨の輸入は十分に発展可能だった。しかしながら、ラテンアメリカの独立によって多数の競合する政治単位が形成されると、中国が通貨基準を外国銀貨に依存している状況は、大きな問題となった。紛争が続くなかでより多くの通貨を供給するため、ラテンアメリカの諸政府は銀貨の貶質化へと向かった。銀貨の基準は崩壊し、中国はただちに新しい銀貨が信頼できないことを見出した。古い無傷の銀貨は退蔵によってますます希少となったため、つぎの三〇年間にプレミアムは新たな高水準に達した。インドからの報告が示しているとおり、はじめ中国以外の地域には、西洋商人が裁定取引の利益を拡大するのに十分な量のカルロス銀貨が流通していた。しかし新しいリパブリカン・ペソと各種の模造銀貨[92]が市場に流入すると、それらは品質の低さやその「受け入れがたい」外形ゆえに拒絶され、チョップを受けるようになり、最終的には溶解されてしまった。〔これらの銀貨は〕銀本位として機能することができなかったため、カルロス銀貨につけられたプレミアムはさらに上昇していった。図4にみられる銀需要の劇的な低下は、ここから説明される。

その時まで、中国の銀需要はまずもって信頼度の高い通貨基準に対する需要であり、地金や商品貨幣に対する需要ではなかった。それゆえ商業的に統合された中国の諸地域は、今日の非公式にドル化した多くの国家と同じ意味で、少なくとも部分的に「ドル化」していたのである。ペソ（英語では誤ってドルと呼ばれているが）は、資産価格を安定させるべく将来を見据えた多くの契約で、価格表示の手段として確立された。したがって、実際のペソ／ドル本位におけるあらゆる混乱の影響は、すぐさま中国国内経済に深刻な合併症としてあらわれた。高品質なカルロス銀貨の供給が突然低下したことは、〔中国において〕デフレショックを引き起こさざるをえず、そのショックは良質な銀貨の退蔵に起因する貨幣流通速度の低下によって、さらに悪化した。それまでカルロス銀貨によってカバーされてきた一連の取引の支払い手段が欠如するなか、これは銅銭への圧力となった。この圧力は、道光年間における銅銭建てインフレーションによって部分的に説明される。

これと同時に、インドとのあいだにおこなわれていた良質なペソ銀貨と銀塊の裁定取引も終焉するにいたった。中国に対するアヘン輸出の興隆は、銀輸入が急落した後に始まったのであるが、これは商人がペソ銀貨の代替物としてアヘンに向かったこと、そしてアヘンは〔ペソ銀貨に〕かわる銀塊調達の資源であったことを示唆している。中央集権的な為替市場を欠くなか、両替商の多くは銀貨を銀塊と交換したが、そこでの裁定利益は価格に転嫁され、銀塊とアヘンの交換は〔アヘンの〕輸入者に利益をもたらした。図5に示されるように、アヘンの圧倒的大部分は銀塊によって支払われており、中国から流出し続ける銀と引き換えにもたらされるのは、今やペソ銀貨ではなくアヘンとなったのである。「悪い」銀貨は中国の外に出て行き始めた。アヘン貿易の増減双方のタイミングは、これによって説明される。一八五〇年代初頭には、多数の西洋商人が力を合わせ、信頼できる別の外国の通貨基準を中国に再導入した。メキシコにおける政治状況の安定化にともない、当時のイーグル・ペソ／ドルは、カルロス銀貨に代替しうる新たな可能性を示した。銀貨の輸入は再び増加し、中国における銀銭比価は下がり始めたが、決定的なことは、アヘン輸入が低下し、中国でアヘン生産の輸入代替が始まったことである。

ラテンアメリカのペソ銀貨は、最終的に中国にとってトロイの木馬であることが判明した。外国から供給される通貨基準への依存は、中国のまったく外部領域にある出来事、すなわちラテンアメリカの独立によってこの基準が揺らいだ時、災難としてあらわれた。しばしば太平天国の乱によって外生的に説明される中国の生産と市場の大混乱は、ちょうど米ドルの崩壊が今日の非公式にドル化した新興国市場の経済に大損害を与えるのと同様、ペソ銀貨本位の崩壊がもたらしたものだったのである。

註

1 当時の交換レートは一ペソにつき四シリング二ペンスであった。「……一二枚のカルロス銀貨でアメリカの二〇ドル金貨を買うことができる。……」*The New York Times*, 26 December 1856, Letter from China and Japan.

2 ケネス・ポメランツは、「(銀によって)生み出されるダイナミズムは、同じく「銀経済化」していた近世時期の世界経済(そこには中国と東南アジアの朝貢諸国も含まれる)のマネタリー・ベースを、四〇%も変化させたであろう」と強調している。Kenneth Pomeranz, *Great Divergence* (Princeton, N. J.: Princeton University Press, 2000), 161. またデニス・フリンとアルトゥーロ・ヒラルデスは、この点がグローバル経済史と大分岐の画期になったとしている。これはフォン・グランの『ファウンテン・オブ・フォーチュン』(Richard von Glahn, *Fountain of Fortune* (Berkeley: University of California Press, 1996))も同様であるが、これらの研究はいずれも一八〇〇年以降を扱っていない。

3 Frank H. H. King, *Money and Monetary Policy in China* (Cambridge, Mass.: Harvard University Press, 1965), 52–53は、その古典的な典拠となっている。最近ロウは、道光不況の背後に銀危機と貿易バランスの問題があったという考えを踏襲している。William T. Rowe, "Money, Economy and Polity in the Daoguang-Era Paper Currency Debates," *Late Imperial China* 31, no.2(2010): 69–96.

4 郝延平は支払い手段としてのアヘン使用について言及している。Yen-p'ing Hao, *The Commercial Revolution in Nineteenth-Century China: The Rise of Sino-Western Mercantile Capitalism* (Berkeley: University of California Press, 1986), ch 3. この文献の存在を私に指摘してくれた袁為鵬(Weipeng Yuan)に感謝する。

5 Lin Man-houng, *China Upside Down* (Cambridge, Mass.: Harvard University Asia Center, 2006), viii.

6 Lin, *China Upside Down*, 114.

7 林は中国の輸出成長——おもには茶と絹——が緩慢であったことを認め、その原因を一八〇八〜五六年における供給サイドの動揺に帰している。それはアヘンおよび綿布の輸入にかわる銀不足の「犯人」でもあった。Lin, *China Upside Down*, 114.

8 Richard von Glahn, "Money Use in China and Changing Patterns of Global Trade in Monetary Metals, 1500–1800," in *Global Connections and Monetary History, 1470–1800,eds.* D. Flynn, A. Giraldez and R. von Glahn (Burlington, VT: Ashgate, 2003), 188.

9 ここでは、相当の規模にのぼる南アジアの地域間交易は含まない。現在の研究は、さらに大きな地域のスケールにおいても同様の問題を指摘している。Atsuko Ohashi, "World Silver Flows and the Formation of the Forced Cultivation System in Java: 1800–1840," *Nagoya University GSID Discussion Papers* (March 2011): 183.

10 Alejandra Irigoin, "The End of a Silver Era: The Consequences of the Breakdown of the Spanish Peso Standard in China and the United States, 1780s-1850s," *Journal of World History* 20, no. 2 (2009): 207–244.

11 Irigoin, "The End of a Silver Era." 一八二七年まで、アメリカによる銀輸出の半分以上を中国が受け入れていた。アメリカによる銀貿易の収支は一八二五年までおおよそ赤字であったが、この時にはまだ西部の豊富な銀鉱が開発されていなかった。

12 十八世紀において、メキシコは全世界の銀供給の約三分の二を生産していた。南アメリカの鉱山をすべて合わせれば、その比率は全世界産出量の七五〜八〇%となるであろう。ピーク時における銀鋳造量は年間九五〇トンであった。Irigoin, "The End of a Silver Era." これらの銀の大部分がただちにスペイン経由でヨーロッパへ持ち出されたとする想定は間違っており、別の説を提示する多くの文献によってすでに時代遅れとなっている。若干の推計については、Regina Grafe and Alejandra Irigoin, "The Spanish Empire and its Legacy: Fiscal Redistribution and Political Conflict in Colonial and Postcolonial Spanish America," *Journal of Global History* 1 (2006): 241–267を参照。

13 中国の銀輸入におけるアメリカのシェアは一七八〇年代で四%、九〇年代後半で六四%、そして一八一九〜二〇年にはほぼ一〇〇パーセントであった。Irigoin, "The End of a Silver Era."

14 註13を参照。

15 William C. Hunter, *The "Fan Kwae" at Canton, before Treaty Days, 1825–1844* (Reprint. Taipei: Ch'eng Wen, 1970). またRichard von Glahn, "Foreign Silver Coins in the Market Culture of Nineteenth Century China," *International Journal of Asian Studies* 4, no. 1 (2007). 以後原文に表記されているものを除き、カントン(Canton)の名称はピンイン表記の広州(Guangzhou)によって置き換える。

16 フランスの(スペイン)侵略はラテンアメリカに憲政の一大危機と内戦をもたらしたが、その結果としてスペイン帝国の領土は分裂し、造幣局が増殖することとなった。詳細については、Alejandra Irigoin, "Gresham on Horseback: The Monetary Roots

of Spanish American Political Fragmentation in the Nineteenth Century," *Economic History Review* 62, no. 3 (2009): 551–575を参照。

17　一八三〇年にベトナムの明命帝は、ラテンアメリカのものと同重量の銀貨を鋳造しようとしたが、その品質は極めて低く、銅合金を約三分の一も含むものであった。彼の後継者は鋳造を改善したが、十分な量の銀を欠いていたため、銀貨は流通から駆逐されてしまった。マカオ、シャム、ペナン（マラッカを除く）、マニラでは納税においてスペイン・ペソが普及または選好されていたが、これは明らかに、シンガポール、バンコクそしてマレー諸国がラテンアメリカの銀を通じて東南アジア全域へ交易を拡大させていたためである。Sammuel Wells Williams, *The Chinese Commercial Guide* (Reprint. Taipei: Ch'eng Wen,1966), 199, 214–215, 229, 236–267, 301–317. 大橋はバタビアにおいて同様の展開を見出している。

18　François Crouzet, "Capital Formation in Great Britain during the Industrial Revolution," *Capital Formation in the Industrial Revolution* (London: Methuen, 1972) およびArthur Gayer, Walt W. Rostow and Anna J. Schwartz, *The Growth and Fluctuations of the British Economy* (Hasscoks England: The Harvester Press, 1975), 653–654.

19　ナキンとロウスキによれば、「この数十年間に、アヘン貿易によって引き起こされた中国からの銀流出は、広範なデフレーションさらには不況を導き、そこには破滅的な結果がともなった」という。Susan Naquin and Evelyn S. Rawski, *Chinese Society in the Eighteenth Century* (New Haven: Yale Univercity Press, 1987), 232.

20　これはMark D. Merlin, *On the Trail of the Ancient Opium Poppy* (London: Associated University Presses, 1984) およびCarl A. Trocki, *Opium, Empire and the Global Political Economy: A Study of Asian Opium Trade 1750–1950* (London: Routledge, 1999) によって示されている。

21　Lin, *China Upside Down*, 86, table 2, 7.

22　Debin Ma, "Money and Monetary System in China in the 19th and 20th Century: An Overview," *LSE Economic History Department Working Paper* 159 (2012) を参照。

23　よく知られているように、中国のシステムは極めて「観念的なモデル」であった。両《テール》(tael)は銀で支払いがおこなわれる際の計算単位であり、串(Chuan)は銅銭で支払いがおこなわれる際の計算単位である。一両《テール》は、銀貨幣の中国オンスである一両〔原文はling、正しくはliangか〕に等しい。一串（文）は通常ひもで束ねられた一〇〇〇枚の銭貨を指す。これに複雑さを加えるのが、同じ名称を持つ計算単位、価値単位および重量単位の組み合わせである。キングやそのほかの著者たちは、中国が商品貨幣制度のもとにあると考えていた。

24 「貨幣として、銅銭のみが計算単位である文(wen)と同一の名称を享受しており、銅銭を用いれば、あらゆる商品と他種類の貨幣の正確な数量をはかることができた。これとは対照的に、中国現地の銀通貨（銀両〈yinliang〉）は、銀（銀の品質）と両（重量としてのテール）の二文字を組み合わせたものであった。たとえ特定の重量と品質が標準として定められたとしても、この二重の性格により銀の計算単位としての確立は妨げられた」。Gong Yibing, "The Silver Monetary Structure in Fujian during the Qing Dynasty," Mimeo, 2006.

25 両(liang)という単語は重量単位（三七・五グラムに相当）を指し示しており、それゆえしばしば「オンス」とみなされるが、さらに銀に対する貨幣の計算単位をも指し示していた。後者の場合、ここでは英語のテール(tael)という単語を使用する。四つの主要な秤量体系が存在しており、当時もっともよく知られていたテールにその名前がつけられている。すなわち、庫平、漕平、関平そして官平の四種である。これらに加え、清朝治下の諸領域には地域ごとのテールが存在していた。例えば漢口の洋例、重慶の渝平、天津の津平、寧波の江平、厦門の市平、開封の汴平、煙台の烟曹平、牛荘の営平などである。Gong, "The Silver Monetary Structure in Fujian during the Qing Dynasty," 3. またKing, *Money and Monetary Policy in China*, 70-79.

26 Charles P. Kindleberger, *Spenders and Hoarders: The World Distribution of Spanish American Silver 1550–1750* (Singapore: ASEAN Economic Research Unit, Institute of Southeast Asian Studies, 1989). フリンは、同書への書評のなかでキンドルバーガーの評価に疑義を呈している。Dennis O. Flynn, *Journal of Economic History* 50, no.3(1990): 721-724.

27 Jerome Ch'en, "The Hsien-feng Inflation," *The Bulletin of the School of Oriental and African Studies* 21 (1958): 578-596は、太平天国の乱のもとで清朝が強いられた拡張主義的財政政策について今なおもっとも優れた記述である。

28 チェンは、「清朝体制の最終的な崩壊を恐れた人々は、王朝の法貨である銅銭を手放して自らの貯蓄を銀に移したが、それは多くの場合スペイン・ドルのかたちをとった」ことを示している。彼はその証拠として、スターリングに対するペソの交換レートの上昇を提示する。Ch'en, "The Hsien-feng Inflation," 580.

29 その内訳については、Irigoin, "The End of a Silver Era"を参照のこと。

30 キングはいみじくも、比価の下落の時期と銀輸出の時期とのあいだにみられる不一致に気がついていた。しかしながら、彼は銅銭価値の低下を銭貨の品質低下のせいにし、その最終的な原因を、銭貨の生産水準を維持すべく鋳銭事業を組織化することができなかった、清朝の政策の失敗に帰している。King, *Money and Monetary Policy in China*, 52, 134.

31 Akinobu Kuroda, "The Collapse of the Chinese Imperial Monetary System," in *Japan, China and the Growth of the International*

Economy, 1850–1914, ed. Kaoru Sugihara (Oxford: Oxford University Press, 2005), ch 5, 103–126.

32 十六～十七世紀スペインのデュカード(ducado)はその一例である。

33 Richard von Glahn, "Comments on 'Arbitrage, China and World Trade in the Early Modern Period'," *Journal of Economic and Social History of the Orient* 39, no.3 (1996): 365–367. またTakeshi Hamashita, "Foreign Trade Finance in China 1810," in *State and Society in China, Japanese Perspectives on Ming-Qing Social and Economic History,* eds. Linda Grove and Christian Daniels (Tokyo: University of Tokyo Press, 1984), 387–481.

34 その古典的な説明については、Chau-Nan Chen, "Flexible Bimetallic Exchange Rates in China 1650–1850: A Historical Example of Optimal Currency Areas," *Journal of Money, Credit and Banking* 7 (1975) および C. N. Chen, C. F. Chou and T. W. Tsaur, "The Flexible Bimetallic Exchange Rate System Revisited," in *Modern Chinese Economic History,* eds. C. M. Hou and T. S. Yu (Taipei: Institute of Economics, Academia Sinica, 1979)をみよ。また銅銭の役割についてのより最近の研究として、H. Vogel, "Chinese Central Monetary Policy, 1644–1800," *Late Imperial China* 8 (1987) がある。例外となる、より詳細な研究として、Willem G. Wolters, "The Use of Monies of Account in Exchange Banks: The Amsterdam Exchange Bank, the Hamburg Bank and the Hong Kong and Shanghai Bank, 17th–19th centuries," Presented to the Panel "Revisiting Money as a Unified Unit of Account from a Complementary Viewpoint" WEHC, Utrecht, 2009および T. Shiromaya, *China during the Great Depression: Market, State and the World Economy, 1929–1937* (Cambridge, Mass.: Harvard University Press, 2008), 17–19をみよ。

35 Williams, *The Chinese Commercial Guide,* 265.

36 林満紅は『チャイナ・アップサイドダウン』において、これらの点とともに当時の学者による通貨問題をめぐる議論とそこで議論された政策の最終的な不成功について検討している。

37 キングによれば、通貨に関する業務について、王朝は「政策」の実行を省当局にゆだねており、「各省の通貨システムがそのもとで運行されるべき基本的なルールこそ策定していたものの、王朝自身が責任をもつのはその監督のみであった」。King, *Money and Monetary Policy in China,* 43.

38 King, *Money and Monetary Policy in China.,* 45.

39 Williams, *The Chinese Commercial Guide,* 270; Von Glahn, "Foreign Silver Coins in the Market Culture of Nineteenth Century China"は、乾隆年間には広東で銀貨が鋳造され、それが一八五〇年代初頭にも繰り返されたことを示している。

40 文献において、中国の銀賦存量に関する言及は少ない。ウェルズは国内に一定の銀産があったことを示唆し、雲南のHoshan鉱山およびコーチシナとの国境地帯で銀がとれたことを示す一八三〇年（史料原文では一八三八年）の上奏文を引用している。銀山の開発は請負に出され、そこには約四～五万人の労働者が存在していた。年間の推定産量は「二〇〇万テールを大きく離れないであろう」。Williams, *The Chinese Commercial Guide*, 275. Lin Man-houng, "The Shift from East Asia to the World: The Role of Maritime Silver in China's Economy in the Seventeenth to Late Eighteenth Century," in *Maritime China in Transition 1750–1850*, eds. Wang Gungwu and Ng Chin Keoug (Wiesbaden: Harrassowitz Verlag, 2004), 80-81.

41 銀が不足しているか、もしくはより劣悪な支払い手段を用いている東南アジア近隣市場への銀の輸出はこの代替策になったと考えられるが、中国へ産品を供給していた他の東南アジア諸地域の経済では実際にそうであった。註9を参照。

42 これとは逆に、鋳造をコントロールする主権者は、①鋳貨の価値を調節し、②鋳造差益から収入を得、さらには③しばしば近世ヨーロッパで起こったように、この特権を乱用して鋳貨に含まれる金属の品質を下げることができた。（貨幣の貶質化によって）鋳造の規模は増加し、流通する交換媒体は拡大したが、これはヨーロッパの主権者の多くが実際におこなったことである。

43 カルロス四世の後継者であったフェルナンド七世は、ナポレオンによって投獄された後、一八一四年に王位に復している。

44 スペイン統治下で銀貨鋳造がピークに達した一七九〇年代には、メキシコの鋳造高がラテンアメリカ全体の六四%を占め、リマ、ポトシ、グアテマラ、サンティアゴ・デ・チレ、ポパヤン、ボゴタ（今日のコロンビア）にあるその他の鋳造局が残りの三六%を占めていた。年平均の銀貨鋳造総額は三八〇〇万ペソ、重量にして九五〇トンであった。これらラテンアメリカの銀貨鋳造額はもともと中国による年間銀輸入額を大きく上回っていた。

45 フォン・グランは、『新鐫銀経発秘』（広州、一八二六年）ならびに同じく一八二六年に書かれた『楊清銀論』を引用している。Von Glahn, "Foreign Silver Coins in the Market Culture of Nineteenth Century China."

46 Irigoin, "Gresham on Horseback."

47 中国人はこの銀貨を、「大衣」に対して「小衣」と呼んだ。例えばカルロス三世と四世の肖像をもつ銀貨を中国人は三工、四工と呼んだが、これは「カルロス」の隣に刻まれたローマ数字にひっかけたものである。

48 これらの銀貨は「洋銭」または「番餅」、さらには細かく加工された銀貨の縁になぞらえて「花辺」と呼ばれた。

49 円形物または円形の鋳貨を意味する元は、その後貨幣の計算単位の名称として使われ続けている。一八八〇年代末に省レベルでおこなわれた初期の銀元鋳造において、鋳造された銀貨はメキシコ・ペソと等価とされた。また口語においてこの銀貨は、「銀の塊」と訳される「塊」の名称によっても知られていた。

50　Hosea B. Morse, *The Chronicles of the East India Company Trading to China, 1635–1834,* vol. II (Oxford: Clarendon Press, 1926), 279.

51　H. B. Morse, *The Trade and Administration of China,* (London: Longmans, Green & Co., 1908).

52　King, *Money and Monetary Policy,* 85–86.「おそらくは支払いのためにドル(ペソ)銀貨を内陸まで送る必要があったので、銀貨の慣習的な使用は、条約港の比較的洗練された住民を超えて辺境の住民にまで広がっていたが、銀貨の実際の市場価値を最終的に左右するのはこれらの住民による受領性であった」。

53　『チャイニーズ・レポジトリー』の編集者が一八六三年に記したところによれば、「確実性に関する中国人の潔癖さはトルコ人やアラブ人と同様であるが、それは確実なスタンプの押されたコインのみを受け取るという習慣および、そうして受け取ったコインがつねに良いものであったという等しい経験に由来しているのだろう。この習慣のせいで中国人は、純度についての無知から、他のいかなる種類の銀貨も受け取りたがらない」。Willliams, *The Chinese Commercial Guide,* 268.

54　Warren Bailey and Bin Zhao, “Familiarity, Convenience, and Commodity Money: Spanish and Mexican Silver Dollars in Qing and Republican China,” (June 22, 2009). Available at SSRN: https://ssrn.com/abstract=1424070 or, http://dx.doi.org/10.2139/ssrn.1424070, figure 2. 二〇一二年十二月十四日アクセス。

55　IMC Decennial Report, 1892–1901, I, p 387; King, *Money and Monetary Policy in China.* 二六一頁の脚注37に引用。

56　King, *Money and Monetary Policy in China,* 82.

57　キングが示すところによると、これは実際には、公行商人とイギリス東インド会社がペソ銀貨で支払いを受ける際のレートについて交した合意にちなむ慣行であった。King, *Money and Monetary Policy in China,* 82. レートは取引の種類によって若干変化した。例えば、イギリス東インド会社の金庫に支払う場合は、銀貨一〇〇〇枚につき七一八両《テール》、現金支払いの場合は一般に七一七両《テール》、外国人同士の勘定の決済では七二〇両《テール》、受領するのが商人で買弁によって支払われる場合には、銀貨一〇〇〇枚につき七一五～七一七両《テール》であった。Williams, *The Chinese Commercial Guide,* 268.

58　British Parliamentary Papers, The Select Committee on Commercial relation with China (1847) (654), 359.(British Parliamentary Papersは、以下BPPと表記)

59 「契約は銀によって表示されたが、それは非公式な銀であった」。七折銭慣行は清朝の終焉を超えて存続し、安徽と浙江では土地の売買で一九三〇年まで、飲食店では一九一六年まで使用された。M. Kishimoto, "The Seventy-Percent Cash (Ch'i-che Ch'ien) Custom of the Mid-Ch'ing Period," *The Memoirs of the Research Department of the Toyo Bunko* 49 (1991): 1-25, 18.

60 彼女は、「銀一両《テール》を銅銭七〇〇文と同義とする用語の使用は七折銭慣行の始まりを告げるものであるが」、そのようなレートが使われなくなってもこの慣行の広がりに影響しなかったことを示唆している。Kishimoto, "The Seventy-Percent Cash," 4.

61 公一兵は、一七五七年に遡る元建ての土地契約証書を発見しており、また『明清福建経済契約文書選輯』no.〇四七〇六、三八五頁からその他の事例を提示している。龍溪でもっとも早い元建ての文書は一七六二年のものであり、永春では一七五八年、晋江では一七八四年、泉州では一七九九年、雲霄では一八一七年となっている。楊国楨主編「閩南契約文書綜録」no.三八、一〇七、二四四、七三二、八七四; Gong, "The Silver Monetary Structure in Fujian," 13, fn. 56.

62 L. Blussé, "Junks to Java," in *Chinese Circulations, Capital, Commodities and Networks in Southeast Asia*, eds. Eric Tagliacozzo and Wen-chin Chang (Durham: Duke University Press, 2011), 246は、この送金を年間五万ペソと見積もっている。

63 M. Finegan, "Merchant Activities and Business Practices as Revealed in Several Manuscripts from Fukien," *Ch'ing-shih wen-t'i* 3, no.9 (1978): 77.

64 Finegon, "Merchant Activieies and Business Practices," 77およびfn. 4, また87をとくに参照。賢明にも文書の作成者は、「さまざまな種類の貨幣を一つの基準に換算するための」いかなる試みもおこなっていない。

65 「最終的に全体の金額は文によって数えられるため、これらの文書もまた銀貨と銅銭の交換レートを示しているとすべきである」。Kishimoto, "The Seventy-Percent Cash," 16.

66 「たとえ同じ重量と品質であっても、中国人はドル銀貨を同じようには受け取らない。それゆえ一八四二年に起こった戦争のあいだ、舟山と寧波ではスペイン・ドルよりもリパブリカン・ドルのほうが自由に流通した。しかしスペイン・ドルのうちでも、オールド・ヘッド・カルロスと呼ばれるカルロス三世の治世に鋳造された銀貨には、破損がない場合プレミアムがつき、広州ではときに一二%にも達した。一方、表面に傷のないフェルナンド王のドル銀貨の価値は、平価をわずかに上回る程度である。またチョップされたドル銀貨のうち、スペインのピラー・ドルの一種でGの文字が刻印され、中国語で勾銭と呼ばれるものは割引を受けることがあり、その割合は五%に達することもある」。Williams, *The Chinese Commercial Guide*, 268.

67 これと同時期に、イギリス東インド会社はカルロス銀貨の登場にあわせて勘定の調整をおこなっている。また嘉定区の布商人は一七九五年に、監督者への賃金と家財道具の支払いを新たなレートに変更しておこなうよう命じている。岸本によれば、賃金は二度と銅銭で支払われることはなかった。Kishimoto, “The Seventy-Percent Cash,” 20.

68 二〇一二年にアルゼンチン政府が厳しい資本規制を課した際、私人や企業が米ドルを入手するのは極めて困難となり、住宅やその他高額資産の価格はただちに落ち込んだ。アルゼンチン政府は公式には二〇〇一年にドル化を廃止しているが、民間では資産や高額取引の価格を米ドルで表示し続けていたのである。

69 BPP, (1857–58) (287) “Silver, & c. (China) Copies of correspondence received at the Colonial Office and the Foreign Office upon the subject of the supply of silver in the markets of China” nro 28 E. Hammond. to the Secretary of the Treasury, 6th January 1857; Enclosure 1, 28 “Report of US merchant houses to Consul Browing, Shanghai 5th November 1856” N28 56–59.

70 Morse, *The Chronicles of the East India Company Trading to China*, vol. II, 324からの引用。キングは、一七九九年の広東においてチョップ慣行が普遍的にみられたことを示している。King, *Money and Monetary Policy in China*, 261, fn. 42.

71 Williams, *The Chinese Commercial Guide*, 267.

72 イーベイ(Ebay)のようなインターネット上のマーケットプレイスで、昔のコインについて少し検索してみれば、中国や広東から売りに出されたそうした商品が大量にヒットするであろう。

73 Morse, *The Chronicles of the East India Company Trading to China*, vol. II, 279.

74 一八二九年については、Morse, *The Chronicles of the East India Company Trading to China.*, vol. III, 161–162を参照。一八三〇年代については、Morse, *The Chronicles of the East India Company Trading to China*, vol. IV, 60, 227を参照。

75 Eduard Kann, *The Currencies of China: An Investigation of Silver and Gold Transactions Affecting China* (Shanghai: Kelly & Walsh, 1927), 128.

76 Hao, *The Commercial Revolution in Nineteenth-Century China*, 39.

77 Williams, *The Chinese Commercial Guide*, 267.

78 Hamashita, “Foreign Trade Finance in China 1810,” 417.

79 より後の時期(一八六六〜一九二八年)に関して同様の議論をおこなうベイリー(Bailey)とジャオ(Zhao)は、中国でカルロス銀貨につけられていた、メルティング・ポイントを上回る大幅なプレミアムを分析した。彼らは「メルト・プレミアム」——銀貨の市場価格のうち地金としての価値を超えている部分——および「コイン・プレミアム」——上海両であらわされた銀貨価格と銀貨に含まれる銀地金の価値の差額であり、ロンドンでの地金価格と上海両をポンドの為替レートに従って乗じることで計算される――を算出している。Warren Bailey, Bin Zhao, "Familiarity, Convenience, and Commodity Money: Spanish and Mexican Silver Dollars in Qing and Republican China," 3.

80 「イギリスのベル商会は中国の外部において、カルロス銀貨をその他の同品位の諸銀貨と等価で購入し、それを広州で一四～一五％〔のプレミアムつき〕で売却した。またこの会社は広州においてメキシコと南アメリカのドル銀貨を六～七％の割引で購入したが、その後の取引では銀の投機により二〇％もの利益を得た。」Hamashita, "Foreign Trade Finance in China 1810," 395.

81 また、「銀の流出が起こっている原因は、広東人が外国通貨を好んで使おうとする傾向をもっており、それが徐々に江蘇や浙江へも広がっていることにあります。したがって、外国商人は外国通貨を買うためひそかに馬蹄銀を用い（中略）、そうした活動が外国通貨の価値を押し上げているのです」。Hamashita, "Foreign Trade Finance in China 1810," 428, fn. 19 所引、一八二二年の貴州道監察御史の報告による。

82 Morse, *Chronicles of the East India Company Trading to China*, vol. IV, 226–227.

83 "Bullion accounts and reports. Documents. Bullion accounts Hong Kong 1847–1868 with bullion account from the Lady Theyes in Macao 1843," Jardine Matheson Archive in Cambridge University Library A8/96. ジャーディン・マセソン商会のコレクションに含まれる記事の大半は、本研究が対象とする時期を越えている。しかし簡単な調査によっても、その初期の書簡類は〔銀の〕交換レートに関して豊富な証拠を提示しており、カルロス銀貨と銀塊とのあいだに裁定取引がおこなわれていたことを示唆している。

84 同様のトレンドは、英領ベンガルにおけるアヘン栽培でも確認される。ケシの栽培地域は一八〇八年および一〇年の四万五五〇〇ビガー(bighas)から、二八年には一二万七〇〇〇ビガーとなり、三八年にはさらに二八万二〇〇〇ビガーとなっている。それと歩調をあわせて、アヘンの積み出しと貿易から得られるベンガル政庁の収入も増加していった。タン・チョンの推計では、一七九五年から一八四〇年におけるベンガルからのアヘン輸入のうち、価格ベースで七二％が銀によって支払われていた。一八二七年までに、アヘンはインドによる対中輸出の四〇％を占めるようになったが、これは綿花につぐ位置である。二七年以後、アヘンと綿花の比重は七対五となった。Tan Chung, "The Britain, India Trade Triangle (1771–1840)," *Indian Economic Social History Review* 11, no.4(1974): 411–431. とくに表3、4および6。

85 ウェルズ・ウィリアムズ、キングおよびその他は、一八五三年に一二〇〇万枚にのぼる巨額のメキシコ・ペソが協力して一度に導入されたと述べている。

86 Lin Man-houng, "China's "Dual Economy" in International Trade Relations. 1842–1949," in *Japan, China and the Growth of the Asian International Economy*, 182–183. Lin Man-houng, "China's Native Opium Market, 1870s-1906," Paper presented to the IEHA Congress Utrecht, 2009.

87 現在のところ、ベンガルからのアヘン輸出に対して中国政府が出した禁令の発効と中国のアヘン価格とのあいだには、いかなる関連も見出されていない。Chris Feige and Jeffrey Miron, "The Opium Wars, Opium Legalization and Opium Consumption in China," *Applied Economics Letters* 15, no.12(2008): 911–913を参照。

88 "Memorial by Lu Tsiuen-sun (Lü Quansun), Governor of Fuhkien (Fujian), Extracted from the Peking Gazette 7th November 1855," enclosed in a letter of John Bowring to Earl Clarendon, Hong Kong, 21 March 1856, Enclosure 27 54. BPP (1857–58) (287) "Silver &c"

89 King, *Money and Monetary Policy in China*, 172. 実効性はもたなかったものの、当時の広州と上海では公式の銀両を使用させるため、公には銀貨本位が廃止されていた。その後華南の諸港がメキシコ・ドルへの依存を深めていったのに対して、上海は清朝末期における金融のハブとなってゆく。

90 **註55**を参照。

91 十八世紀を通じ中国では、高品質銀貨の流通によって大規模な市場統合に繋がる取引費用の軽減がみられたが、中国の経済史研究者はまだこの点を十分考慮していない。また研究者らは商品としての銀に着目してきたため、一八二〇年代以降の通貨基準の解体が経済活動にもたらしたであろう悪影響は見過されてきた。Irigoin, "The End of a Silver Era"を参照。

92 イギリス、フランスそしてのちにアメリカは、中国市場を狙った特殊な「ドル」（ペソの英語表現）を十九世紀後半に鋳造した。Kann, *The Currrencies of China*, 136–139.

訳註

訳註i ここではラテンアメリカで鋳造された一連の銀貨を指す。なお銀貨に付随するペソ／ドル表記について、ラテンアメリカ経済史を専門とする原著者は、ペソ表記を基本としつつ、英文史料からの引用にあたっては原史料の表現に従いドル表記を使用している。本章の訳出にあたっては原著者の方針を尊重し、ペソ／ドルの表記をいずれかに統一することはしなかった。

訳註ii　トロイア戦争でギリシャ軍は、巨大な木馬に兵士を潜ませてトロイアの城内に送り込み、敵軍の撃破に成功した。この故事から「トロイの木馬」という言葉は、正体を偽って敵の内部に潜入し、破壊工作をおこなう者を指して使われるようになった。原著者は本章において、外国貨幣として中国の内部に入り込み市場での流通を拡大したラテンアメリカのカルロス銀貨をトロイの木馬に見立て、この銀貨への依存が中国経済に与えた正負の影響を論じようとしている。

訳註iii　スペインから独立後のメキシコで鋳造されたペソ銀貨である。表面にメキシコのシンボルであるワシが刻印されていたことからイーグル・ドル／ペソなどと呼ばれ、中国でも「鷹洋」の名で広く流通した。

訳註iv　スペインからの独立後、メキシコ共和国時代にかけて鋳造されたペソ銀貨を指す。

翻訳　多賀良寛

2章　十九世紀前半における外国銀と中国国内経済

岸本美緒

はじめに

道光年間(一八二一～五〇年)の中国は、これまで長らく通説では、大規模なアヘン輸入にともなう銀流出によって深刻な経済不振に苦しんでいたとされていた。しかし近年の学界では、この認識に対し、新しい解釈がおこなわれるようになった。[1]本稿の前半では、これらの新説について統計データと記述史料に基づく実証的検討をおこない、続いて後半では、中国の道光年間の経済状況についてそれらの新説にかかわる仮説的解釈を示してみたい。

1　道光年間の銀問題に関わる新解釈

まず、十九世紀前半に発生した経済変動における貨幣的な要素に着目しつつ、通説批判的学説の主要なものについて論者ごとに概観しよう。

林満紅[2]

公財政およびその他の大規模交易における銀の使用は、十八世紀末の中国において顕著に増加したが、当時、供給された銀は、交易を通じ中国東南地域に流入するラテンアメリカ産のもののみであった。清朝は貨幣主権を欠いていた結果として、外国銀に強く依存することとなった。

一八二〇年代に始まる銀の流出は、中国へのアヘン輸入のみによっておこったわけではなく、むしろナポレオン戦争とラテンアメリカ諸国の独立運動によるラテンアメリカにおける銀産出量の低下がより根本的な原因であった。銅銭に対する銀価格の上昇（いわゆる銀銭危機）が銀流出によって起こり、人々の生活を圧迫し、国家に困難をもたらした。

リチャード・フォン・グラン[3]

多くの中国貨幣史研究者は、貨幣供給、とくに、外国からの貨幣供給の不足が貨幣と一般経済との関係を決定づける要素であると考えてきた。しかし、帝政中国経済のような前近代経済における貨幣の役割を理解するためには、貨幣需要、とくに異なった種類の貨幣それぞれに対する多様な需要に着目すべきである。

十八世紀後半、（スペイン領ラテンアメリカで鋳造された）ペソ銀貨は中国東南沿海地域で広範に流通するようになった。ただし中国で製造された偽造銀貨を含む外国銀の利用のあり方にははっきりとした地域差があった。十九世紀の江南市場では、人々は銅銭や銀両よりも輸入カルロス銀貨を選好していた。カルロス銀貨に対するこの強い選好こそが、銅銭の価値を急激に低下させたのである。

一八三〇年代・四〇年代の大規模な銀輸出には、アヘン輸入以外の理由もあった。アメリカ合衆国からの銀貨輸入の急減、世界的な不況による中国茶・生糸の輸出市場の縮小、ヨーロッパとインドにおける銀価格の上昇などである。同

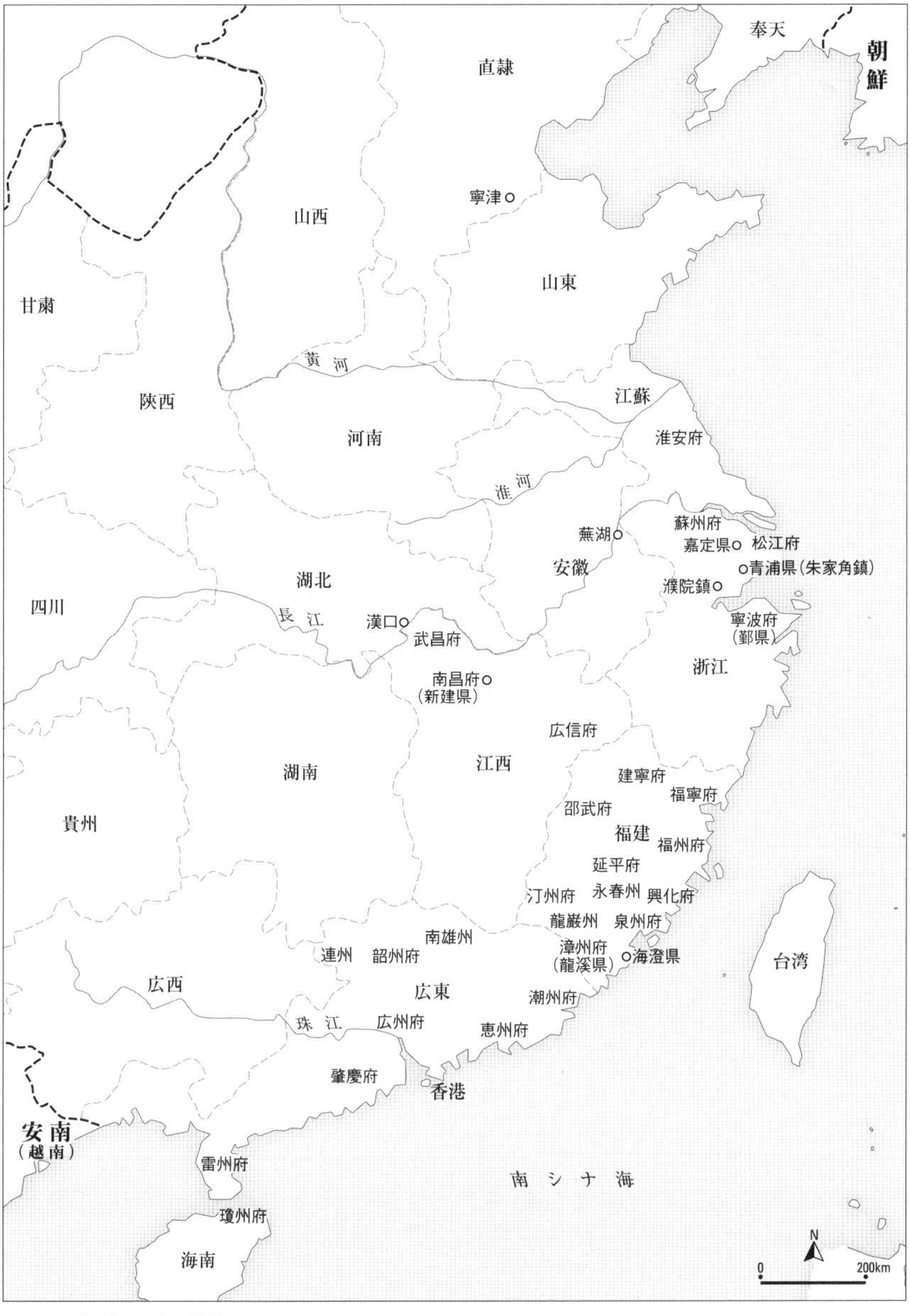

図1　19世紀前半の清朝

『中国歴史地図集』第8冊，中国地図出版社，1987年をもとに作成。

時に、輸入と輸出では貨幣の種類が異なり、輸入されるのはスペイン領ラテンアメリカの銀貨（とくにカルロス銀貨とその偽造銀貨）がほとんどであったことを指摘しておかねばならない。これらの銀貨以外の外国銀貨に対する価値評価の下落が、一八二〇年代後半に始まる輸入銀貨需要の減少の理由の一つであったことは疑いない。

アレハンドラ・イリゴイン[4]

十九世紀初頭、北アメリカの商人は大量のペソ銀貨を中国へ送り出し、一方イギリス東インド会社と英国系地方商人は、銀両を中国から持ち出していた。十九世紀前半のメキシコでは流通する大量の銀貨によるストックが形成されており、中国への銀貨輸出の減少は、独立運動にともなう混乱によるメキシコやラテンアメリカにおける銀貨鋳造の縮小といった供給側要因によるものではない。

独立後の銀生産に関わる大きな変化は、銀生産そのものの不足ではなく、保証を受けた信頼できる貨幣鋳造に基づく共通の本位貨幣制度の消滅であった。中国の消費者はそれぞれの貨幣がもつ含有量（実質価値）の相違に敏感であり、そのためラテンアメリカ諸国の独立にともなう共通の本位貨幣制度の消滅は、中国のラテンアメリカ銀貨需要に深刻な影響を与えた。カルロス銀貨の広範な退蔵により、流通手段と貸出し可能な資本の不足が感じられるようになった。合衆国においては銀ペソが広く流通し、合衆国貨幣当局の政策のもと、法定通貨として認定されていた。それに対し、中国ではそのような当局者を欠いたため、ラテンアメリカ銀貨は信用を失い、中国のラテンアメリカ銀貨に対する需要は合衆国の銀ペソ法定通貨認定の取りやめ（一八五七年）よりずっと以前に減少していた。中国の銀輸入は、供給側面の問題に加えて、需要側面の機能から考えるべきである。

これら三名の歴史家は、一八二〇年代以降の中国からの銀流出の主要要因はアヘン貿易ではないとする点で一致している。一方で彼らのあいだには明らかな相違もある。林は、供給側面すなわち十九世紀初頭の戦乱と独立運動によるラテンアメリカにおける銀生産量の減少を重視し、一方、フォン・グランとイリゴインは、需要側面すなわち中国の人々のさまざまな貨幣に対する異なった選好のあり方が重要であったとする。この認識の相違は、中国経済の世界経済における位置づけについての対照的見解を反映したものであるといえよう。林は、中国経済が外国銀の流入に依存していたとし、フォン・グランとイリゴインは、これに反対して、中国の人々の経済行動が経済変動をもたらす原因となったとする。フォン・グランとイリゴインのあいだにも相違はある。イリゴインは高品質で信用があるペソ銀貨が一八二〇年代から五〇年代まで不足したことで、中国の国内市場に深刻な影響、すなわち「取引コストの増大、市場の分裂、信用の不足」がもたらされたとする。一方、フォン・グランは、十九世紀前半の外国銀問題が中国国内経済に強い影響を与えたという従来の通説に反対している。[5]

2 実証上の疑問点

清代において、外国銀は中国国内でどの程度広範に使用されていたのか?

フォン・グランとイリゴインが指摘したように、カルロス銀貨は、中国東南沿海の諸地域において交換手段として支障なく受容されていた。しかし、注意しておかなければならないのは、多くの地域において、外国製銀貨がほとんど使われていなかったことである。清末の銀貨流通に関しては、百瀬弘や増井経夫の五〇年以上前の業績は現在でも非常に有用である。[6] ここでは、新たな資料を加えて、外国銀のみならず、銀両と銅銭についても注意して、地域的な貨幣流通の状況を概観しよう。

図2は、嘉慶年間(一七九六〜一八二〇年)において外国銀貨を利用していた地域を指すものである。典拠は刑科題本

（殺人事件に関し刑部に送られる定型化した形式の報告）である。刑科題本は殺人事件の原因となった金銭トラブルについての報告を多く載せているため、貨幣に関する情報を豊富に提供する。筆者が利用したのは『清嘉慶朝刑科題本社会史料輯刊』という史料集で、約一七〇〇の報告書を収録する。その内、約一〇〇〇件が貨幣に言及するが、外国銀貨があらわれるのは四一件のみで内訳は、広東一四件、福建（含台湾）一六件、浙江七件、江蘇一件、江西二件、湖北一件である。興味深いのは、福建龍渓県で発生した外国銀貨の交換に関する殺人事件である。外国銀貨一枚を相場どおり銅銭七五〇枚に交換しようとしたところ、両替業者は、銀貨の質が悪いとして七三〇枚しか渡さなかった。このため両者のあいだでもみ合いが起こり、両替業者が客を殺害したのである。

　続いて銀貨使用の地域的な状況をみてみよう。多くの同時代の知識人は、銀貨は東南沿海地域、すなわち広東・福建・浙江・江蘇において利用されていると考えていた。図2のとおり、銀貨は、広東・福建で比較的多く利用され、「番銀《ばんぎん》」と呼ばれていた。浙江でも外国銀が利用され「洋銭《ようせん》」として登場するが、北部に限られる。江蘇省嘉定県では、結納金として外国銀が利用され、単位は一般的な「元」ではなく「個」であった。[7] 汪輝祖《おうきそ》は、浙江北部について、「私が四十歳になる（一七七一年）以前、（中略）商人たちは福建や広東から銀を持ち込んでいた。それらは洋銭と呼ばれたが市場で流通することはほとんどなく、結納の品として少量が装飾のために利用されていた」[8]と述べているが、この嘉定県のケースは、この汪輝祖の記述を想起させるもので、銀貨利用の初期段階の状況を示すのかもしれない。

　内陸では、江西省の南昌府新建と湖北省の武昌という長江流域の二つの著名な商業センターでのケースが確認された。興味深いのは、これらの銀貨が現地の人々の取引に用いられたのではなく、「客商《きゃくしょう》」（外来商人）の貨物のなかで発見されていることである。江西省のもう一つの事例は、山林の取引にかかわるものだが、場所は広信府上饒《じょうじょう》県で、浙江・福建との省界地域である。これらの事例を除き、内陸諸省における外国銀貨利用の事例は当該史料からは見出せない。

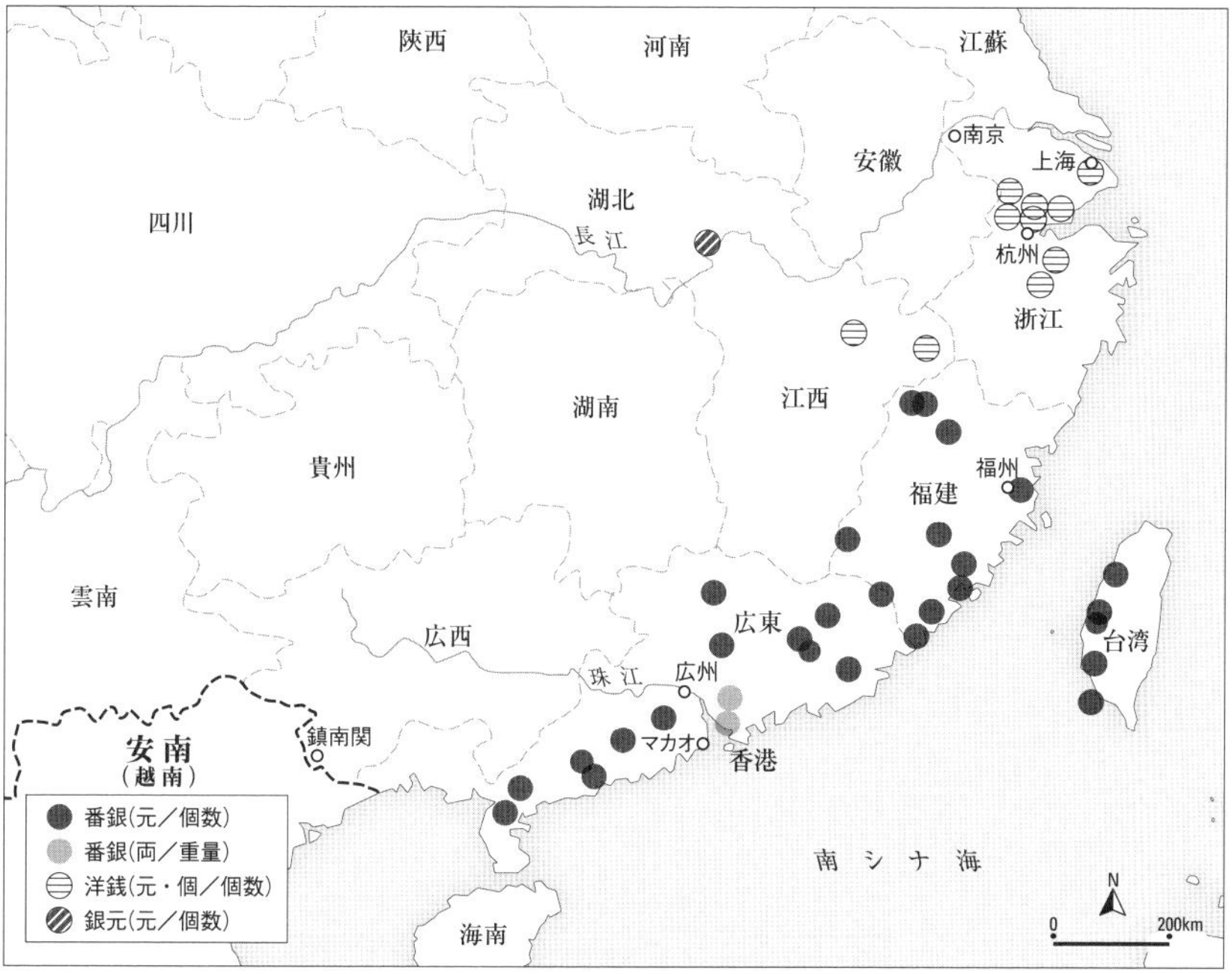

図2　嘉慶年間(1796～1820年)における外国銀貨利用地域
出典：杜家驥編『清嘉慶朝刑科題本社会史料輯刊』天津，天津古籍出版社，2008年。

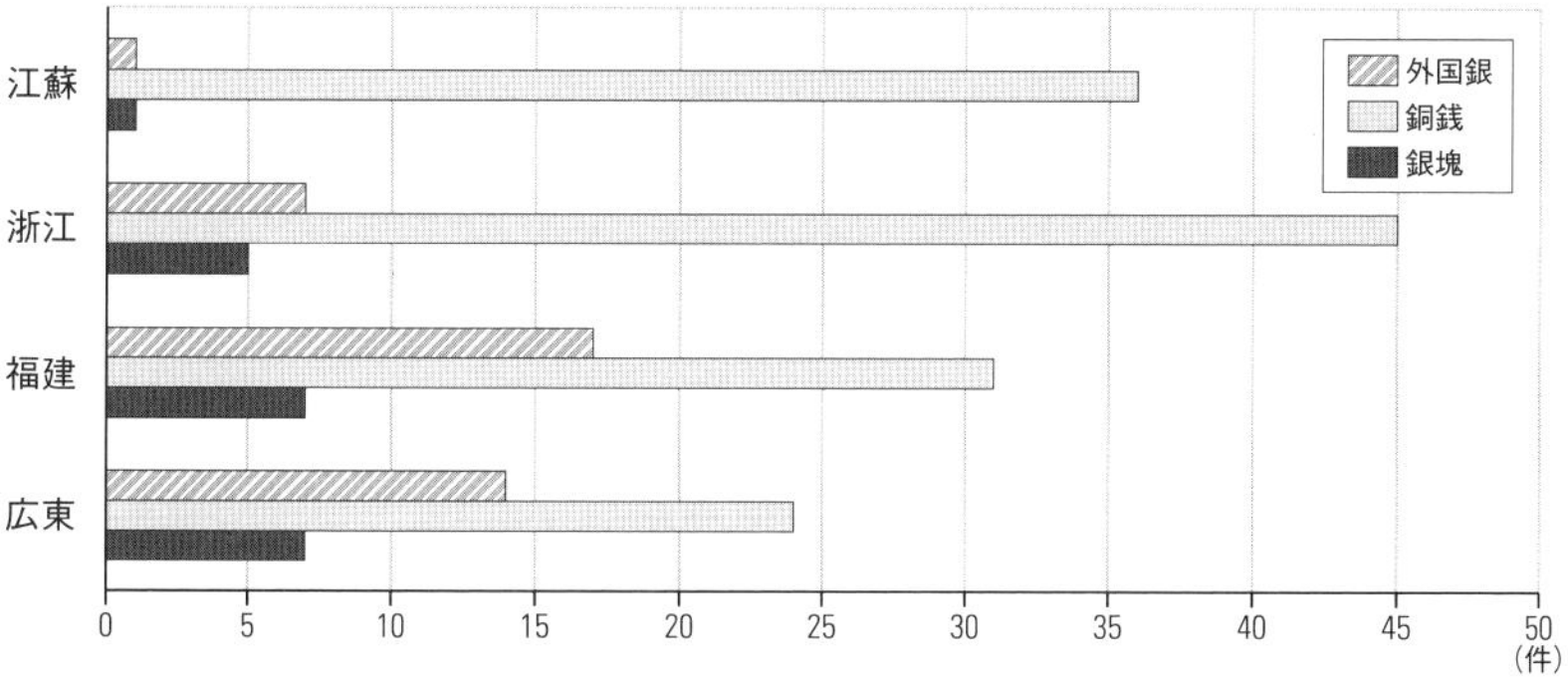

図3　嘉慶年間，東南沿海における貨幣使用状況
出典：図2に同じ。

図3にあるように、比較的銀貨が流通している福建・広東においても、日常でもっとも頻繁に利用されるのは銅銭であった。[9] 江蘇・浙江においてはさらに、銅銭利用の優位が明らかである。

続いて、これらの四省における貨幣状況について、より細かく検討してみることにしよう。

福建

福建は、中国でもっとも長い外国銀貨利用の歴史をもつ。百瀬が指摘したように、福建沿海で繁栄した海上貿易のセンターのひとつである海澄《かいちょう》においては、明末までに八、四、二、一、〇・五レアルなど複数の種類のスペイン銀貨が利用されるようになっていた。百瀬は一六四三年出版の『海澄県志』を引用するが、実際には一六一三年の『漳州府志』において、すでに、漳州の人々が貨幣として番銀を利用していたことが記録されている。[10] 明末清初期の他地域の住民は、このような外国銀貨の利用を当該地域に特徴的な慣習であると考えていたらしい。松江《しょうこう》出身のある学者は、以下のように一六五二〜五三年に福建を訪れた際の感想を記録している。

貨幣については、建寧・延平・泉州などの人々は、古い銅銭を、老銭と呼んで利用している。泉州の人々はとくに崇寧通宝を利用し、一対五の割合で他の銅銭と交換する。「番銭」と呼ばれる硬貨は銀製で、海船によって運び込まれる。[11] 泉州と漳州の人々が使う貨幣には、ギザギザの城壁や鳥、動物、人間の上半身が描かれている。[12]

一七五三年、当時の閩浙《びんせつ》総督は以下のように報告している。

福建省の沿海地域である(中略)福州・興化・漳州・泉州・福寧等では、外国銀貨が主要な取引媒体である。これらは鋳造された硬貨だが、人々は両(重さ)を単位として使用する。人々は、この習慣に慣れ親しんでいるため、銅銭をため込むことが利益になるとは思っていない。延平・建寧・汀州・邵武《しょうぶ》・永春県・龍巌《りゅうがん》県など山がちの地域では、すべての家庭で竹や材木、茶、紙などを他地域へ販売するために製造している。この地域では銀塊と銅銭が取引の際に利用されているが、山道を通って重い銅銭を運搬するのが困難であるため、銀塊が選好される。それゆえ銅銭は沿海部よりも安く見積もられる。[13]

福建の沿海部と山間部における貨幣使用状況の相違は、福建の不動産取引からも確認できる。図4から7までで示したのは、それぞれ福建南部沿岸地域・福建北部沿岸地域(福州周辺)・福建北西山間部・台湾における契約に記入されている支払い手段である。[14] ここで、もちろん契約に記された支払い手段が、必ずしも実際に支払われる貨幣と同じであったとは限らないということには注意する必要がある。とはいえ、それらの契約は不動産取引において一般的に用いられる計算単位が何であったかを示しているといえよう。

図4は、明末に繁栄した海港である漳州府の龍溪・海澄県で、十八世紀後半に銀塊が外国銀貨と銅銭に取ってかわられたことをはっきりと示している。この変化を単純に銀塊からコインへの移行ととらえることはできない。前引の一七五三年の史料で指摘されているように、福建の人々には、銀貨を重量によってはかる習慣があった。それゆえ契約上は銀両の重量で表示されていても、実際には銀貨を用いて支払われている場合がある。支払い手段が外国銀貨であることが明記されている場合も、それらはしばしば重量で表示されている。例えば「仏面銀十大元重六両足」といった具合である。一元の重さはほとんどつねに六銭と記載されるが、これは実際の重さというよりも機械的に換算しているものであることを示唆している。[15]「仏面」という語は、一七八八年の契約のなかにはじめて見出すことができ、「仏頭銀」はほぼ十九世紀を通じて使用されている。

図5は福建北部沿海地域の状況を示している。十八世紀中葉以降、銅銭が銀に取ってかわったことは明らかである。この傾向は閩北《びんほく》(福建西北部山間地域)の状況を示す図6でも確認できる。これらの地域では外国銀貨はほとんど使用されなかった。輸出用の茶の産地としてもっとも著名な地域の一つである武夷も閩北に属し、福州という(厦門《アモイ》ほどではないが)繁栄した海港においても外国銀貨が契約のなかでほとんど出現しないということは、奇妙にも思える。もちろん、

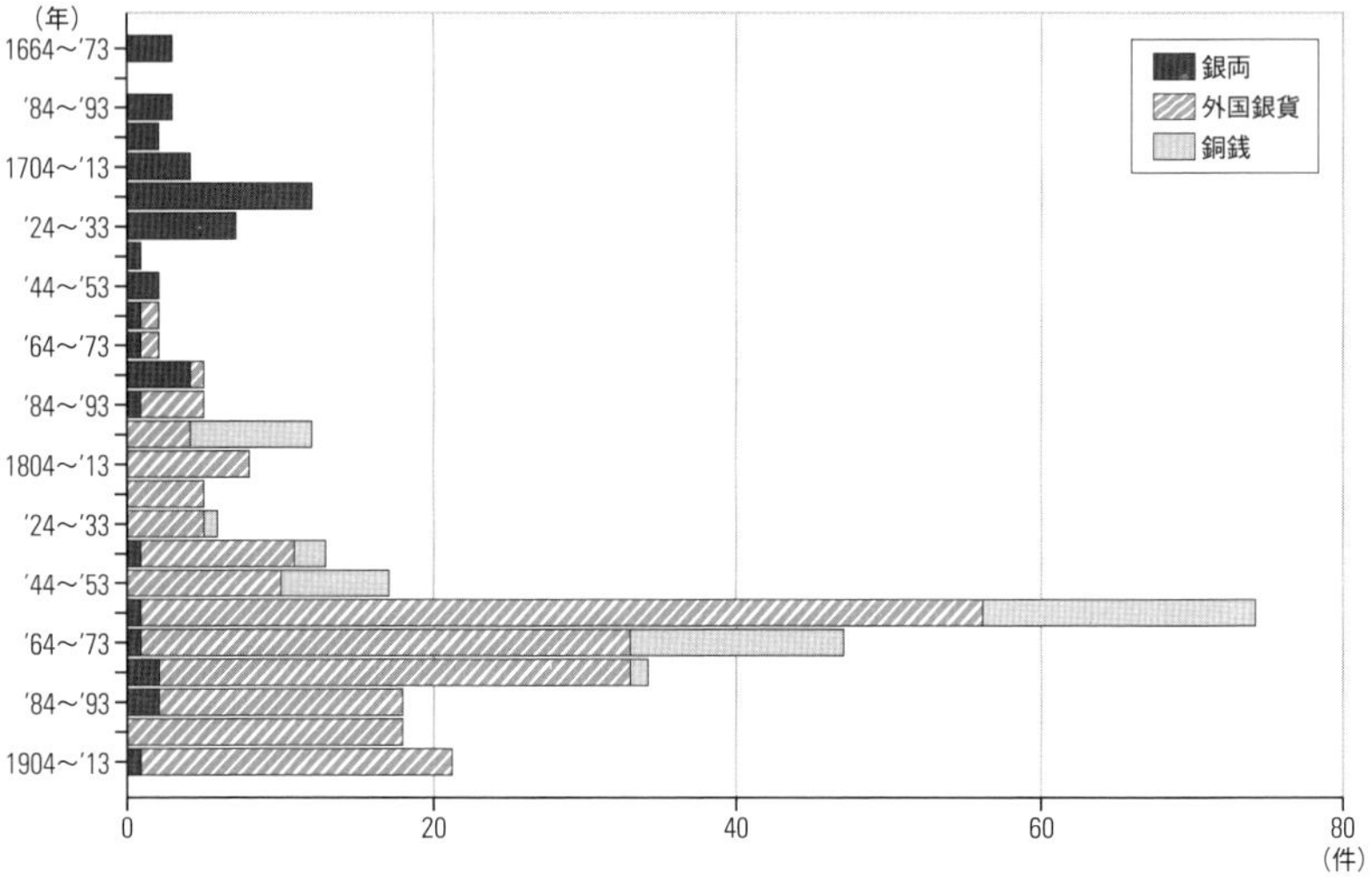

図4　福建南部沿海地域(龍渓・海澄県)における不動産契約で指定される貨幣
典拠：楊国楨主編「閩南契約文書綜録」『中国社会経済史研究』1990年増刊。

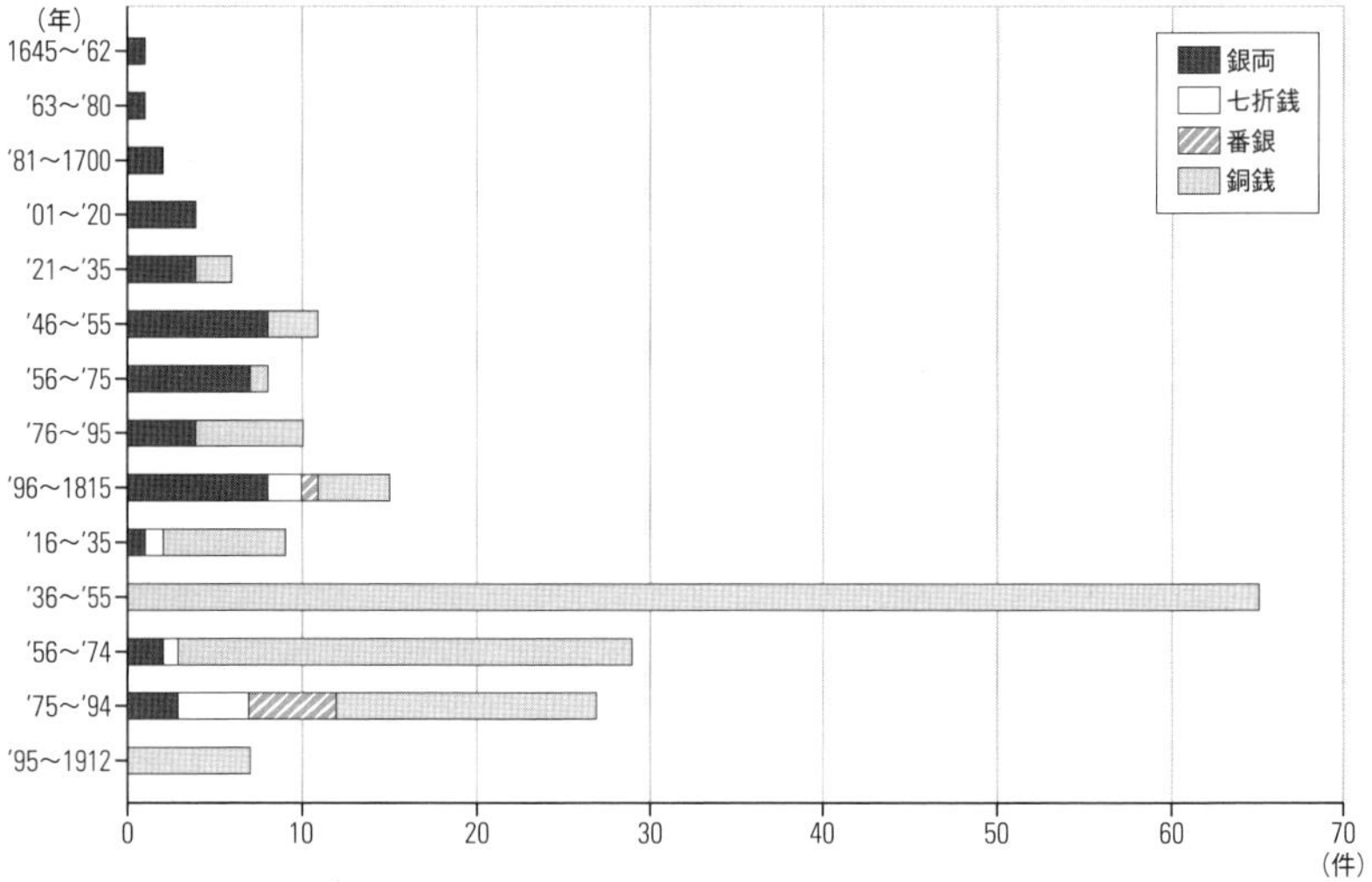

図5　福建北部沿海地域における不動産契約で指定される貨幣
出典：李紅梅「清代における福建省の貨幣使用実態」『松山大学論集』18-3, 2007年。

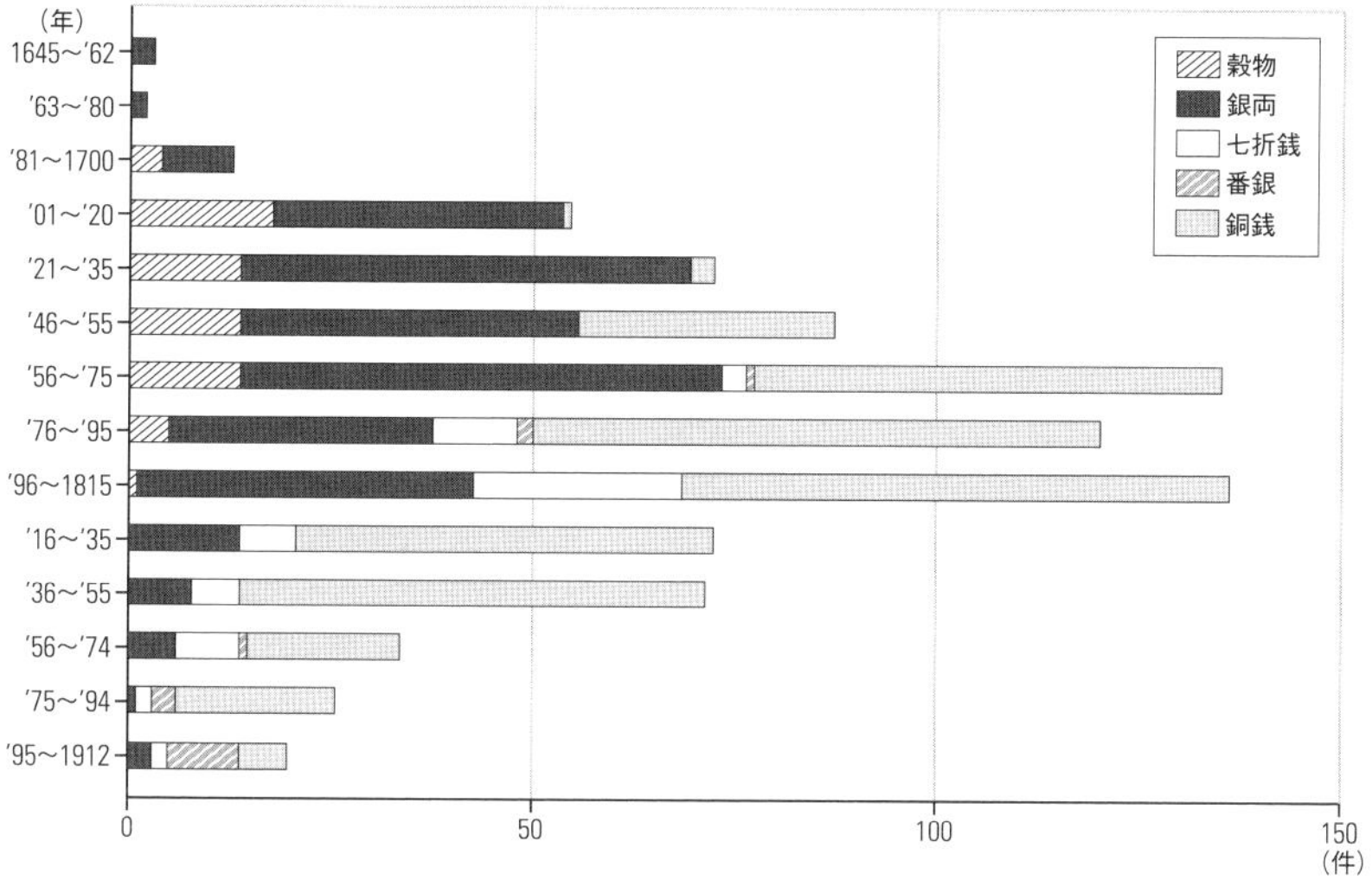

図6　福建北西山間部における貨幣使用状況
出典：図5に同じ。

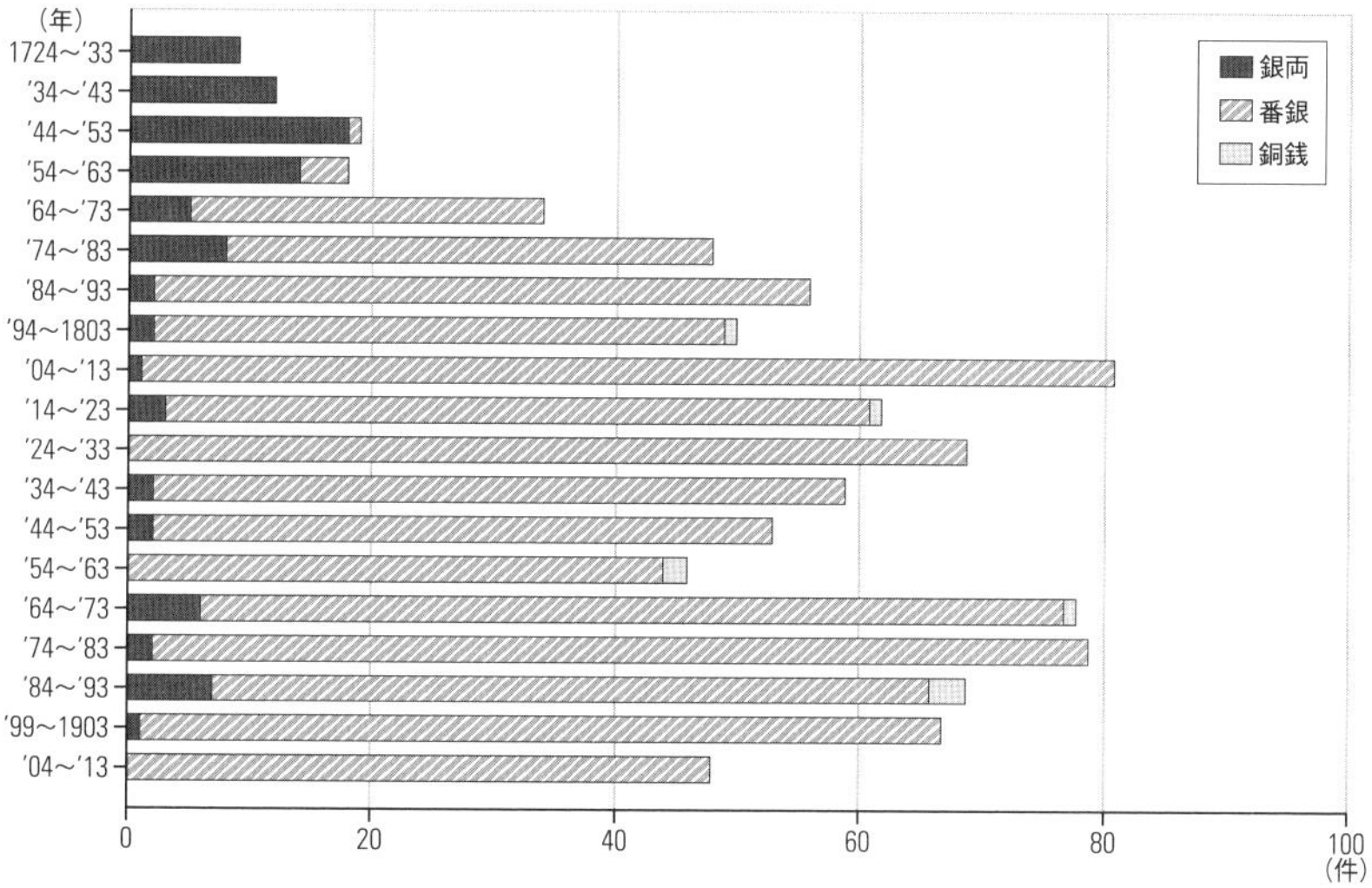

図7　台湾不動産契約における使用貨幣
出典：王世慶編『台湾公私蔵古文書影本』台北：中央図書館台湾分館，1977年。

刑科題本のデータが示すように、外国銀貨はこれら地域で知られていなかったわけではないが、当該地域の人々は、明確に外国銀を選好していたとはいえないようである。

これとは反対に台湾の契約においては、十八世紀中葉以降、外国銀貨が一般的な支払い方法となっていく［図7］。「剣銀」と呼ばれるオランダで鋳造された銀貨が一七八〇年前後まで多く使用され、続いては「花辺」と呼ばれるものが流通し、一七九〇年代以降はもっぱら「仏頭」が、一八九五年に日本に占領されるまで、契約のなかに登場する。これらのコインの元表示の額に加えて銀両への交換レートが示されていることがときどきあるが、そのレートには、一元＝〇・六四五〜〇・八両の幅があり、一元＝〇・七三〜〇・七六両で示される場合がもっとも多い。

広東

広東における銀の使用状況［図8］については、すでに百瀬弘により詳細な検討がおこなわれているので、それにいくつか新たな資料を加えて概観する。

屈大均《くつだいきん》の著名なエッセイによれば、広州府の市場では、外国銀は十七世紀末にはすでに使用されており、偽造貨幣も同時に出現したという。図8は広東省の中心地である広州府における不動産取引における使用貨幣を示している。以下、広東省における貨幣使用の諸特徴を列挙してみよう。

第一に、銀両・銀貨・銅銭のすべてが広東省では利用されていた。図8には銅銭がみられず、広東では銀のみが利用されているようにみえる。[16] しかしながら、いくつかの地域、例えば恵州府恵陽県、韶州《しょうしゅう》府曲江《きょくこう》県、瓊州《けいしゅう》府（海南）では広範な銅銭利用が確認できる。陳春声の地方志所載米価データに関する研究によれば、銅銭と銀を含む米価記録全体のなかで、銅銭使用の割合は増加傾向にあり、順治年間には三六・七％、康熙年間には三〇・六％、雍正年間には二六・九％、乾隆年間には七二・七％、嘉慶年間には八〇・〇％であった。[17]

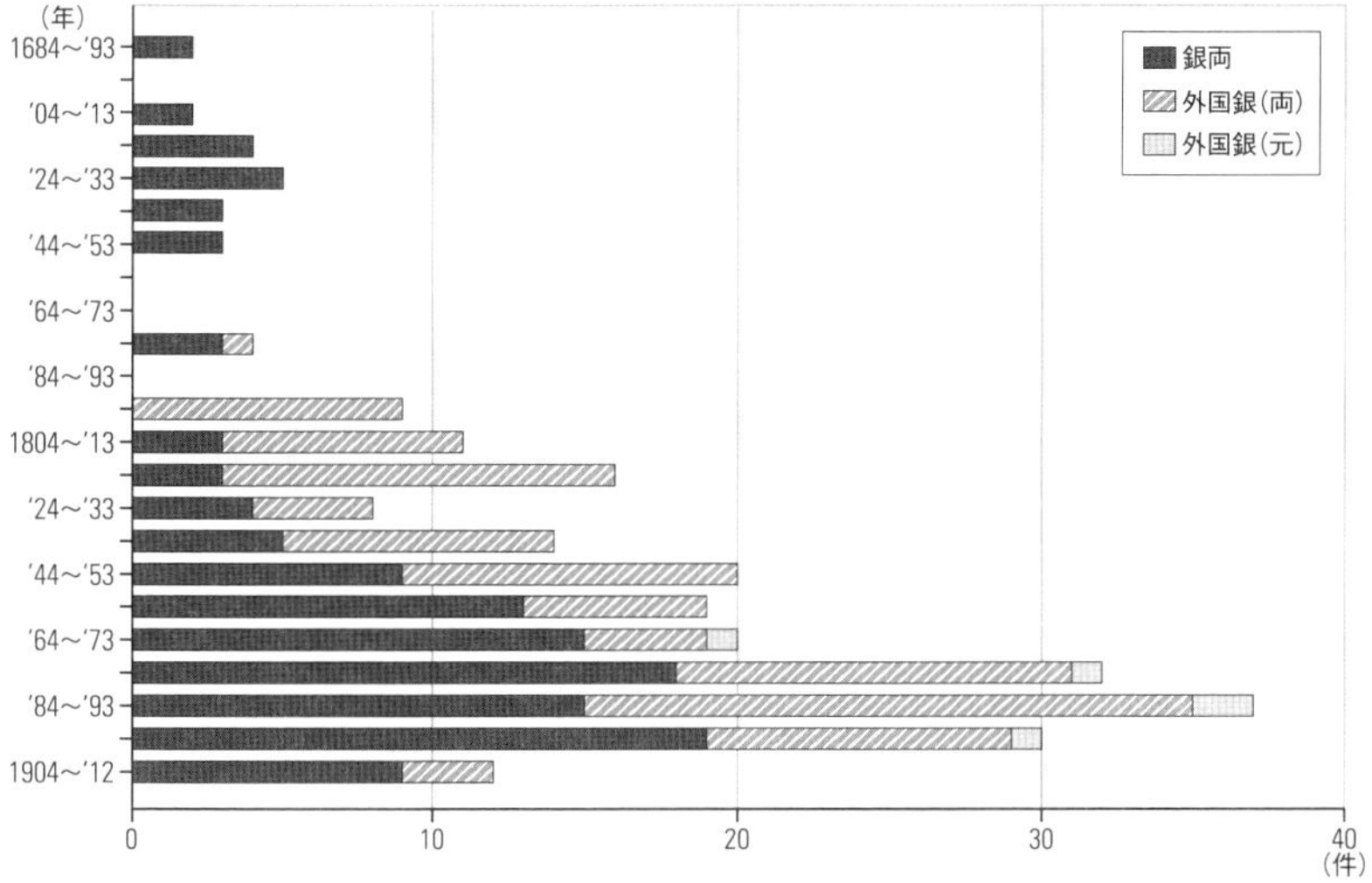

図8　広州府における貨幣使用状況
出典：譚棣華等編『広東土地契約文書』広州，暨南大学出版社，2000年。

第二に、銀貨の量をしばしば枚数（元）ではなく、重量（両）で示している。図8では「元」で銀貨を数えている例はほとんどない。かわりに、十九世紀の契約の大半において、支払い手段は、例えば「価銀一千五百両、番銀司馬平兌」[18]のように記されている。多くの研究者がすでに指摘しているように、チョッピング（品質表示のために刻印すること）によってひどく損傷された銀貨は、重量によって流通することが普通であった。銀塊と銀貨の境界は、広東においては銀貨そのものを選好した江蘇に比べて、ひどく曖昧であった。

第三に、広東においては「仏頭」だけが特権的な地位におかれていたわけではなかった。広州出身の黄芝は一八一八年の序文を付したエッセイのなかで以下のように書いている。

「花辺」[19]と「仏頭」の出現により、ほかの銀貨は利用されなくなった。最近では広州・南雄・韶州・連州・肇慶《ちょうけい》などでは、「番面」が多く使われるが、潮州・雷州・瓊州では「花辺」が使用される。[20]

実際には、「花辺」「花銀」などの語は広州府新会県の

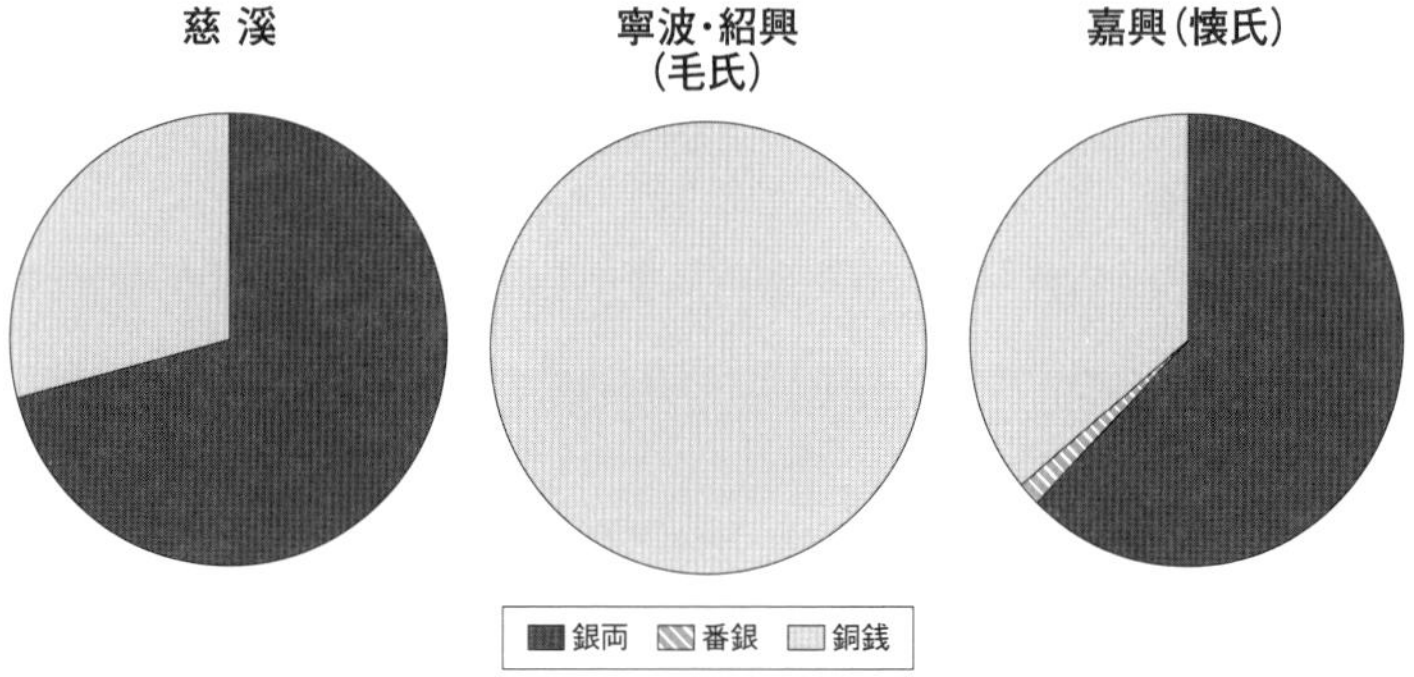

図9　浙江北部の契約利用貨幣(1794〜1853年)
出典：慈溪：張介人『清代浙東契約文書輯選』。寧波・紹興：王万盈『清代寧波契約文書輯校』天津，天津古籍出版社，2008年。嘉興：「嘉興懐氏文書」東京大学東洋文化研究所所蔵。

契約書のなかに十九世紀を通じてみることができる。つまり、黄芝の観察は全面的に信頼することができないのである。では広東では「仏頭」が広範に利用されていたのだろうか。モースは一七九八年の取引について「この頃までに、古い銀貨は計算単位として用いられるに過ぎなくなり、受け入れられるスペイン銀貨は、その頃『仏頭』のみとなっていた」[21]と書いているが、これは、広東の現地市場ではなく、内陸の商品を輸出する際の取引に関心を向けたものである。「広東では『花辺』だけが流通する」という表現は、一八〇〇年から〇四年に成立したと思しい小説のなかでも登場する。[22]「仏頭」の使用は、広州から広まってゆき、古い「花辺」の流通は潮州・雷州・瓊州など東西の省境地域に限られるようになったのかもしれない。

浙江

汪輝祖が一七九六年、彼の自伝である『病榻夢痕録《びょうとうぼうこんろく》』に記した記事は、十八世紀末の蕭山《しょうざん》県(浙江北部)で銀貨が使用されていたことを証するものとして、すでに多くの歴史家によって引用されている。彼は以下のようにいう。

銀を売って銅銭を買うときに、その交換レートは、その銅銭の品質を見定めることで決定される。しかし、流通している銅銭は不統一なので、銅銭を交易に用いるのは不便である。その結果、外国銀貨が銅銭のかわりに選好される。そのため外国銀貨の価値は庫平銀を超えている。私が四十歳になる（一七七一年）以前は誰も外国銀について話題に上《のぼ》すことはなかった。[23]

同様の貨幣使用状況の変化が、ほかの浙江北部の市鎮でも見受けられる。例えば、嘉興府の濮院鎮《ぼくいんちん》の地方志には「一八〇八年以前の十年間で、この町の貨幣使用は、銅銭の独占状態から、外国銀貨の選好へかわり、銅銭使用は小規模取引に限られるようになった[24]」と記されている。

汪輝祖によれば「現在では銅銭鋳造は標準化されておらず、その結果外国銀が庫平銀以上に広く利用されている」という。彼は、外国銀流通を銅銭の標準化の欠如によるものであるとしているようだが、同時に外国銀も統一を欠いていた。彼は続ける。「（外国銀貨には）さまざまな呼び名、すなわち『双柱』『倭婆《わば》』『三工』『四工』『小潔』『小花』『大戳《だいりく》』『爛版《らんばん》』『蘇版』などがある。これらの価格はまったく異なり、人々はしばしばだまされる」と。彼は「仏頭」という名を出していないし、それに対する特別な選好を指摘してもいない。「仏頭」の特別な地位は、十八世紀末の紹興では成立してはいなかったようにみえる。

刑科題本のデータは、嘉慶年間の外国銀貨の流通は、浙江の南部よりも北部において一般的であったことを示唆している。多くの研究者が指摘するように、新たに銀貨利用を始めた浙江や江蘇などの地域の銀貨流通の方式は、古くから外国銀貨を利用している広東や福建とは異なっていた。浙江や江蘇において銀貨は「洋銭」と呼ばれ枚数で計算されたが、広東や福建においては一般に「番銀」と呼ばれ、しばしば重量で計量された。それ以外にも浙江や江蘇の不動産取引においては銀貨の利用はほとんどないことも指摘できる。

少なくとも十九世紀初頭以降、寧波府《ねいは》においては銀貨が流通していたことは明らかである。というのも、寧波の地方志において、一八一九年から始まる銀貨と銅銭の交換レート表が作成されているからである。[25]その一方で、十九世紀前

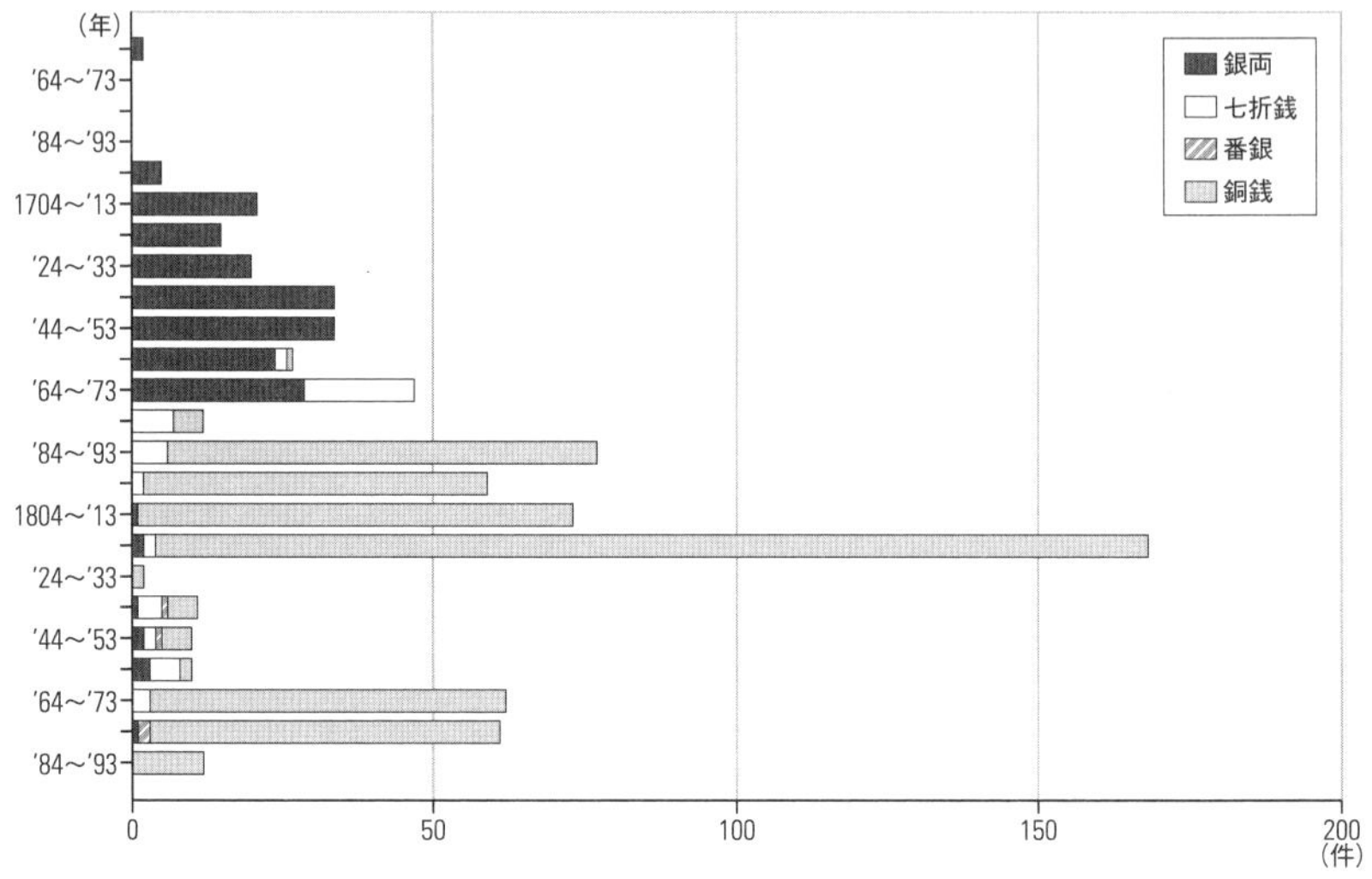

図10　蘇州郊外の契約使用貨幣
出典：洪煥椿編『明清蘇州農村経済資料』。

半の寧波で作成された数百にのぼる契約書には、銀貨についてまったく記載がなされていない。[26]図9は寧波と嘉興において、どのような貨幣が利用されているかを示したものであるが、それぞれの地方における貨幣利用が相当に異なっていることがみて取れる。浙江北部における銀行業務の発展は、それぞれの地域における貨幣使用方式の相違によるところがあったのかもしれない。[27]

江蘇

江蘇［図10］での外国銀使用は、浙江よりも遅かったようである。しばしば引用される鄭光祖《ていこうそ》『一斑録雑述』のほか、いくつかの比較的早期の史料が江蘇における銀貨使用について述べている。一八一五年の松江府青浦《せいほ》県朱家角鎮《しゅかかくちん》の地方志には以下のように記されている。

もともと珠里（朱家角の別名）では銅銭が普及しており、銀は珍しかった。以前人々は元絲銀《げんし》[28]を利用していたが、現在では外国銀貨のみが普及している。以前は三種類の外国銀貨、すなわち○・八七両の重さの「馬剣」、○・七三両の重さの「双柱」「仏頭」があった。現在では、「仏頭」のみが一般に流通している。[29]

この地方志の作者は、さらに仏頭の種類についてそれぞれ品質ごとに一四に分けている。そのうち高品質であるとされた五つは以下のとおり。

「三工」、あるいは「小髻《しょうけい》」とも。もっとも品質が良い。

「四工」、あるいは「建版」とも。縁に荒いギザギザがあるものは十分な品質を有する。細かいギザギザがあるほうが、品質が低い。

「広版」は、「小髻」や「建版」よりも大きい。これも十分な品質を有し、「小髻」よりも高い音がする。

「罏底《ろてい》」の品質は十分である。叩くと木のようにくぐもった音がする。

「大頭」、あるいは「太子版」とも。近年出現した。

これらの高品質な仏頭に加えて、多くの偽造品が作成されていた。興味深いのは、地方志の作者が、仏頭のスペイン銀貨としての真正性に関心を向けていないらしいことである。高い品質の模造品は、カルロス三世・四世銀貨やフェルナンド六世・七世銀貨などのスペイン銀貨と同様に受け入れられた。彼によると、これらの銀貨が質的にもっとも雑多でありながら、生糸や米穀市場においてもっとも高く評価されていた。

もう一人の青浦県人、諸聯《しょれん》は、さまざまな外国銀について、一八三四年に出版された『明斎小識《めいさいしょうしき》』のなかで言及している。彼は一五の銀貨の名前とともに、三つの品質が悪いものと、品質が最悪のもの一つをあげている。彼も、「現在では『仏頭』のみが流通している」と指摘しているが、さまざまな銀貨の品質の相違について十分な理解をもっていた。

松江府についての上記の観察に加えて、蘇州人の鄭光祖は一八四四年に以下のように記録している。

外国銀が蘇州や杭州に最初にあらわれたのは一七七五年のことであり、八五年以降は「仏頭」のみが流通するようになった。蘇州では、人々はだんだんと外国銀貨で商品価格を示すようになった。

これらの一致した証言から、江南中心地域すなわち蘇州・松江においては、十九世紀前半に外国銀が普及していたこと、および人々はさまざまな銀貨の価値の相違に気づいていたことがわかる。一八三五年の陶澍《とうじゅ》と林則徐の上奏は、以下のように報告している。「近年(江蘇の)人々は、外国銀貨を注意深く鑑定するようになっている。『蘇版』などの偽造銀貨は純正の外国銀と品質がまったく異なるので、銅銭と交換する際に低く見積もられる。そのため客商はこれらの価値の低い銀貨を受け取らない。民間における禁止は官による禁止以上に厳しい。行商(ギルド商人)による鑑定は極めて厳密で、いかなる虚偽も不可能である。偽造銀貨は現地市場では流通せず、ましてや外に出ることはほとんどない」[30]。

ここで二つ疑問をあげたい。外国銀貨使用は江南中心地域を超えてどの程度まで広がっていたのだろうか？そして、江蘇省では、どのような取引に外国銀貨が利用されていたのだろうか？

最初の疑問については、ある上海人が一八四二年に以下のように記している。

外国銀貨は、嘉慶年間には福建・広東・蘇州・松江のみで使用された。人々は外国船との取引で銀貨を使用せざるをえなかったのだ。ほかの地域では外国銀貨は存在しなかったし、だれもその価値を知らなかった。私は一八二五年に科挙受験のために南京に旅行した時のことを覚えているが、その時数枚の外国銀貨をもっていったものの、南京では安く見積もられた。現在では外国銀はどこでも流通しており、両替業者やブローカーのなかには元絲銀をみたことがない者さえいる[31]。

しばしば引用される鄭光祖の記録によれば、外国銀貨の流通圏は、一八四〇年代中頃までには西は安徽省蕪湖《ぶこ》、北は黄河にまで広がっていたようである[32]。一八五五年まで黄河は淮河と合流し江蘇省淮安府から黄海に流れ込んでいたので、鄭光祖の指摘は、江蘇北部では外国銀貨が流通していないことを意味している。蕪湖は安徽と江蘇の境界付近に位置しており、道光年間まで外国銀は江蘇省を超えて広い範囲で流通していたわけではないということができよう。

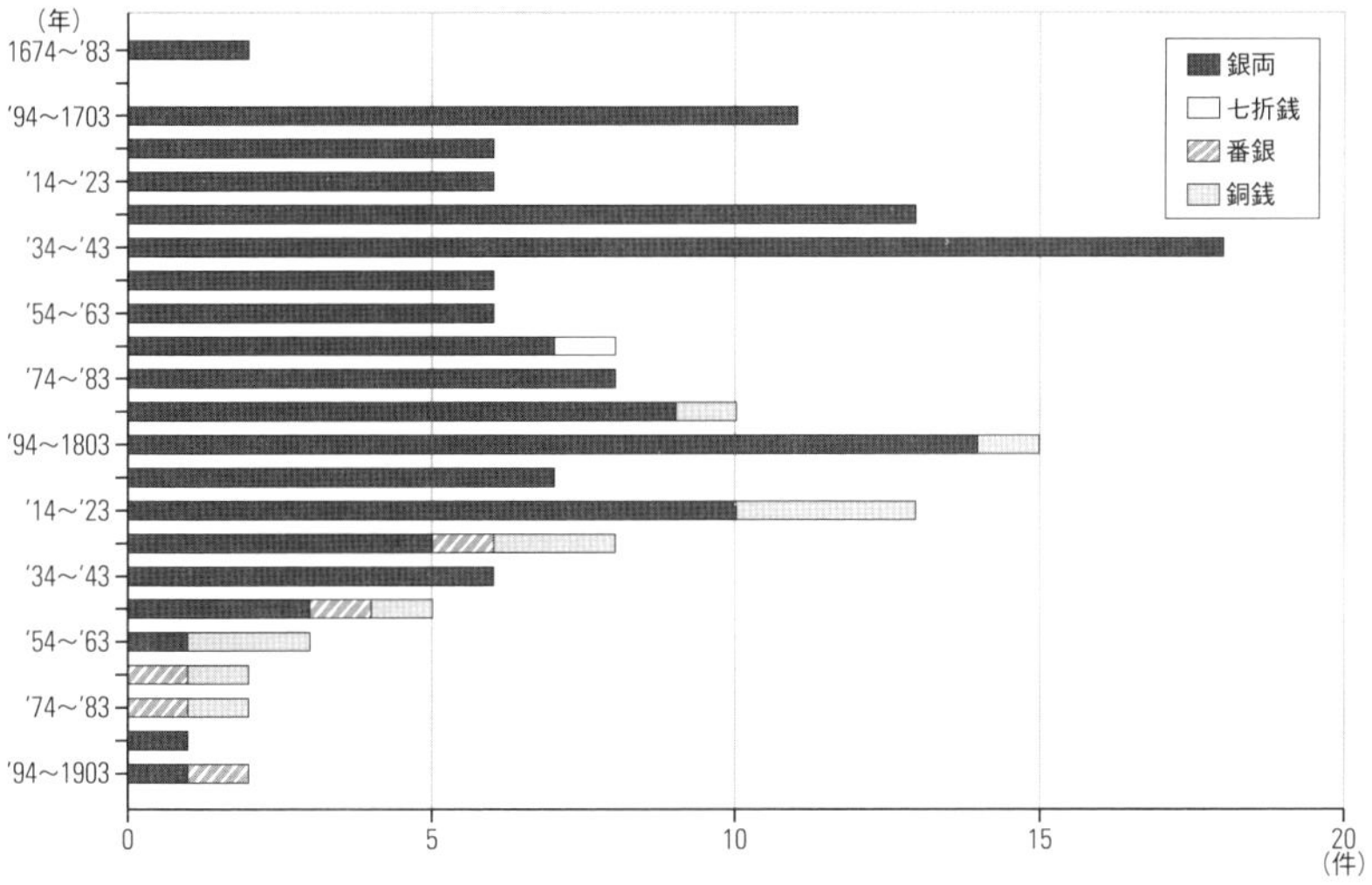

図11　蘇州市街地における契約使用貨幣
出典：「蘇州周氏文書」および「蘇州金氏文書」，東京大学東洋文化研究所所蔵。

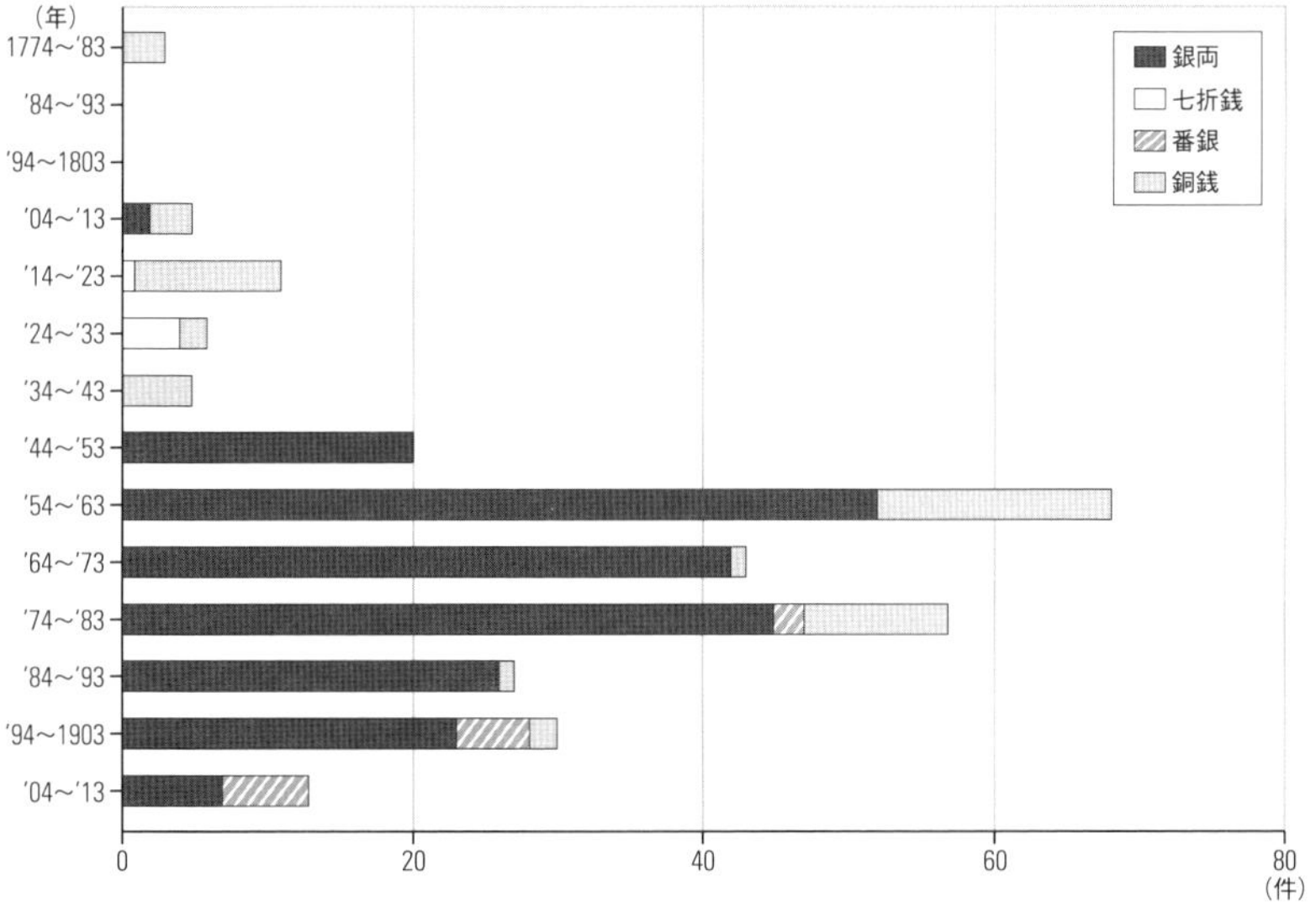

図12　上海市街地の契約使用貨幣
出典：上海市檔案館『清代上海房地契檔案彙編』上海，上海古籍出版社，1999年。

では二つ目の疑問はどのように考えたらよいだろうか。江蘇においては浙江同様、不動産取引には外国銀貨がほとんど使用されていない。図10から図12は江蘇各地で契約に記載されている支払い手段を示している、図10と図11は大きく異なるパターンを示している。図10では、十九世紀を通じて銅銭が優勢であったが、図11では銀塊が優勢である。この相違は図10・図11に反映される取引の特徴の違いから生まれたものであろう。図10は農村家族が所有していた農地の取引にかかわる二つの帳簿をもとにしているが、図11は蘇州城の住居取引に関するものである。ここから農村と都市における貨幣使用状況の相違がみえてくる。図12は上海における住居取引を示している。ここから上海で銅銭が十九世紀中頃に銀塊に取ってかわられる様子をみることができよう。このように江蘇においては、市場における取引の便利な媒介として銀貨が歓迎されてはいたが、不動産取引に銀貨はほとんど使われていないことがわかる。

他地域

道光年間の官僚たちは外国銀貨の利用は、上記の福建・広東・浙江・江蘇に限定されていたと考えていたようである。例えば、両広《りょうこう》総督鄧廷楨《とうていてい》は一八三六年の上奏文で「外国銀は外夷に由来するものであるが、沿岸地域の商人や民衆はその利便性を好み、長い時間をかけて外国銀利用が広まってきた。しかしその利用は江蘇・浙江・福建・広東とその周辺地域に限られ、直隷・山西・陝西・河南・湖北・湖南・四川・雲南・貴州では外国銀はほとんど使われず、珍しいものと考えられている」[33]と述べている。ここで各省の具体的な貨幣使用状況を検討することは避け、若干の地域の不動産契約書における貨幣使用状況を示す数値を通じ、一般的な傾向を指摘するに止めておこう。図13は北京、図14は山東、図15は徽州のものである。

以上、本節での検討は冗長にわたったが、これを踏まえて以下の点が指摘できよう。

(1) 十九世紀前半においては外国銀貨が流通していた地域は限られていた。

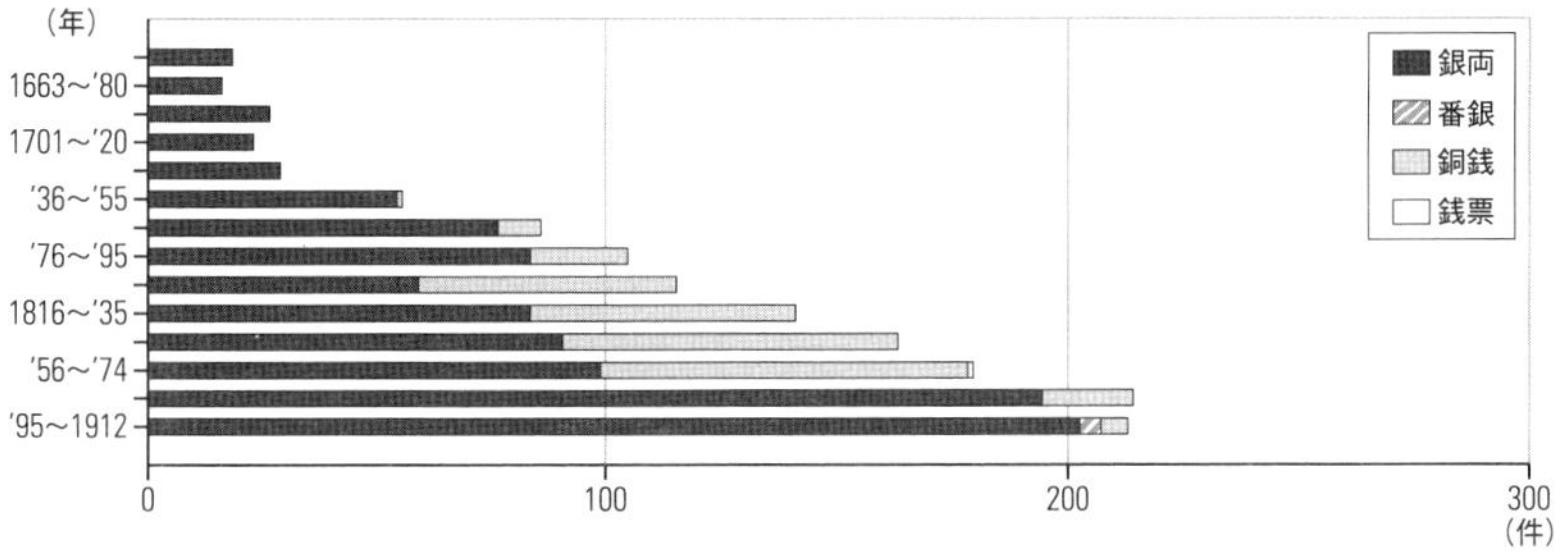

図13　北京城内における貨幣使用状況　出典：図5に同じ。

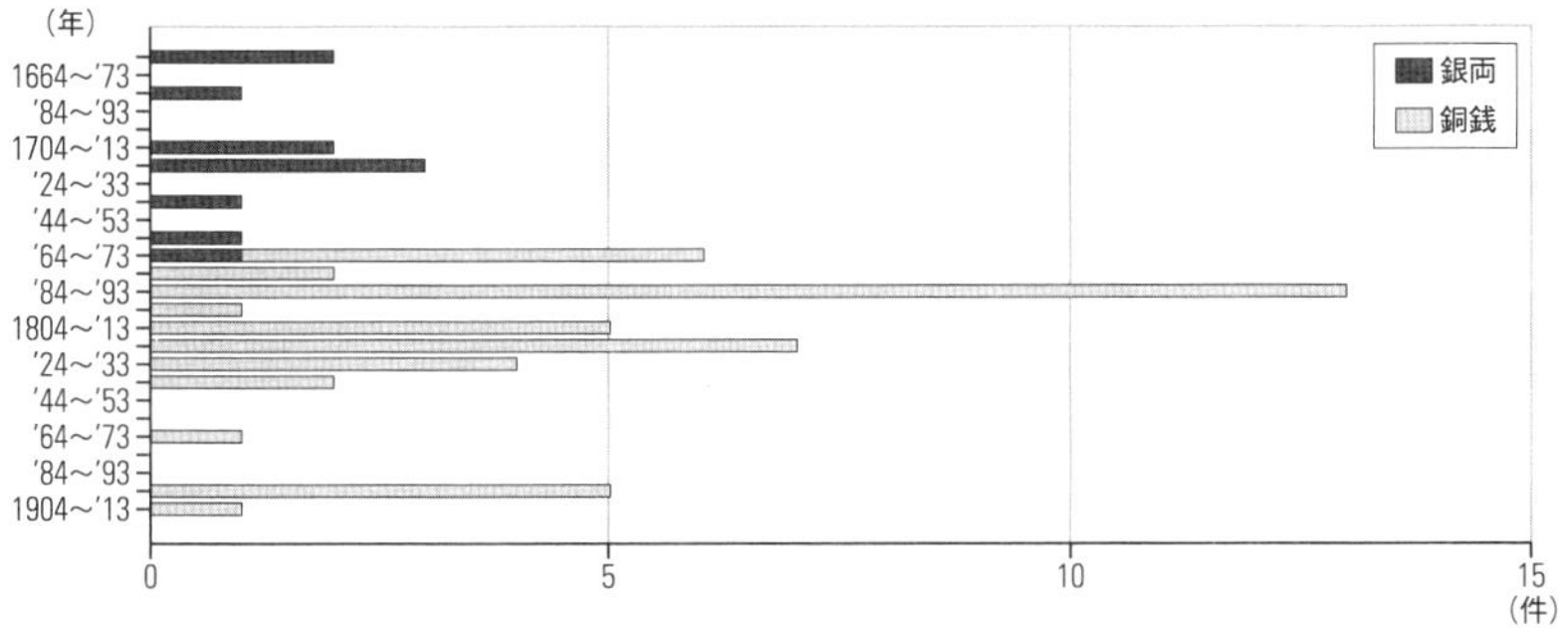

図14　山東曲阜における契約使用貨幣　出典：張維華等編『曲阜孔府檔案史料選編』3編6冊，済南，斉魯書社，1980年。

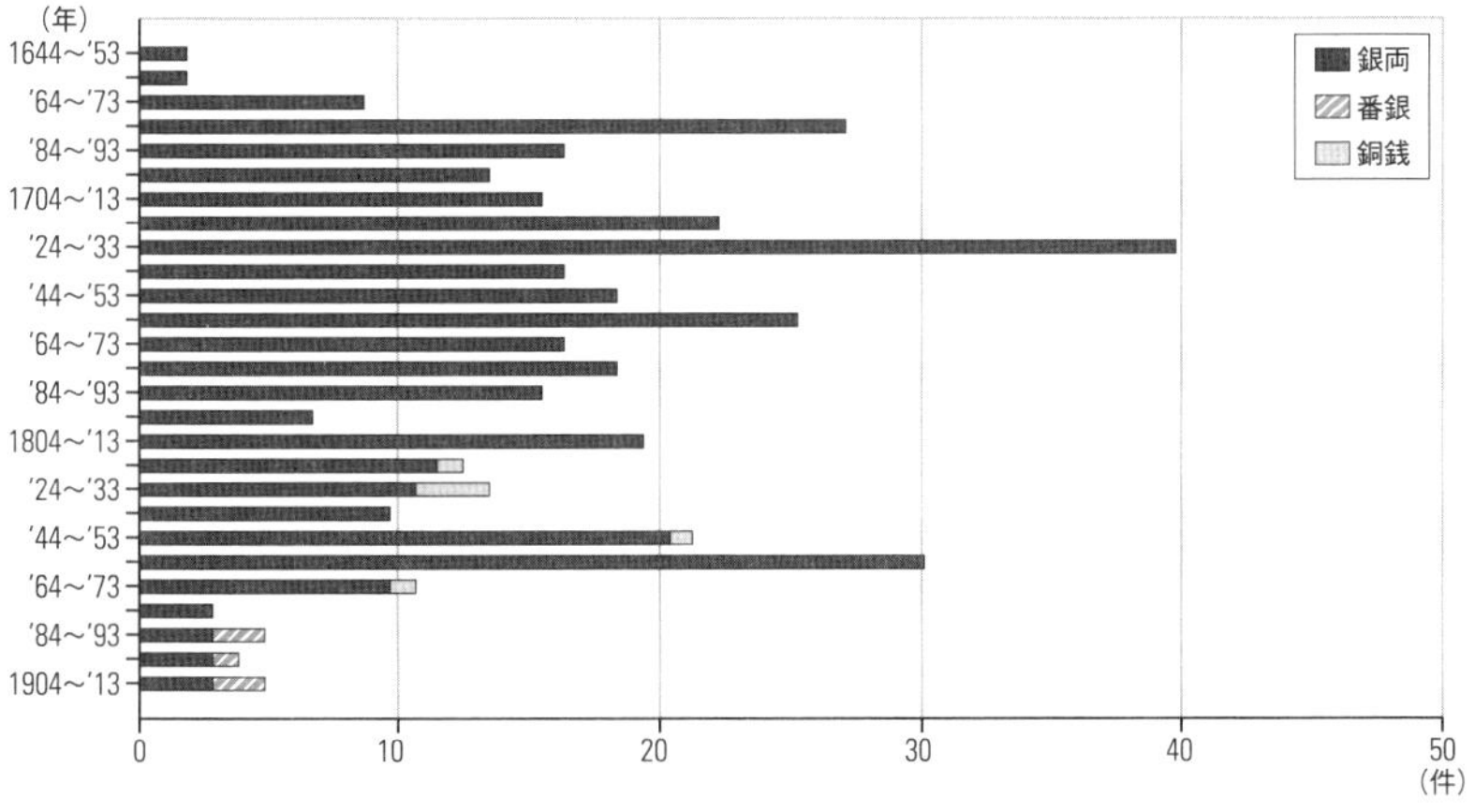

図15　安徽徽州における契約使用貨幣　出典：安徽省博物館『明清徽州社会経済史料叢編』北京，中国社会科学出版社，1988年。

いられていた。

(2) これらの地域では外国銀貨のみが独占的に流通していたわけではなく、銅銭や銀塊などのほかの貨幣と並行して用いられていた。

(3) 広東・福建の慣習においては、銀貨を枚数で数えるのみでなく、重さで計量する場合もあった。

(4) 浙江・江蘇の人々は、複数の種類の外国銀貨とその模造品が並列して流通する状況に慣れており、外国銀貨登場の当初より、各種貨幣の品質の鑑別に熟達していた。

これらの知見から、十九世紀前半の中国銀問題についての需要側面からの解釈に対する疑問が生まれる。江蘇あるいは浙江における外国銀貨に対する選好は全国的な銭建て銀価格(銀貨および銀塊を含む)を上昇させえたのだろうか? スペイン貨幣本位制度の分裂は、複数貨幣の取扱いに慣れた中国という地域に、いかにして深刻な影響を与えたのだろうか? ほとんど銀納化された徴税という圧力が存在するなかで、中国における銀需要が減少したと想定するのは現実的だろうか?

つぎに、現存する銀貨・銀塊・銅銭の交換比率データを利用して、中国におけるさまざまな貨幣に対する需要の動向について検討してみたい。

銀貨・銀塊・銅銭の交換レートはどのように変動したか?

表1は、おもに林の研究に依拠して、銀貨・銀塊・銅銭の十八世紀前半における交換レートを示したものである。[34] 表1に集められた分散的データのほかに、二つの銀銭比価の系列がしばしば用いられてきた。一つは直隷省寧津《ねいしん》県の市鎮のもので、もう一つは寧波のものである。一部の研究者は後者を銀塊と銅銭の交換レートとして用いているが、もともとは銀貨と銅銭の交換レートであるので、オリジナルデータを用いるほうがよいであろう。両者をあわせて図16で提示する。

まずは銀塊と銅銭の交換レートをみてみよう。蕭山・青浦・蘇州などでは一七九〇年代中頃に銀価格が急上昇している。その後銀価格はゆっくりと低減し、蕭山では一八〇一年までに二〇年前の水準に戻っている［表1］。そこまで急激ではないが、寧津［図16］でも同じ傾向がある。銀銭比価変動の傾向には、明確な地域差はなく［表1、図16］、一八一〇年代から三〇年代においては、銀価格は一貫して上昇しているが一八二〇年代末と三〇年代末にとくに急増している。

つぎに、十九世紀初頭に外国銀貨（仏頭）に付されたプレミアムについてみてみよう［表2］。イリゴインも指摘したように、仏頭に対するプレミアムは、一七九六年の段階ですでにイギリス東インド会社の商人が注目するところとなっていた。モースの引用する記録によれば、「仏頭は純度九二％だが、今や純度一〇〇％の細絲《さいし》銀と同重量で交換できる。

年	地域	文／両
1790	開平（広東）	1,400
1792	蕭山（浙江）	1,300
1794	蕭山（浙江）	1,440–1,450
1796	青浦（江蘇）	1,300
1796	蘇州	1,300–1,400
1797	常熟（江蘇）	1,300
1800	蕭山（浙江）	1,000–1,080
1801	蕭山（浙江）	900
1824	河南	1,100
1824	福建	1,240
1826	江蘇	1,150–1,260
1828	江蘇	1,280
1829	北京	1,400
1829	福建	1,300
1830	陝西	1,350
1831	陝西	1300–1,480
1831	江蘇	1,300
1832	浙江	1,428
1835	湖北	1,428
1836	北京	1,200–1,300
1837	蘇州	1,500–1,600
1837	江蘇	1,400
1838	湖南	1,429
1838	貴州	1,428
1838	全国	1,600
1840	浙江	1,570
1840	伊犂	1,200

□：華東　□：華北　□：華南
□：華中　■：華西

表1　銀両・銅銭レート

出典：Lin Man-houng, *China Upside Down : Currency, Society, and Ideologies, 1808–1856* (Mass.: Harvard University Press Asia Center. 2006) 121.

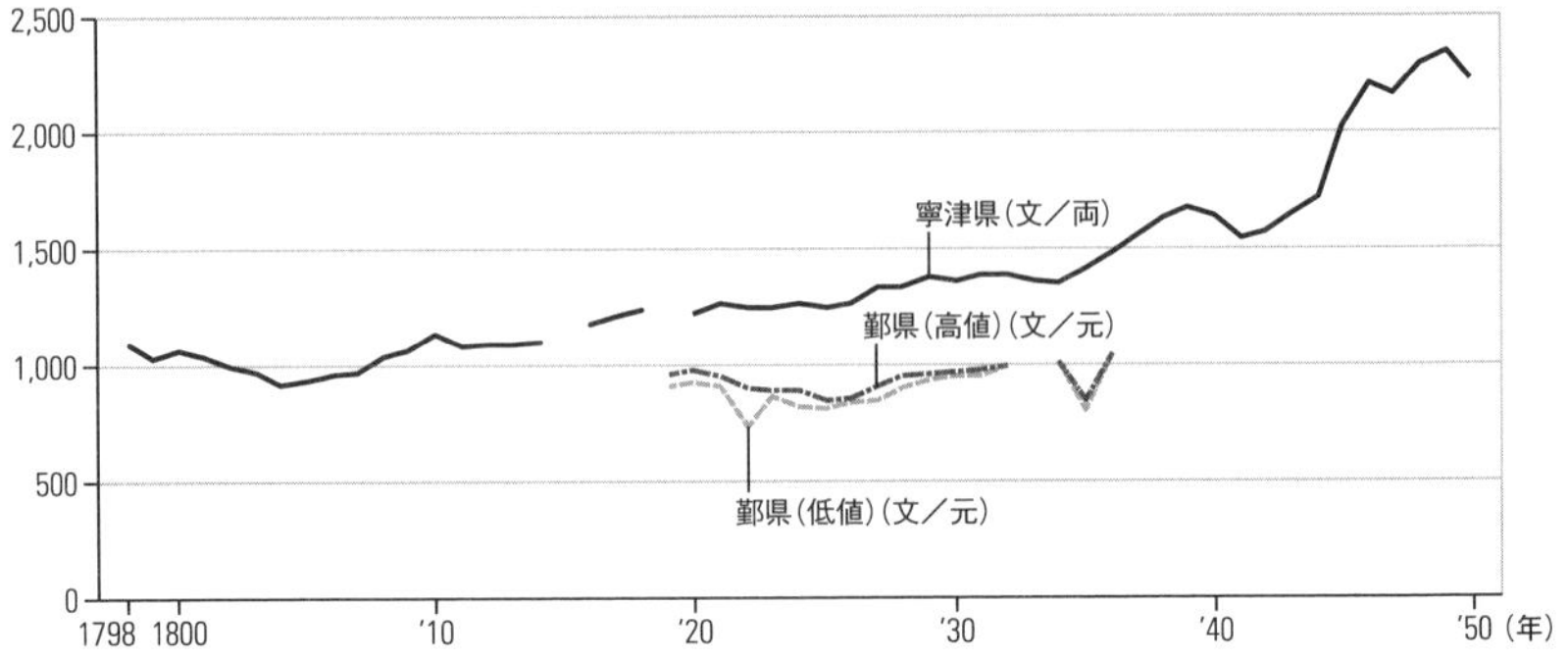

図16　直隷寧津県・浙江鄞県の銀銭比価

出典：寧津県　厳中平編『中国近代統計資料選集』1955年，37頁
　　　鄞県　『鄞県通志』

年	場所	文／両	文／元	両／元	プレミアム	出典	備考
1792	蕭山（浙江）	1,300	1,000	0.77	12.5	汪	
1796	青浦（江蘇）	1,300	1,130＋	0.87	27.2	諸	
1796	広州				8.69	Morse	仏頭
		1,020-1,030	800	0.78	14.1	汪	
1797	常熟（江蘇）	1,300	1,100	0.85	23.7	鄭	一時的
1798	広州				5.0-8.0	Morse	仏頭
1800	蕭山（浙江）	1,000-1,080	760-880	0.77	12.5	汪	
1801	蕭山（浙江）	900	630-650	0.7-0.72	2.3-5.2	汪	
1814	広州		720-730			百瀬	
	浙江・江蘇		800＋			百瀬	
			900＋			鄭	以前より回復
1831	常熟（江蘇）		1,000＋			鄭	
1834	広州				7.0-8.0	百瀬	カルロス銀貨
1835	広州				1.0-3.0	百瀬	カルロス銀貨
1836	広州				5.0-15.0	百瀬	カルロス銀貨
1836	蘇州			0.71-0.72	3.8-5.3	百瀬	
1840	蘇州			0.81-0.82	18.4-20.0	百瀬	

表2　番銀とその他の貨幣の交換レート

出典：陳春声『市場機制与社会変遷』；汪輝祖『病榻夢痕録』；諸聯『明斎小識』；銭泳『履園叢話』；Hosea B. Morse, *The Chronicles of the East India Company Trading to China, 1635-1834*；鄭光祖『一班録雑述』；百瀬弘「清代における西班牙弗の流通」。

つまり仏頭には八・六九％のプレミアムがついている」と指摘している。九八年にもイギリス東インド会社は、「細絲銀すなわち純銀に対して仏頭に付される、時に五～八％におよぶ不可解なプレミアム」に言及している。

多くの同時代の人々が指摘しているように、広州における仏頭へのプレミアム付与は、広州商人の主要輸出品の生産地である江蘇・浙江における外国銀選好によるものであった。汪輝祖は一七九六年に浙江の外国銀貨価格について、「外国銀貨の価格は、庫平銀よりも高い」と指摘している。汪輝祖の記録によれば、外国銀貨は庫平銀に対し一七九二年には一二％、九九年には一四％のプレミアムを付与されているという。この九六年頃の外国銀貨価格の上昇は青浦県でも報告されており、そこでの細絲銀に対するプレミアム付与は、二七％にのぼった。

一方でこの価格上昇は長くは続かなかった。蕭山では一八〇一年にはプレミアムは二～五％に減少している。二八年のカントンレジスターの記事には、貿易シーズン最後の数日には、茶生産地域へ持ち込むために必要なスペイン銀貨に対するプレミアムは三～五％ないしそれ以上に上昇したとある[35]。このことは、プレミアムは一八二〇年代においては一般に三％以下であったことを示している。林則徐は四〇年の上奏において、「最近、蘇州と松江では外国銀貨一元が漕平銀〇・八一～〇・八二両強と交換されている。三～四年前に比べ、銀貨一元の価格は、〇・一両上昇した」と報告している[36]。この報告によるならば、三〇年代中頃には、外国銀の価格は、〇・七一～〇・七二両を超えず、プレミアムは四～五％程度であったということになる。このことはカントンレジスターの、広州においてはカルロス四世銀貨のプレミアムが三六年に突如一％から一五％に急上昇したという記録と一致する[37]。

アメリカ商人もまた、はっきりとした日付は示さないものの、外国銀貨に対するプレミアムの存在を指摘している。一八二五年以来、いくつかの種類のドルが輸入されるようになったが、それ以前はスペインのカルロス四世銀貨がもっとも多かった。それらは他のあらゆる銀貨に比べて選好され続け、「オールド・ヘッド」として中国人の間で知られている。彼らはあまりにもカルロス四世銀貨に慣れ親しんでいたため、カルロス三世銀貨とフェルナンド七世銀貨が提示されても彼らはあまり受け入れず、むしろオールド・ヘッドにプレミアムをつけた。かくしてカルロス四世銀貨は、一般的な「ブレイキング・アップ〔銀貨を銀そのものとして扱い、必要なときに分割して利用すること〕」の慣習の例外となった。華中の生糸ディーラーは長らくこの銀貨を完形で受け取ってきたが、結局、この銀貨に対する偏った嗜好があまりにも増大したため、他の銀貨は砕銀としてしか受け取らなくなってしまった。その結果、カルロス四世銀貨には、一〇〜一五%のプレミアムが付くこととなった。ついには、あるシーズンにおいてわれわれは上席の行商に対し、六万ドルを三〇%のプレミアムを付けて販売し、七万八〇〇〇ドル分の砕銀を得た。しばしば推測されているように、両替業者がこうしたさまざまな取引にかかわっているというのは、十分にあり得ることである。彼らが裏で操っているのであり、おそらく彼らは、多くの官員たち同様、貨幣投機の目的で彼らを利用する富裕な資産家に従属していたのであろう。[38]

これらのデータからみれば、外国銀貨には時に二〇%ないしそれ以上のプレミアムが付されてはいたが、それは常態というよりも特例であったといってよいだろう。注意すべきは、当時のプレミアムは極めて変化しやすいものであったこと、そして人々は、市場の不可解な動きを強調するために異常な価格を記録する傾向がつねにあったということである。

銀価上昇の主要な原因は何か?

ここでは、銀価上昇の主要な原因について議論したい。銀価上昇の原因については同時代の官僚・知識人のあいだでも意見が分かれていた。人々の外国銀選好は、銀価上昇の原因についての説得力のある解答の一つと考えられていた。一八一四年、蘇楞額《そりょうがく》という官僚は、銀の外国流出は、人々が外国銀を銀塊よりも強く選好するからだとした。二二年には、御史黄中模《こうちゅうも》もまた「現在、銀の価格は日々上昇し、銅銭の価格は日々低落している」としたうえで、その原因として外国銀を選好する「江蘇浙江の茶商人」が「紋銀よりも洋銭を高く見積もっている」ことをあげている。銀両の海外持出禁止令が強められた二二年には、外国銀の価格は蘇州と常州において急激に減少し、人々は一時的に外国銀使用をやめた。

銀流出は人々の外国銀貨選好によるとするこの種の説明方法は、一八二〇年代を通じて広く受け入れられたが、その後、反アヘン論に取ってかわられていく。ターニングポイントは道光帝の二九年の上諭において、「アヘンの内地への流入は、われらの富を減らし人々を傷つけている。アヘンの害悪は、外国銀貨よりも甚だしい」[39]と言明されたことであったと考えられる。陶澍と林則徐は三三年、この銀流出に関する外国銀貨選好とアヘン輸入という二つの解釈を比較し、「アヘン輸入こそが深刻な混乱の原因である」と断言した。彼らによれば、外国銀貨が銀塊と交換されることによってある程度の損失は生ずるが、銀そのものは銀貨にも一定割合で含まれているので、銀の実質は大幅に損なわれるものではなかった。一方アヘン貿易は「泥を銀と変える」[40]ものであった。アヘンこそが莫大な量の銀流出を説明するのであって、高品質の銀を低品質の銀と交換することだけでは説明ができない、という。このような論理が三〇年代の官僚たちの議論の主流になっていく。

では現代のわれわれは、これらの議論をどのように考えればよいのか。まずは図17・図18をみてみよう。一八二七年前後の貿易収支の逆転［図17］、三〇年代におけるアヘン輸入の増加と、銀の流出［図18］などからすれば、銀価格の上昇は銀不足によって説明できるように思える。注意すべきはこの銀価格上昇は全国で確認できることである。フォン・グランは「貨幣としての銀一般ではなく、とくにカルロス銀貨の不足こそが十九世紀第2四半世紀における銀価上昇の背景にあるもっとも重要な要因である」としている[41]。この仮説が正しければ、われわれは例えば直隷・陝西・河北・四川・貴州などの内陸における銀価格の上昇［表1］をどのように説明すればよいのだろうか？　カルロス銀貨が流通していないこれらの地域において、カルロス銀貨の不足によって人々の銀需要が増加したということは考えにくい。フォ

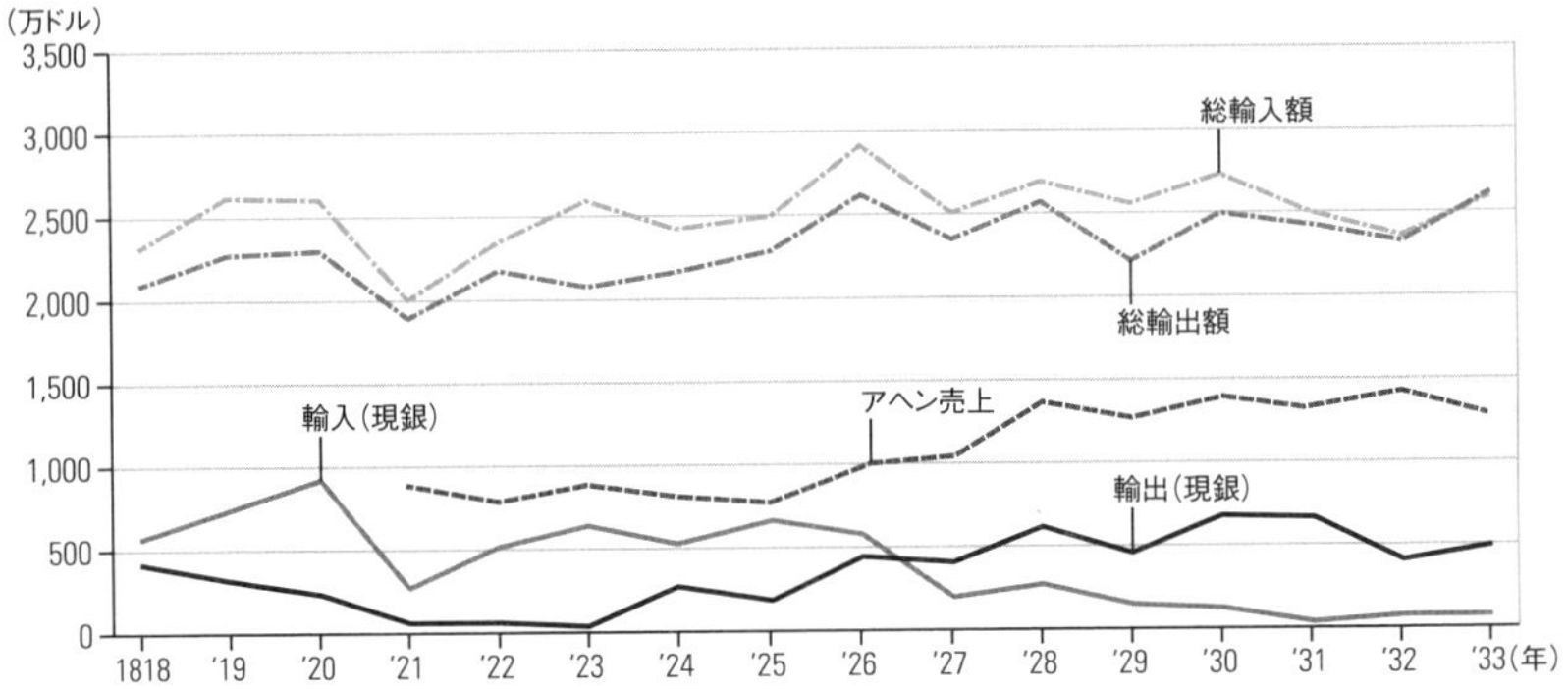

図17　イギリス・アメリカの対中貿易

出典：Hosea B. Morse, *The International Relations of the Chinese Empire,* Vol.1, 92, 210.

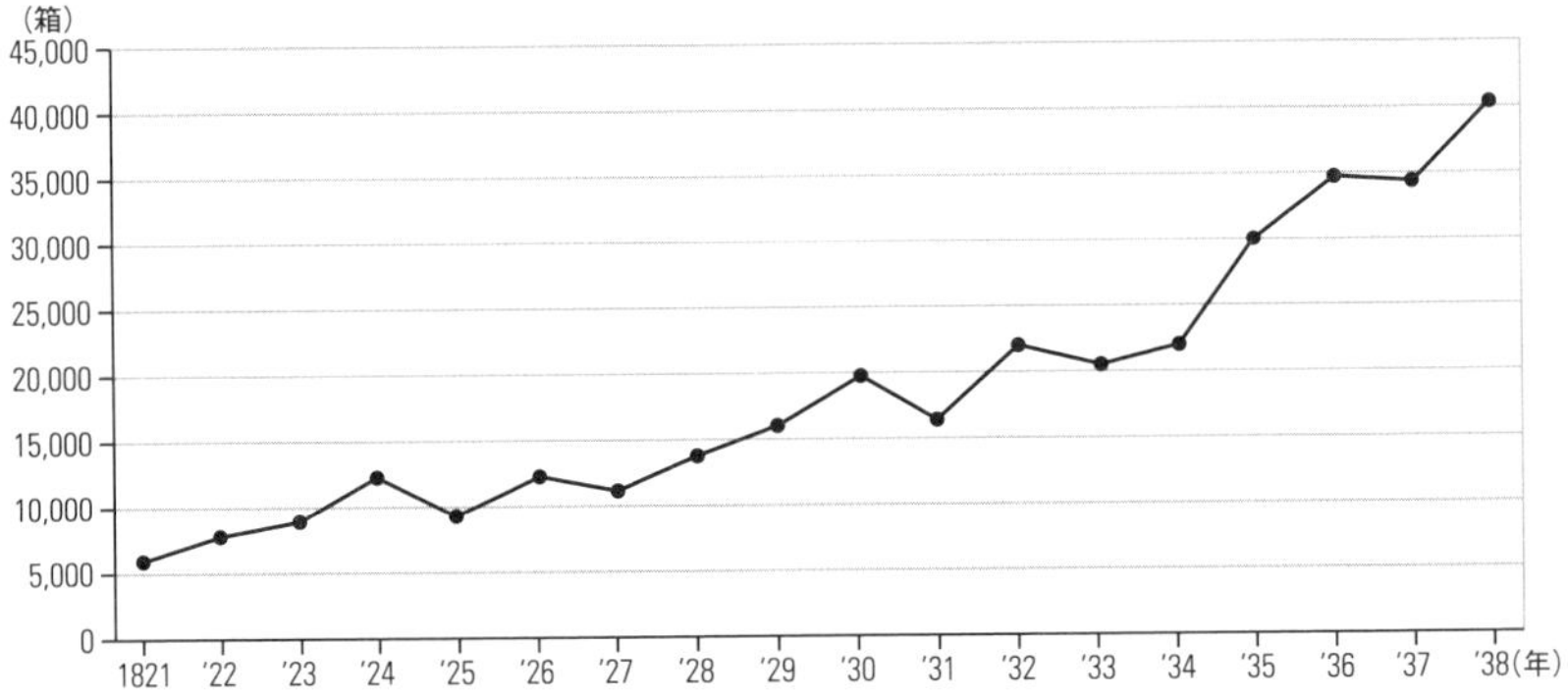

図18　アヘン輸入量

出典：図17に同じ。

ン・グランはさらに、「一八〇八年以降のカルロス銀貨の鋳造中止と、ほかの銀貨に適用された急激な割引は、疑いなく、二〇年代後半に始まった輸入銀貨に対する需要の減少の要因の一つであった」としている[42]。この想定に従えば、銀輸入の減少は江蘇・浙江の銀需要の減少によるものであり、それが銀不足を招き、全国的な銀価上昇をもたらしたことになる。しかし、もし銀価が内陸において上昇するならば、沿海地域の人々は、内陸へ輸入銀貨を売却することで利益を得られなかったのだろうか？

江蘇・浙江の人々による外国銀貨選好が銀塊輸出に相当な影響を与えていたことは確かであろう。しかし一八三〇年代における全国規模での銀価格上昇と大量の銀輸出を考えるならば、江南地域における外国銀選好が、道光年間の中国における経済問題の主要な理由となったとは考えにくい。

対外貿易が主要な要因であるという結論を急ぐ前に、ほかの可能性、すなわち銅銭部門にかかわる問題について考えてみよう。林がこの問題をすでに詳しく分析し、銅銭部門は銀価格の上昇に対し、対外貿易ほどの影響力をもたなかったと指摘している[43]。この結論に同意はするが、もう少し分析を進めてみたい。というのも劉朝輝の最近の研究[44]がいくつかの反証を示しているからである。

劉朝輝の第一の指摘は、銀価上昇が、銀流出の始まる数十年前の嘉慶年間から始まっていることである。確かに、質の悪い銅銭が省の鋳造局で鋳造され、偽造銭が広範に使用されるといった問題は、十八世紀末から深刻化していた。汪輝祖が指摘したように、銅銭の「非画一化」は乾隆末・嘉慶初に始まり、江南における外国銀貨使用の原因の一つとなった。**表1**にみられるような一七九〇年代の銀価格急騰は、銅銭部門の混乱の結果であるといえよう。しかし十九世紀初頭には、銀価格は低落し始め、一八一〇年以降上昇に転ずる。この新たな銀価格の上昇傾向、とくに一八三〇年代の急騰は、一七九〇年代の状況の延長上には考えられない。新たな解釈が必要であろう。

第二の指摘は、道光年間における外国銀流出の規模は中国経済の巨大な規模からみて非常に小さいということである。この極めて重要な問題に関しては実証的な議論のみならず理論的見地からも検討が必要となる。次節で仮説モデルを提示して議論を進める。

第三の指摘は、銀建て米価は、道光年間においても必ずしも低下していないというものである。林はその論文において、寧津のデータ［図16］から銅銭の貶価は、銅銭建て農産物価格に影響していないことを示している。林に対し、劉は、河南開封府における銀建て米価には道光年間には変化を見出せず、銀流出が中国の穀物価格に影響を与えていないとしている。この二つのデータ系列のあいだの差異は、米価変動の地域的な相違についてさらなる検討の必要性を示している。

最後に、劉は、外国銀貨の銅銭て建価格も十九世紀前半において上昇していることを指摘している。この点はすでに本稿で詳細な分析をおこなっているので、これ以上は立ち入らない。

本節における分析に基づき筆者は、外国銀貨問題は道光年間の帝国全体における銀価上昇を説得的に説明できないことを主張したい。筆者は、林が強調する、貿易収支の悪化と銀の流出がこの時代の経済的な困難をもたらしたという主張に同意するが、米価変動の地域性など、検討の余地はまだ残されている。

3　「道光不況」再考

「康熙不況」と「道光不況」

本稿の最後の節では、「道光不況」について述べたい。著者の知る限りではこの概念を提唱したのは、呉承明の一九九七年の研究であった。[45] 彼は論文の冒頭で、「道光不況」下の経済状況を十七世紀後半の「康熙不況」と比較して、以下のように概説している。[46]

十九世紀前半の市場活動の縮小は、まさしく「道光不況」と呼ぶことができる。この不況は、清朝権力が弱体化し、農業生産は活発さを失い、国家財政が困難に直面するという状況のもとで発生した。（中略）当時の深刻な問題は、銀銭比価の上昇、物価の低落、および取引の停滞であった。銀価格は、銭一〇〇〇文から二二〇〇文へ上昇し、江南では米価が二五％低下した。この時期までに市場経済は康熙年間よりもはるかに拡大していたため、その影響はさらに深刻であり、激しい論争が起こった。銀価格の上昇は農民の納税を困難にした。この状況は康熙不況と同様であった。（中略）しかし、道光年間においては、人々の注意は、市場の停滞による商人の損害に向けられた。（中略）道光年間には信用危機が起こったが、これは康熙年間にはみられないものであった。道光不況の状況はかなり複雑であった。それは、銀銭比価の変動すなわち銅銭に対する銀価の上昇に従って発生した。銀価格の上昇の原因に関して、当時の議論の多くは、それをアヘン輸入と銀流出に帰した。しかし、実際には他の原因もあり、われわれは将来それらを、市場全体における貨幣に対する需要と供給という観点から研究する必要があるだろう。

ここで「不況」（Depression）という語が適当かどうかは議論しないが、この語を用いることは当時の人々が直面していた経済的な問題を検討するのに助けになると思われるので、本章では仮に「不況」という語を用いておくこととしたい。呉承明が指摘したように、道光年間の中国の経済状態は確かに、康熙年間よりも複雑であった。いくつかの要素をあげておこう。

第一に、道光年間には、銀だけでなく銅銭もまた道光年間の貨幣システムの重要な部分をなしていたが、康熙年間の貨幣システムにおいては銀が圧倒的に優勢な地位にあった。貨幣をめぐる状況は、康熙年間のほうが道光年間よりも単純であった。

第二に、康熙不況の原因の一つは、反清勢力に対抗する海禁によって生じた外国貿易の縮小であったが、道光年間には、銀流出にもかかわらず、外国貿易の全体的な規模は縮小していない［図17］。道光不況をもたらしたのは、政府による貿易制限ではなく、むしろアヘンの密輸をも含む「自由」貿易であった。

第三に、十九世紀前半にはしばしば大規模な自然災害が起こっていたが、十七世紀後半の中国では自然災害は比較的少なかった。道光不況を議論するにあたり、当時の経済困難が貨幣的な要素によるものなのか、自然災害によるものなのかを区別することは、しばしば困難である。[47]

自然災害と市場の状態──物価を動かすのはいかなる要素か?

まずは道光不況とは何であったのかを明らかにするところから始めたい。不況について議論する際、物価の低落は一般的にもっとも重要な指標の一つであるとされている。図19から図23までは、江蘇・浙江・福建・広東・湖広(湖南・湖北)それぞれの米価を示している。データは、王業鍵によって作成され中央研究院のホームページで公開中の「清代糧価資料庫」を利用している。[48] 図24は、寧津における米穀と落花生の価格を示している。

これらの図の穀物価格の傾向は貨幣的な要素だけでは説明できない。図19と図21から見出せるように、数次の自然災害がいくつかの省の米穀価格に深刻な衝撃を与えている。ただ、全体として、一八三〇年代中頃から、広東を除き米価は低落傾向にある。[49]

この米価低落の意味を分析するために、土地価格の動向に目を向けてみよう[図25]。一般的にいって、土地価格は人々の生活水準の指標として非常に有用である。人々の生活に余裕があれば土地需要が増加するし、逆も真である。図25によれば、江南の銅銭建て土地価格は道光年間を通じて急激に落ち込んでいる。松江府華亭《かてい》県の人、姜皐《きょうこう》は、以下のように述べている。「三〇年前(一八〇四年頃)には肥沃な土地は一畝三万五〇〇〇文で売られていたが、その価格は一八一四年の凶作以降、二〇~三〇%減少した。二三年から現在(三四年)までのあいだにも年ごとに土地の価格は低下し、三三年の冬には、一畝一〇〇〇〇文の価格でも肥沃な土地を買うものがいなくなってしまった。痩せた土地では一畝一〇〇〇文でも売ることは難しい」[50]。姜皐の記述は図25と完全に合致するわけではないが、江南においては道光年間に地価が急速に低減したことは間違いなさそうである[51]。人々は、凶作による米価上昇に苦しめられたが、自然災害後の米価低落は人々に快適な生活を齎すことはなかった。

当時の若干の観察者は、農産物の低価格と商品需要の減少が貧困を生んだとしている。包世臣《ほうせいしん》は一八三九年の「銀荒《ぎんこう》小補説《しょうほせつ》」において「近年、毎年豊作であるが、収穫期には籾米《もみごめ》は一石当たり五〇〇文で売られている。現在、端境期にあるが、籾米は一石七〇〇〜八〇〇文以上にはなっていない。このことは、銀納税一両を納めるためには二〜三石の籾米を売却しなければならないことになる。人々はこの重い負担にどうして耐えられようか[52]」と指摘し、林則徐も、一八三八年の上奏において以下のようにいう。「これまで、地方長官として蘇州の南濠や湖北の漢口などの大きな商業センターを管轄し、密かに仲介商や商店主から聞き取りをしてきた。彼らは口をそろえて、近年さまざまな商品の市場が縮小傾向にあるという。彼らによれば、二、三十年前に一万両を売り上げた商品も、市場規模は半減しているという。半分はどこへ行ったのか？　答えはアヘンにある」[53]。

これらの観察は商品に対する有効需要の減少に重点をおいている。しかし、この種の主張は道光年間には比較的少ないことも注意すべきであろう。商品が売れないということが関心の的であった康熙年間とは異なり、多くの道光年間の知識人は、市場の縮小そのものよりも「銀銭危機」に大きな関心を寄せている。多くの研究者がすでに指摘しているように、道光年間における人々の苦境の原因は銀と銅銭の異常な交換レートであると考えられてきた。とくに、地方政府が納税にあたって銅銭を市場価格以上に低く見積もった換算率で支払わせたことにより、実質的な税負担は急速に増大していたのである。

道光年間の国内経済における銀不足の影響は、康熙年間のように直接的ではなかった。以下、道光不況の複雑性を反映した二つの問題に焦点をあて、それらに対して仮説を立ててみたい。

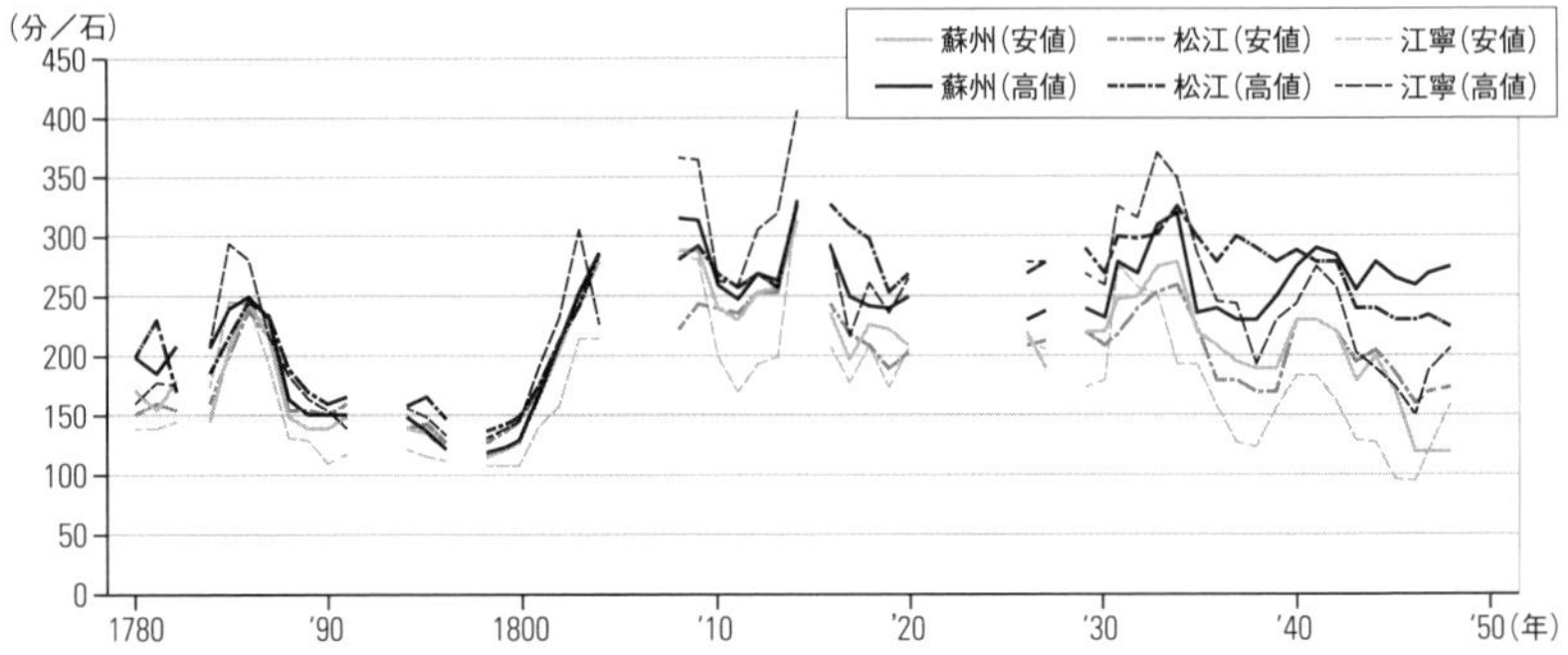

図19　江蘇南部の米価(中米)
江蘇における自然災害は1780年代，1810年代中葉，1830年代中葉に発生。
出典：王業鍵「清代糧価資料庫」。
注1：図19～23の高値・安値は陰暦9月のもの。
注2：分＝0.01両，石≒104ℓ。

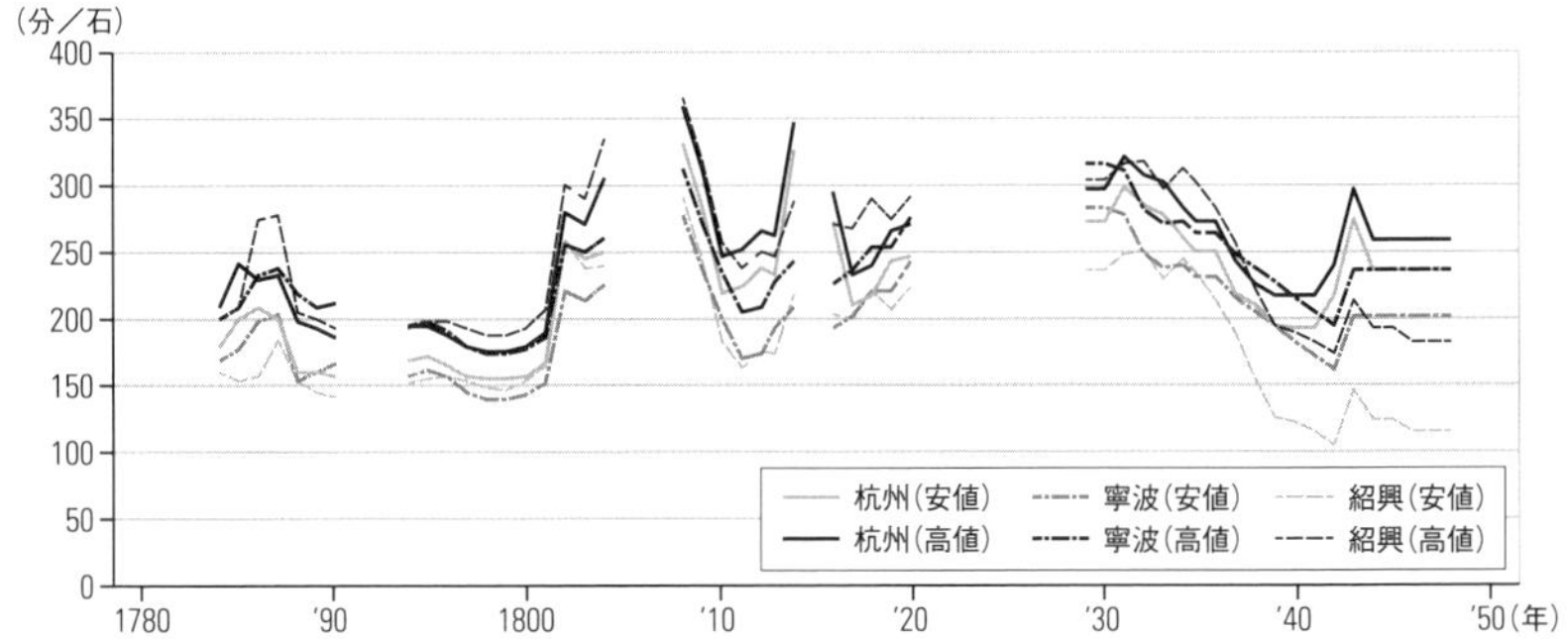

図20　浙江北部の米価(晩米)　出典：図19に同じ。

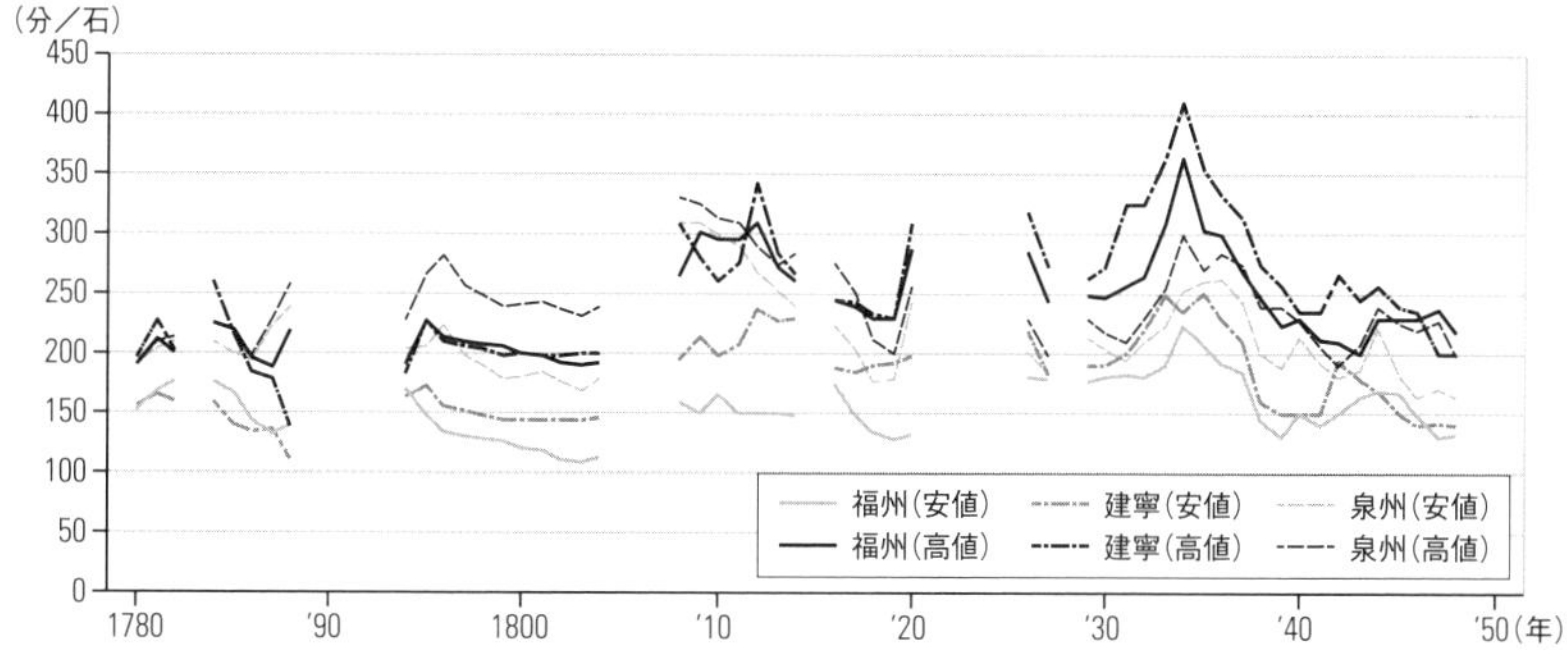

図21　福建の米価(中米)　出典：図19に同じ。

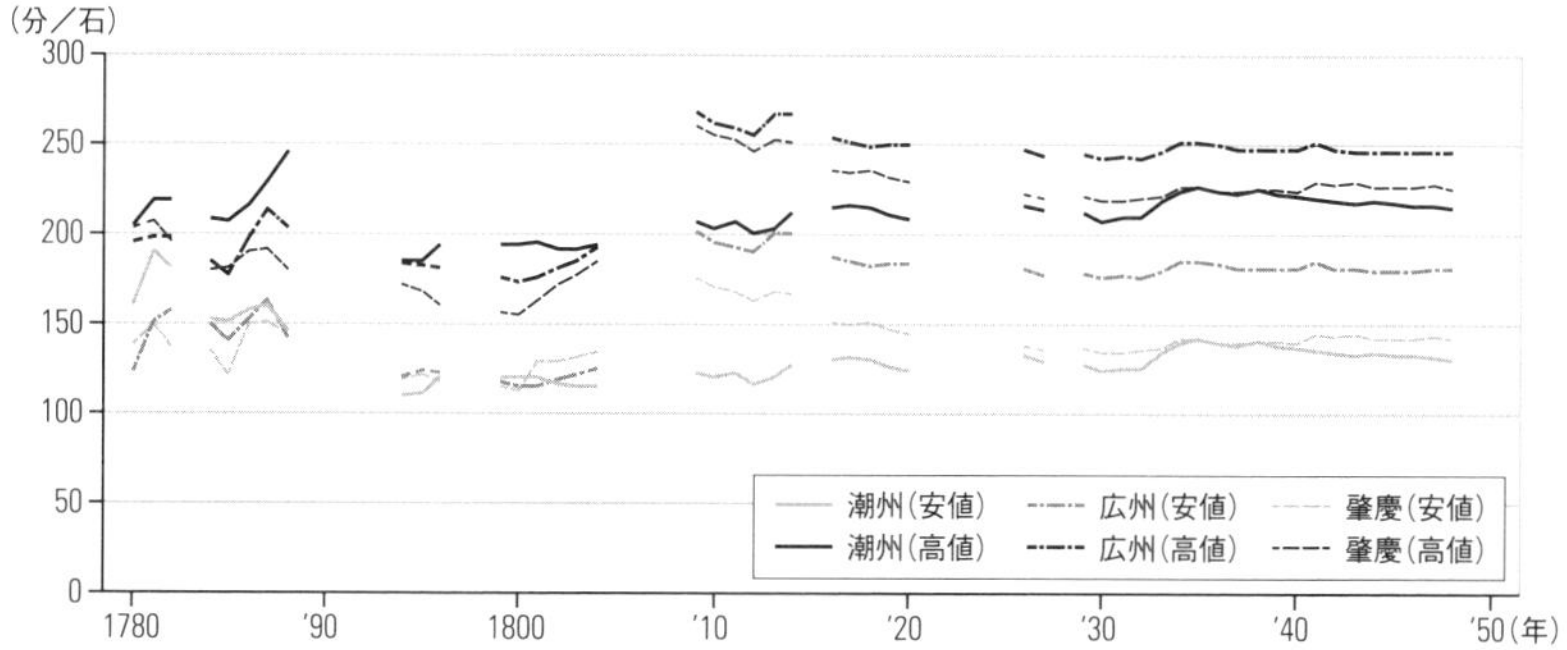

図22　広東の米価(中米)　出典：図19に同じ。

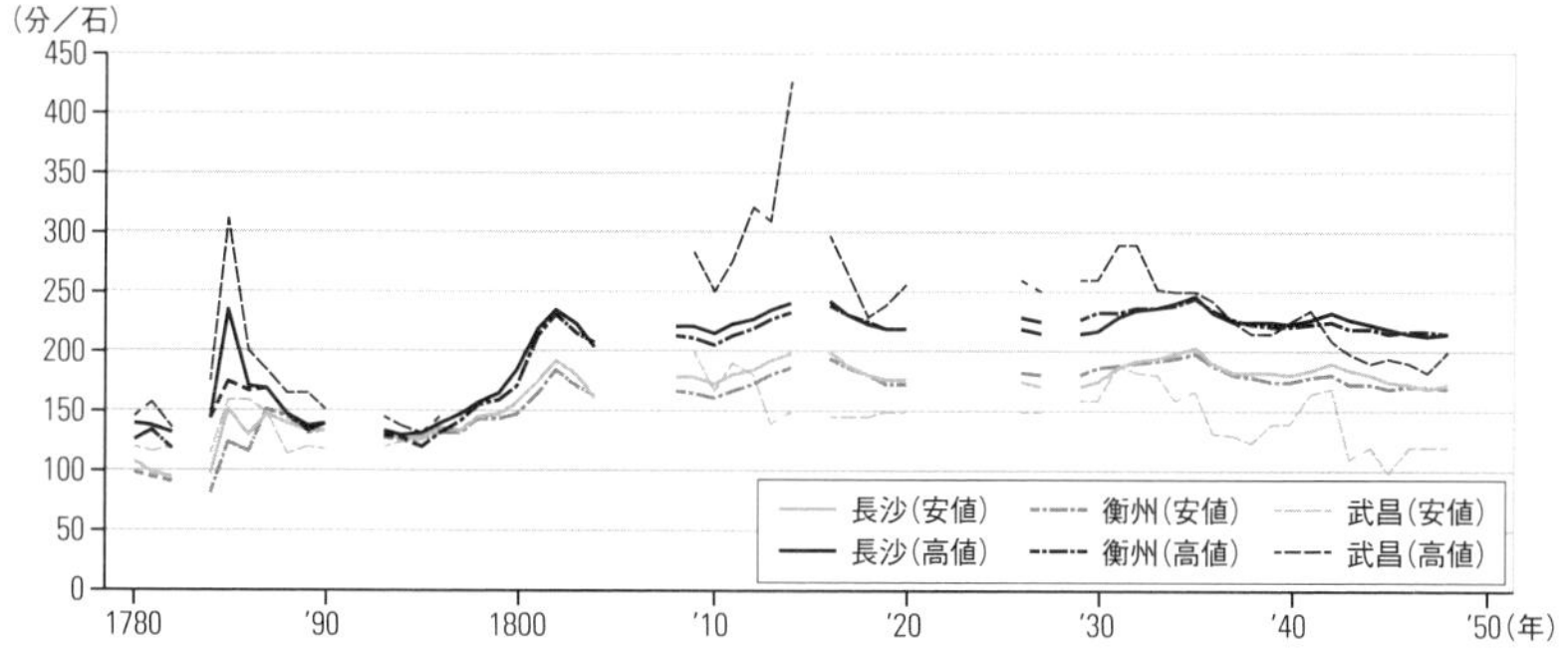

図23　湖南・湖北米価(中米)　出典：図19に同じ。

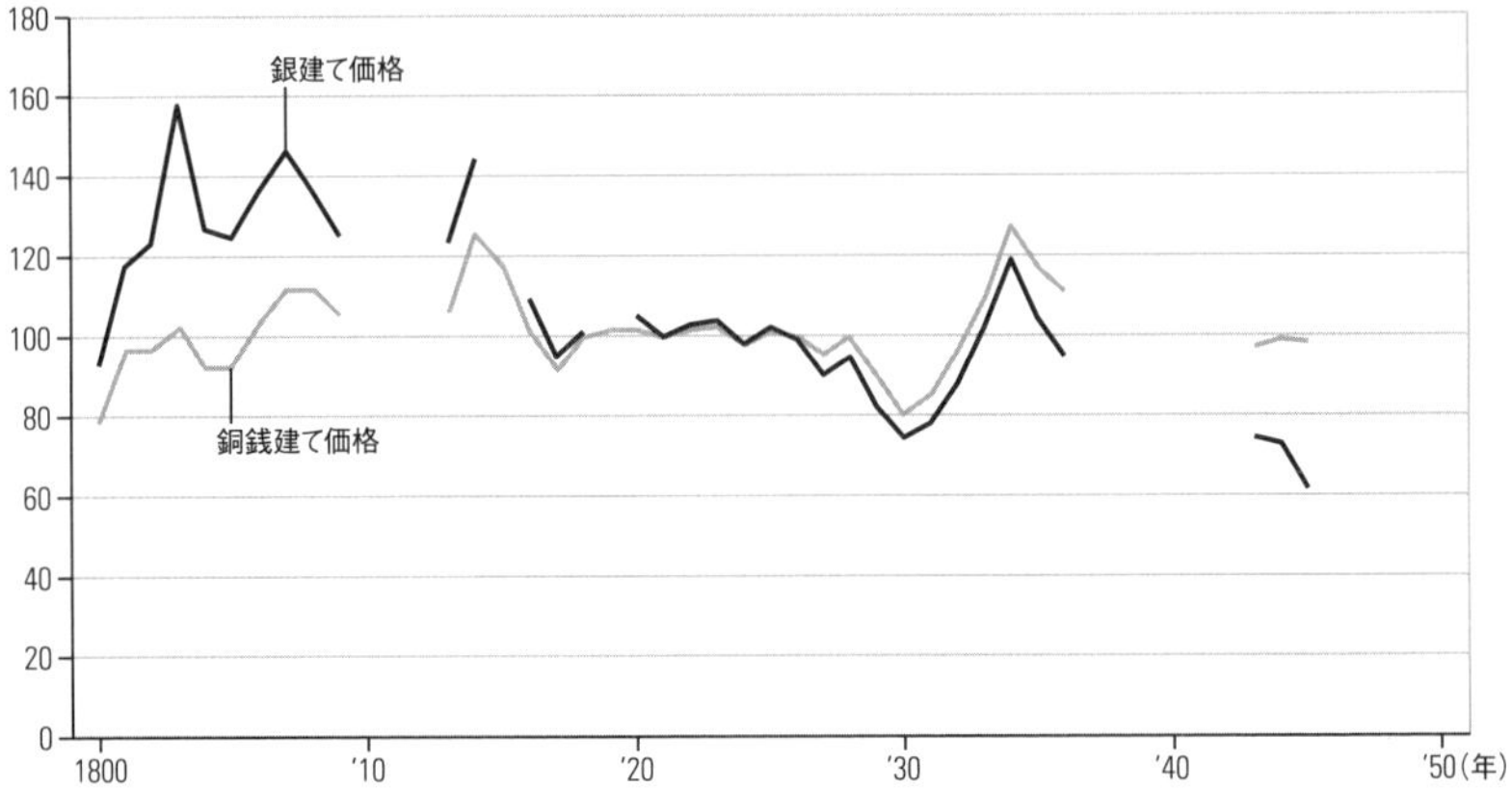

図24　**直隷省寧津における農産物価格**(米穀・落花生)(1821年を100とする指数指示)
典拠：厳中平前掲書，37〜38頁。

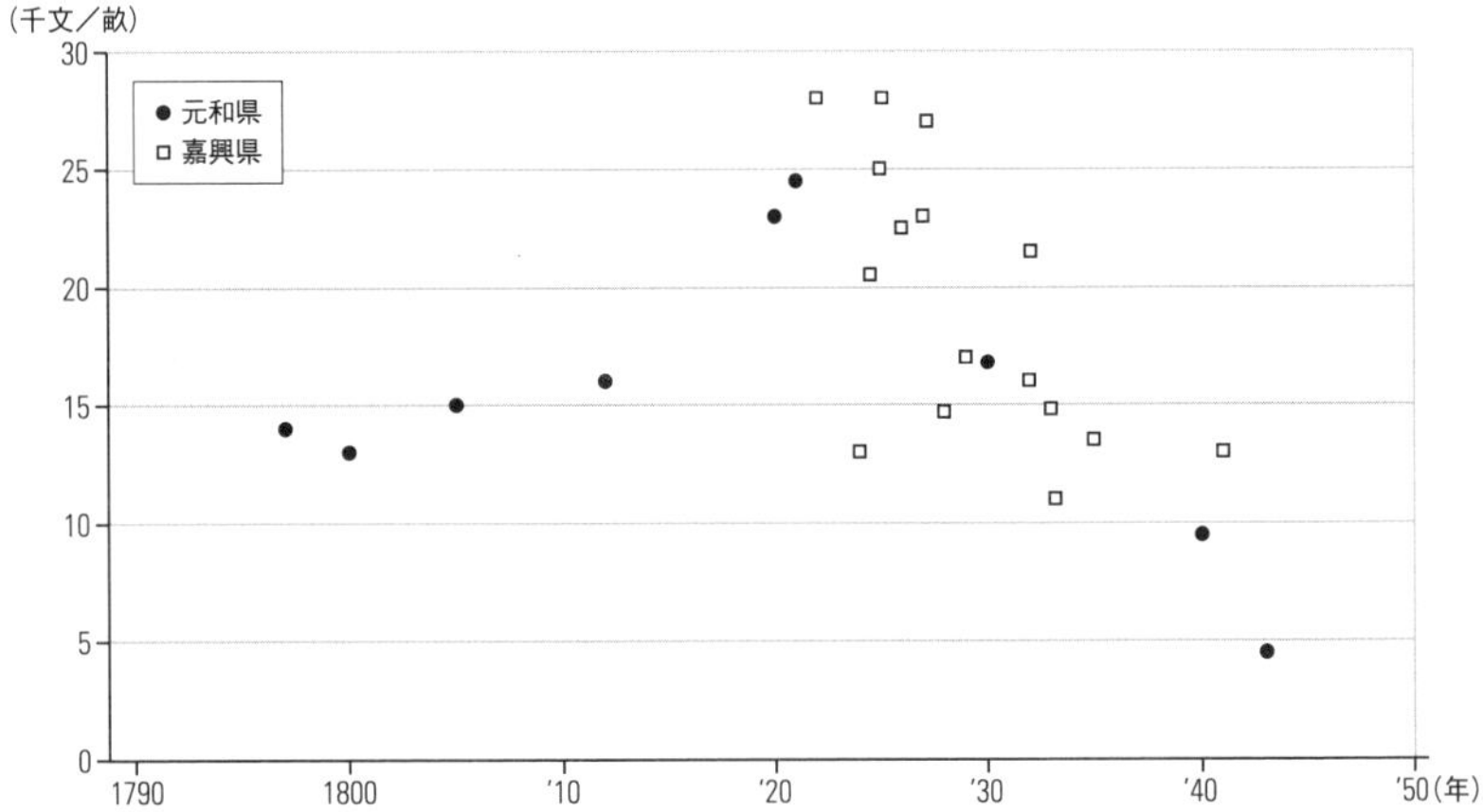

図25　**江南における銅銭建て耕地価格**
出典：Kathryn Bernhardt, *Rents, Taxes, and Peasant Resistance*(Stanford, Calif.: Stanford University Press, 1992) 51.

市場構造と銀流通――活発な商況のなかの貧困

一つ目の問題は、一八三〇年代以降の、価格の地域差の拡大についてである。例えば図19にあるように三〇年代以降、蘇州の高値と江寧の安値は乖離している。[54] 四〇年代と十八世紀末を比較した場合、相違はさらに明らかとなる。実際に、高値だけをみる限りでは、価格低下はみられない。この現象をどのように説明すべきであろうか。

ここで清代中国国内市場を銀がどのように流れていたかを考えてみよう。数年前、筆者は明末以降の中国市場構造について簡単なモデルを提示した。[55] 要点は以下のとおりである。

中国の市場構造は、図26のような統合された一つの国内市場ではないし、図27のように地域ごとに分裂してもいない。むしろ、中国の市場の葉脈のような構造を反映したモデルを使う方が有用であろう。これを「貯水池連鎖モデル」と呼びたい。それは図28のように描かれる。

林が指摘したように、中国における銀への依存は、人体が血流に依存しているようなものである。「血液供給のいかなる有意な減少も、全身の機能に有害である」[56]。毎年、地域市場に流れ込む銀はほかの地域市場における需要をつくり出し、交換が連鎖し続いていく。例えば、生糸生産者は、生糸を外部の商人に売って、銀を獲得し、それによって近隣の農民から食料品を購入する。これらの銀を食料品売却によって得た人々は、綿布やほかのこまごましたものを銀で購入していく。もし銀流入が何らかの理由で止まってしまうと、生糸生産者は食料品を購入する銀がなくなり、食料品生産者も綿布などを購入する銀がなくなる。収入の減少もまた連鎖する。この種の不況は、貯水池連鎖モデル――すなわち完結した市場内部における相互の商品交換の関係ではなく、商品と銀の交換関係が連鎖して形成されているような市場構造――によって、うまく説明できよう。

注意すべきは、このモデルにおいては、銀の流通量と中国経済全体の規模(図26におけるような、全体を一つの大きな貯水池とみなす際の規模)との比率を問題にするのは無意味であるということである。地方の人々が切望していたのは地域

市場構造モデル

図27　貯水池分割モデル

図26　巨大貯水池モデル

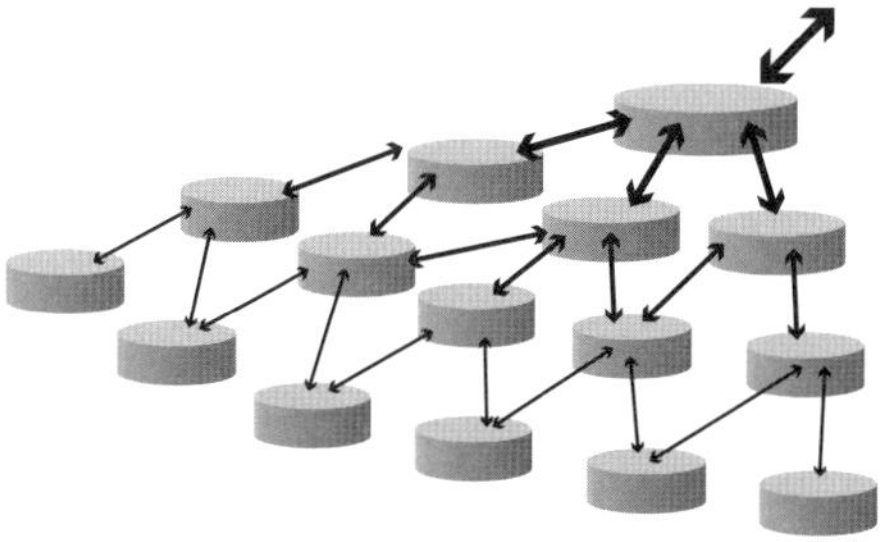

図28　貯水池連鎖モデル

この図は地域経済における商品輸出＝銀流入の重要性と，銀流入の連鎖効果(“不況”の連鎖による拡大)を示すものである。銀流出総量にかかわらず，中国では大量の銀が流通しているが，銀流通の状況の変化に対しては，それぞれの地域特有の状況次第で反応が異なることも示される。

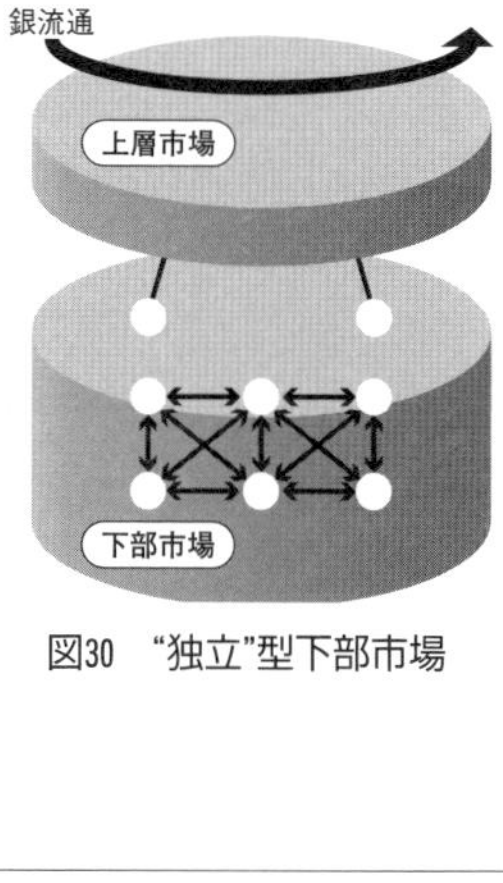

図30　“独立”型下部市場

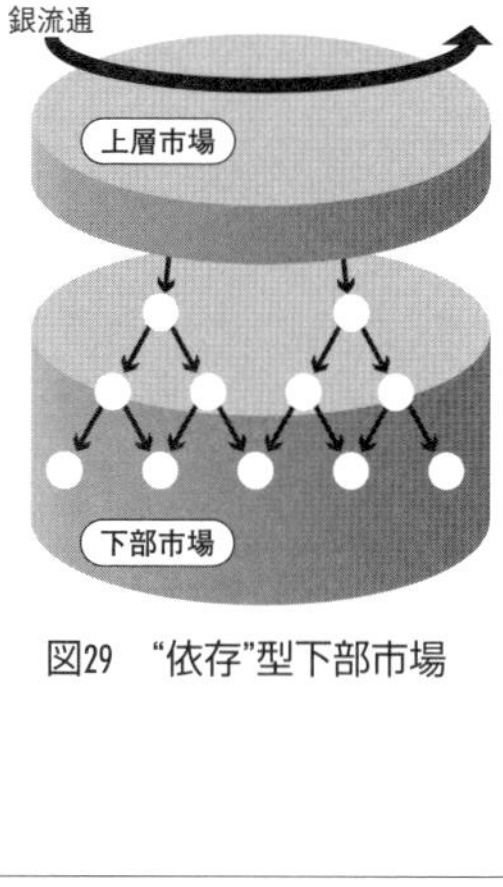

図29　“依存”型下部市場

市場（図28における個々の小さな貯水池）へのスムーズな銀流入であった。これこそが、さまざまな層の市場において、銀輸入が経済的繁栄にとって決定的だと感じられていたことの理由である。人々は、銀のストックではなくフローに対して強く関心を示し、しばしば「銀荒」に強い恐怖をいだいた。とくに銀流入が不安定な時期には、彼らは地域経済を、開放的かつ外部依存的で、脆弱なものであると感じたのである。

しかし、道光不況と康熙不況とのあいだには重要な相違もある。康熙年間には、東南沿海の反清集団に対抗するためにおこなわれた海禁策により外国銀流入がかなりの程度減少した。清朝政府の緊縮財政もあいまって、銀流入の減少は中国全土で銀流通の縮小をもたらした。一方、道光年間には流出入の差引では銀の流出があったにせよ、相当量の銀が依然として内陸に流れ込み、輸出品と交換されていたのである。「血」は注入されると同時に流出していたのである。大きな交易センターは依然として銀を引きつけていたが、一方で相当な量の銀がアヘンの代価として流出し、周辺地域の商品の購入には回されなかった。さらに、アヘン戦争後の新しい開港場の成立は、銀流通の方向を変容させた。銀流通は道光年間においては、それぞれの地域の状況に応じて、大きく異なる影響を与えていたと考えられる。そして、米価動向に対するその影響も、市場構造のなかにおけるそれぞれの地域の位置ごとに異なっていたといえよう。

倪玉平は、嘉慶・道光年間の関税収入を分析した近著で[57]、呉承明の「道光不況」説に対して説得力のある批判をおこない、道光年間の関税収入には常関・海関ともに明確な減少傾向はみられないとしている。この重要な知見は、人々が活発な市場取引の一方で経済的な困難を嘆くという道光年間の経済問題の複雑性の解明に向けて、もう一つの有益な手がかりを与えてくれるであろう。

市場の多層性――銀使用市場と銅銭使用市場はいかにリンクしていたのか？

二つ目の問題は、銀と銅銭の関係に関するものである。図19～23でみた米価は銀両表示であった。道光年間には銀価が銅銭に対し高騰していたことを勘案すると、銅銭建て米価はグラフほど急激に減少してはいなかっただろうと考えられる。すでに図24でみたように道光年間を通じて農産物の銅銭建て価格は明確な上昇も下降もみせていない。では銀の流出は普段銅銭を使う地方経済にどのようなインパクトをもたらしたのだろうか。すでに指摘したように、道光年間の経済に関してもっとも議論の的となった問題の一つは、異常な銀銭比価が、銀両建てで固定されている税額をおさめなければならなかった納税者を苦しめたという点であった。しかし、もし税の実質負担が銭使用地域において重くなっているとしたら、政府の銅銭建ての実質税収は増加していることにならないだろうか。言い換えるならば、政府と納税者の関係は、ゼロサムゲームではなかったのかということである。もし銀銭比価の高騰によって政府が得をしているなら、この問題は減税によって簡単に解決しえたのではないか。

さらに難しい問題は、複本位制的な貨幣制度のもとにおける「不況」の拡大のプロセスについてである。この点は、黒田明伸のいう「市場の多層性」(multiplicity of markets)の論点――すなわち、銀を利用する「上層市場」と銅銭を利用する「下層市場」とで構成される構造――に関連する。[58] 黒田によれば、この構造は康熙年間にはいまだ確立していなかった。その結果、地方市場は、直接銀不足の影響を受け不況に陥ったのである。しかしながら十八世紀には銅銭を使用する「下層市場」の成長によって多層的市場構造が成立した。その結果、地方経済はより安定的なものとなり、銀流通の動向によって引き起こされる経済変動に対してそれほど敏感ではなくなっていったという。では、この黒田の非常に刺激的な主張に答えるべく、もう一度単純なモデルを用いて考えてみよう。図28の貯水池を拡大して二つに分けてみる［図29・図30］。

図29は、下層市場において連鎖構造をもつ。この交易の連鎖は、外界との交換とともに始まる。例えば、何人かの農民が茶を外部の商人に売って銀を得たとする。彼らは銀を銅銭に変えて市場で米穀を買うだろう。米穀の売人はほかの物品を銭で買う。この種の市場構造においては銀使用市場の縮小にともなって、下層市場においても取引が連鎖反応的

に減少する。一方、図30のように、取引がおもに下層市場内部での商品交換としておこなわれる場合、人々は外部からの需要に依存していない。時として(例えば納税に際して)、彼らは銅銭を銀に変えるが、その交換は下部市場における連鎖反応を起こすことはない。

筆者が指摘したいのは、この二つの種類の下層市場がどちらも存在しうるということである。前者は、銀でなく銅銭を利用しながらも、上層市場に依存している。下層市場が上層市場に対して独立的であるかどうかは、使用する貨幣の種類よりもむしろ取引関係の構造いかんによる。

日常銅銭を利用していた地域経済に銀の流出が与えた影響を推定する方法を発見するためには、さらに多くの実証的研究をおこなってゆく必要があろう。その分析を通じ、清末の市場構造に対する理解が深まることが期待される。

おわりに

本章での指摘は左の四点にまとめられるだろう。

(1) 外国銀貨を利用している地域は限られ、利用している地域においても銅銭と銀塊が重要な役割をはたしていた。

(2) 銀価高騰は全国的にみられたが、外国銀貨に対するプレミアムは普通一〇%以下であった。江南の人々の外国銀貨選好が道光年間の中国の銀問題の主要な原因であるとはいいがたい。

(3) 道光年間の経済問題は、康熙年間のものと似てはいるが、道光年間の方が問題は複雑であった。差引勘定における銀の国外流出にもかかわらず、銀は中国内において大量に流通しており、その影響は地域ごとに状況に応じて異なっていた。

(4) 複本位制的貨幣制度における「不況」拡大のプロセスは、さらなる検討課題である。理念的な地方市場のモデルは、それらの経済問題をさらに深く検討するのに役立つであろう。

外国銀の中国経済に対する影響は多くの学者が数十年にわたって議論してきた話題だが、中国の国内市場の構造についての検討は始まったばかりである。統計的・記述的資料についての十分な検討なしに、近代経済学の理論を拙速に中国市場の歴史に当てはめてはならない。中国経済史研究の重要な課題は、むしろ後期帝政中国における人々の経済的行動についての地に足の着いた理解をもとにした、中国市場についての新しく、かつより適切なモデルを練り上げることなのである。

註

1 本稿では、二〇〇〇年以降に公刊された研究を中心に述べるが、こうした通説に対する批判は数十年前からおこなわれていたことを指摘しておかねばならない。例えば、Frank H. H. King, *Money and Monetary Policy in China*, (Cambridge. Mass.: Harvard University Press, 1965), 140–143を参照。

2 Man-houng Lin, *China Upside Down: Currency, Society, and Ideologies, 1808–1856*, (Cambridge, Mass.: Harvard University Asia Center, 2006), Part I. 修正を加えた中国語版（林満紅『銀線』台北、国立台湾大学出版社）が二〇一一年に出版されている。以下、両者で相違がある場合は、中国語版に依拠して議論を進める。

3 Richard von Glahn, "Foreign Silver Coins in the Market Culture of Nineteenth Century China," *International Journal of Asian Studies*, 4-1(2007): 51-78; リチャード・フォン・グラン「中国貨幣史における銀のサイクル」明清史夏合宿・にんぷろ共催シンポジウム「〝銀の世紀〟の中国と東アジア」出雲、二〇〇八年八月二日。

4 Alejandra Irigoin, "The End of a Silver Era: The Consequences of the Breakdown of the Spanish Peso Standard in China and the United States, 1780s-1850s," *Journal of World History*, 20-2(2009): 551-575.

5 じつは筆者がフォン・グラン、イリゴイン両氏の主張を正確に把握し得ているかどうかについては、若干こころもとないところがある。両氏は、中国における特定の種類の銀貨に対する需要の重要性を強調する一方で、アヘン取引による銀流出といった商品取引の影響を否定してはいない。中国の銀問題において、多様な要素のどれが相対的に重要な役割をはたしたのかという点に関して、両氏の認識は明快に示されていないように思う。フォン・グランは「従来の研究者は、十九世紀における銀の輸出入に関して純粋に(purely)その総量のみに注目し、さまざまな種類の銀や、彼らが関与していた商品取引、さまざまな商品と銀貨の流通範囲などの相違を看過してきた」と指摘している。彼はまた、「本稿で指摘した内容は、商品流通の変化にともなって国際収支の均衡を回復するためのたんなる(merely)受動的対応としてのみ銀の動きをみるような分析モデルに対して、疑問を投げかけるものである」(Von Glahn, "Foreign Silver Coins," 72. 強調は引用者による)としている。しかし、実際には、フォン・グランの研究が大きく依拠しているところの百瀬弘や増井経夫など多くの研究者は、当時の人々の銀貨に対する特別の需要にも多大な注意をはらってきた。これらの初期の研究は、銀輸出の原因を「純粋に」あるいは「たんに」アヘン貿易のみに帰しているわけではない。おそらく、フォン・グランとこれらの初期の研究者とのあいだの違いは、人々の銀貨選好が相対的にどの程度重要であったのか、という点についての見方の違いなのであろう。筆者は、十九世紀前半における銀問題は「純粋に」商品貿易の収支によってのみ発生したものではないとするフォン・グランの見解に同意するが、一方で彼がさまざまな要素の相対的重要度をどのように推定しているのかについて、より明確に知りたいと考えている。

6 百瀬弘「清代における西班牙弗の流通(原著一九三六年)」『明清社会経済史研究』研文出版、一九八〇年。増井経夫「『銀経発秘』と『洋銀弁正』(原著一九五一年)」および「銀論の位置(原著一九六一年)」『中国の銀と商人』研文出版、一九八六年。また中国人民銀行『中国近代貨幣史資料』第一冊、北京、中華書局、一九六四年が有用である。

7 「元」はもっぱら硬貨に利用される単位で、「個」はものを数える時に広く用いられる単位である。

8 汪輝祖『病榻夢痕録』嘉慶元(一七九六)年条。

9 この観点からいえば、フォン・グランの、「すでに遅くとも十五世紀において、銅銭はこの地域(広東)で流通しなくなっていた」(Von Glahn, "Foreign Silver Coins," 70)という指摘はいささか誇張があるというべきだろう。林則徐の父である林賓日《りんひんじつ》の日記によれば、銀塊、銀貨、銅銭は、嘉慶年間の福州の中間層の日常生活においてともに利用されている。『林賓日日記』南京、江蘇古籍出版社、二〇〇〇年。

10 『漳州府志』(萬暦四一年刊)巻九、一八葉a。

11 崇寧通宝は、北宋崇寧年間(一一〇二〜〇六年)に発行された銅銭である。黒田明伸の指摘によれば、明末清初の福建ではそれぞれの地域において標準となる銅銭が自生的に形成されることが普通であった。標準貨幣として用いられる銅銭は多様であり、宋代のものも含まれていた。黒田によれば、標準貨幣として利用される銅銭の共通の特徴は、高い品質と魅力的な外見、および希少性であるという。黒田明伸「十六・十七世紀環シナ海経済と銭貨流通」歴史学研究会編『越境する貨幣』青木書店、一九九九年、一一〜一八頁。

12 王澐『漫游紀略』巻一、閩游。

13 『宮中檔乾隆朝奏摺』第五冊、五一六頁、乾隆十八年五月二九日、喀爾吉善上奏。

14 契約文書を利用した福建の貨幣状況の調査は、楊国楨、周玉英、李紅梅、Von Glahn, 岸本などの経済史家によっておこなわれている。

15 泉州のような近接した府では、契約に記された外国銀貨の重量は一定せず、多くの場合〇・六両以上であった。楊国楨主編「閩南契約文書綜録」『中国社会経済史研究』一九九〇年増刊。陳支平編『福建民間文書』全六冊、桂林、広西師範大学出版社、二〇〇七年。

16 譚棣華等編『広東土地契約文書』広州、暨南大学出版社、二〇〇〇年。

17 陳春声『市場機制与社会変遷』広州、中山大学出版社、一九九二年、一六二頁。

18 十八世紀末のある有名な商売のガイドブックによれば、司馬平とは、清朝が公的に定めた銀の標準的秤である庫平と同じであるという。岸本『清代中国の物価と経済変動』一〇九頁。

19 「仏頭」（スペイン王の肖像の刻された銀貨）と区別される「花辺」とは、「仏頭」の鋳造が始まる一七七二年以前にラテンアメリカで鋳造されていたピラー・ダラー（ヘラクレスの柱の意匠の銀貨）を指す。

20 黄芝「粤小記」『清代広東筆記五種』広州、広東人民出版社、二〇〇六年、三九三頁。

21 Hosea B. Morse, *The Chronicles of the East India Company Trading to China, 1635–1834* (Oxford: Clarendon Press, 1926–29), Vol. 2, 313.

22 庾嶺勞人（筆名）『蜃樓志』石家荘、華山文藝出版社、一九九四年、一二八頁。

23 註9と同じ。

24 楊樹本『濮院瑣志』巻六。

25 『鄞県通志』（一九三六年）「食貨志」金融。このデータは寧波の銭荘の帳簿をもとにしたものである。

26 浙江における契約書についてはいくつか史料集が出版されている。王万盈『清代寧波契約文書輯校』天津、天津古籍出版社、二〇〇八年と張介人『清代浙東契約文書輯選』杭州、浙江大学出版社、二〇一一年には、それぞれ四一五件、三一六件の清代の契約文書が収録されている。

27 アヘン戦争時の寧波での戦闘に関する観察のなかに、紹興郊外における貨幣使用に関する興味深いエピソードがある。清朝兵士は日用品を購入するために、曹娥江沿いの市鎮に銀をもって訪れた。しかし現地の人々は銅銭での支払いを要求した。結局将軍は、兵士が〔銀で支払われる〕給料を銅銭に両替できるよう、両替業者と契約して作戦行動に随行させるという措置をとらざるをえなかった。貝青喬『咄咄吟』巻一。以下の論文が、十九世紀前半の寧波における貨幣状況を詳細に記述している。張寧「制銭本位与一八六一年以前的寧波金融変遷」『中国社会経済史研究』二〇一二年第一期。張寧によれば、一八六一年以前の寧波では銅銭本位制度が存在していたという。

28 元絲銀とは、清代中期の江蘇・浙江においてもっとも一般的に用いられた銀塊の名称である。岸本『清代中国の物価と経済変動』一〇八頁。

29 周郁濱『珠里小志』巻三、風俗。

30 『中国近代貨幣史資料』第一冊、四五頁。

31 曹晟『夷患備嘗記』「事略付記」。

32 鄭光祖『一斑録雑述』巻六、「洋銭」。

33 『中国近代貨幣史資料』第一輯、四七頁。

34 近年、劉朝輝が、一八一八〜四八年のさらに多様な地域における銀銭比価を作成しているが、一般的な傾向は林が提示したものと一致している。劉朝輝『嘉慶道光年間制銭問題研究』北京、文物出版社、二〇一二年、一七三〜一七四頁。

35 百瀬「清代における西班牙弗の流通」一〇七頁。

36 同右、一一二頁。

37 同右、一一〇頁。

38 William C. Hunter, *The 'Fan Kwae' at Canton: Before Treaty Days, 1825-1844* (London: Keagan Paul, 1882), 58-59.

39 道光九年十二月十六日上諭。中国史学会編『鴉片戦争』第一冊、神州国光社、一九五四年、一五七頁。

40 『中国近代貨幣史資料』第一輯、一四〜一八頁。

41 Von Glahn, "Foreign Silver Coins," 62.

42 Ibid.

43 林満紅「嘉道銭賤現象産生原因「銭多銭劣論」之商榷——海上発展深入影響近代中国之一事例」『中国海洋発展史論文集』第一集、一九九三年。

44 劉朝輝『嘉慶道光年間制銭問題研究』一七八〜一八一頁。

45 呉承明「十八与十九世紀上葉的中国市場」(『中国的現代化——市場与社会』北京、生活・読書・新知三聯書店、二〇〇一年。彭沢益は一九六一年に道光年間後半の経済的な苦境について検討しているが、「道光不況(中国語原文:「道光蕭条」)」という語は使っていない。彭沢益「鴉片戦後十年間銀貴銭賤波動下的中国経済与階級関係」『歴史研究』一九六一年第六期)

46 「康熙不況」に関しては岸本(中山)美緒「康熙年間の穀賤について」『東洋文化研究所紀要』八九、一九八二年(英語ダイジェスト版はKishimoto-Nakayama, "The Kangxi Depression and Early Qing Local Markets," *Modern China*, 10-2(1984): 87-102)参照。筆者はそこで、康熙年間前半(一六六〇年代から八〇年代)の反清運動に対抗する海禁と財政緊縮政策が中国の銀流通を減少させ、〝不況(Depression)〟を齎したと論じた。ここでの〝不況(Depression)〟とは需要の減少、収入の縮小、貧困の拡大の連鎖を意味する。「康熙蕭条」論をめぐる論争については岸本「明末清初の市場構造」古田和子編著『中国の市場秩序——17世紀から20世紀前半を中心に』慶應義塾大学出版会、二〇一三年、所収を参照。

47 李伯重は、気候条件が道光不況の主要な原因の一つであるとしている。李伯重「「道光蕭条」与「癸未大水」——経済衰退・気候激変及十九世紀的危機在松江」『社会科学』二〇〇七年第六期。自然災害と経済不況の関係は非常に興味深いが、中国経済史ではまだ開拓されていない。われわれははたして生存危機に関する「ラブルースモデル」を中国の前近代経済に適用することができるだろうか。この点に関しては岸本『清代中国の物価と経済変動』一六九頁で簡単ながら言及した。

48 http://mhdb.mh.sinica.edu.tw/foodprice/　このデータベースは、毎月布政使が提出した穀物価格データを元にしたものである。清代の米価報告システムについては、Han-sheng Chuan, Richard Kraus, *Mid-Ch'ing Rice Markets and Trade* (Cambridge, Mass.: Harvard University Press, 1975), 1-16.参照。

49 価格データの信頼性は場合によって異なる。衙門の下役人がしばしば調査をおこなわず想像で価格を報告することもあるからである。それゆえ、ケースごとに信頼性を批判的に検討する必要がある。実際のところ、図22の広東省のデータはあまり信頼できないように思われるが、ほかの地域との比較のために暫定的に利用したい。

50 姜皐『浦泖農咨』。本資料については、李伯重『中国的早期近代経済——一八二〇年代華亭婁県地区GDP研究』北京、中華書局、二〇一〇年、二七〜二八頁。

51 土地価格に関しては浙江・徽州などの時系列データが明らかになることで新たな知見がもたらされるものと思われる。
52 包世臣『斉民四術』中華書局、二〇〇一年、六八頁。
53 『中国近代貨幣史資料』第一輯、一三六頁。
54 官の価格報告においては、いくつかの県を管轄する一つの府のなかでの最高価格と最低価格とが記載されている。したがって、最高価格と最低価格との差は、一般的にいって、人口稠密で豊かな都市化された地域と、人口が少なく貧しい農村地域との違いを反映したものということができる。
55 このモデルの詳しい説明については岸本「明末清初の市場構造」をみよ。
56 Lin, *China Upside Down*, 115.
57 倪玉平『清朝嘉道関税研究』北京師範大学出版社、二〇一〇年。
58 Akinobu Kuroda, "What can Prices tell about the 16th–18th Century China,"『中国史学』一三、二〇〇三年。

翻訳　豊岡康史

3章　十九世紀中国における貨幣需要と銀供給[i]

リチャード・フォン・グラン

はじめに

十九世紀中国経済史における重要な問題の一つに、一八三〇年代・四〇年代の中国からの「銀流出」の原因とその帰結がある。一五四〇年頃から中国へ流入し、明朝末期の商業的成長を加速させた、日本とスペイン領ラテンアメリカ植民地の銀の重要性は指摘されて久しい。[1] 中国の銀輸入は十七世紀の後半にいったん減少したものの、一七五〇年以降の中国における商業の拡大と、メキシコにおける銀生産の急増は、中国への銀輸入の急速な拡大をもたらした。一八二〇年代後半、中国の銀輸入を銀輸出が上回り、銀は逆流を始めた。同時期、銀の対銅銭比価が上昇した。この時、中国の官僚たちは、銅銭の価値の低減は非合法アヘン貿易による銀荒《ぎんこう》(銀不足)が原因であると指摘した。近年の研究者も同様に、銀流出はアヘン取引の劇増によって引き起こされたとしている。そして一八三〇年代・四〇年代の銀の逆流こそが、中国を、ヨーロッパ中心の資本主義経済の半従属的な立場に引きずりこむ、十九世紀中国史における最大の事件、アヘン戦争のきっかけであったとする。[2]

つまり、欧米の研究者は、外国銀が中国経済に強い刺激を与えていたことを認識しつつ、中国が銀輸入を通じて世界経済へ取り込まれることについての否定的な影響を強調していることになろう。近年、林満紅は、銀流出について、従来の説明を修正し、アヘン輸入の帰結というよりもむしろ、貴金属生産の世界的危機と、世界規模での経済縮小により中国産品、例えば茶葉の需要が減少したことを銀流出の理由として指摘している。[3] 林は同時に、従来の研究者と同様に、中国経済は不健全にも外国銀に依存しながら発展したものであり、世界経済の浮沈に対して脆弱なものとして描いている。

林の分析は、多くの議論と批判を巻き起こした。二〇一一年四月、ロンドンで開催されたENIUGH第三回大会では、林による十九世紀中国経済史における外国銀の位置づけを主題としたパネルが設けられた。当日は、林による自身の著作に関する説明がなされたのち、ラテンアメリカ経済史を専門とするアレハンドラ・イリゴイン、中国経済史の権威の一人である岸本美緒と筆者が報告をおこなった。林の著作に触発された、それぞれの報告からは素晴らしい視点が提示され、議論は白熱したが、結局、パネルの終盤、中国経済における銀の役割について、意見が二つに分かれた。本稿は、その時のそれぞれの報告を整理しようとするものである。

1　銀流出量推計

二十世紀初頭、モースの先駆的な研究により、銀流出は一八二〇年代後半に始まったとされた。一九六〇年代、デルミニはさらに精度の高い量的分析をおこなっている［図1］。しかし、林は、さらに中国の貿易収支にかかわる量的分析をおこない、銀流出は一八〇八年に始まると指摘した［表1］。林の分析によれば、一八〇八年から五六年までのあいだに、三億八四〇〇万ペソ（一万七〇〇トン）の銀が流出したという。しかし、林は、一八五七年以降、アヘン輸入が空

（単位：100万ペソ）

年	総流入量	総流出量
1721-40	68	
1752-1800	105	
1808-56		384
1857-66	187	
1868-86	504	

表1　清朝中国の銀流入出量

出典：Man-houng, Lin *China Upside Down : Currency, Society, and Ideologies, 1808–1856* (Cambridge, Mass.: Harvard University Asia center, 2006) 95.

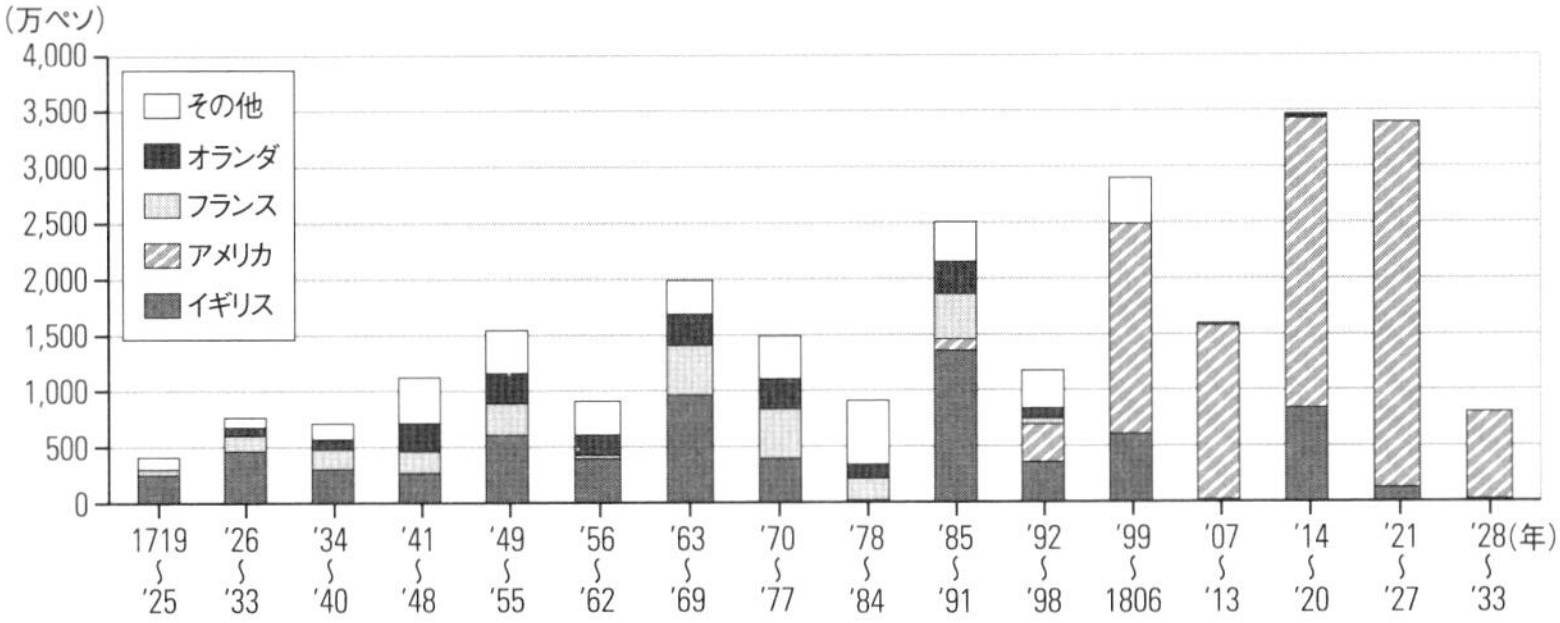

図1　中国への銀輸出国別シェア（1793〜1833年）

出典：Louis Dermigny, *La Chine et l'Occident: le commerce à Canton au XVIIIe siècle* (Paris, S.EV.P.E.N., 1964) vol.2, 735.

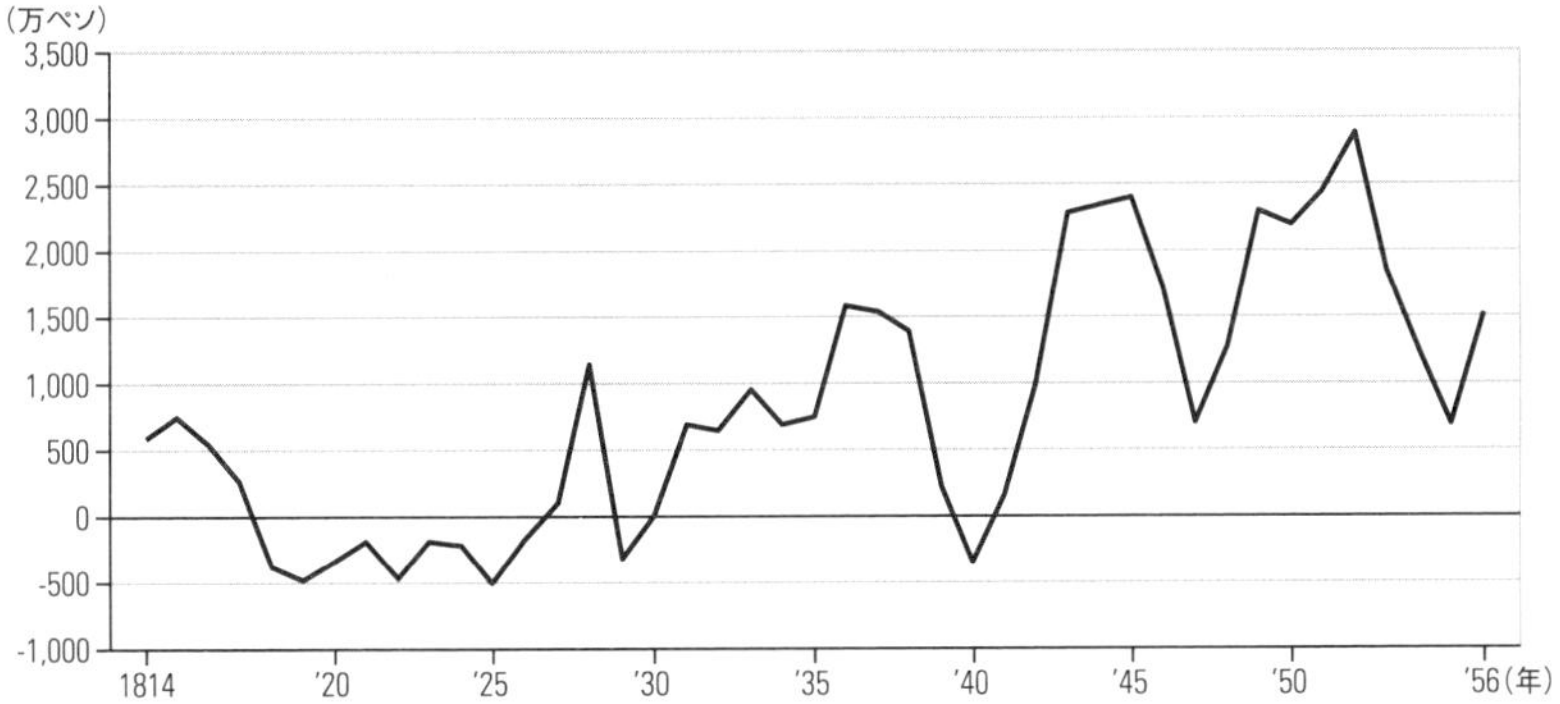

図2　林満紅による銀流出量補正値（1814〜56年）

出典：Man-houng Lin, "Latin America Silver and Early Nineteenth-century China," paper presented for the session "The World Upside Down: The Role of Spanish American Silver in China during the Daoguang Reign Period 1821-50," Third European Congress for World and Global History, April 14-17, 2011, 17, Figure 10.

前の水準に達したにもかかわらず、莫大な量の銀が再び中国へ流入していたとも指摘している。それゆえ、林はアヘン輸入のみでは十九世紀前半の銀流出を説明することはできないと結論づけた。

この結論はとくに新しいものではない。すでにルイ・デルミニは一八三〇年代から四〇年代にかけてのアヘン輸入額は、同時期の銀総流出量の半分にも満たないと指摘している。[4]デルミニは、一八一七年から四〇年までの中国からの銀流出（三九三五万ペソ、一〇六二トン）は国際市場における銀価格の上昇によって発生したとしている。一方、林は、世界銀生産量の落ち込みと中国の主要輸出品目である茶・絹のヨーロッパ市場の停滞と縮小が十九世紀前半の中国貿易収支の逆転と銀流出を招いたが、一八五〇年代の金・銀の生産の回復と、茶・絹輸出の急速な拡大により、銀の流れは中国へ再び戻ったと主張する。[5]

林の試算では、銀流出はホージア・バルー・モースが指摘した一八二六年よりもさらに早い〇八年から発生していたとする。しかし、岸本によりすでに林の銀流出量試算には大きな誤りがあることが指摘された。[6]ロンドンでのパネルでは、林は誤りを認めてデータを修正している［図2］。林の算出した一八〇八年から五六年までの銀流出量は、三億八四〇〇万ペソから三億二七〇〇万ペソへ減少した。さらに重要なのは、林が銀流出開始時期を一八二〇年代に変更したことで、モースが提示したデータを補強する結果となったことである。おそらく、この変更は中国の研究者が道光年間（一八二一～五〇年）全体にわたって続く道光不況と呼ぶ現象の原因として銀流出があるとしていた主張と矛盾をきたすという意味で極めて重要であろう。

この林のデータはいまだ不完全であると思われる。というのも林は実際の銀流出量ではなく貿易収支を利用しているからである。筆者による銀輸入額と銀輸出額の概算は表2・図3に示したとおりである。一八一八年から五四年までの中国の銀流出総額は、林が三億八〇〇万ペソとしたのに対し、筆者の計算では一億三四〇〇万ペソ（三五七六トン）となる。一八一八年から四〇年の期間をとった場合、筆者の計算では、三一四〇万ペソで、デルミニの算出した三九四〇万

（単位：100万ペソ）

年	銀輸入(A)	銀輸出(B)	銀流入量(A－B)
1818-20	19.31	9.42	＋9.89
1821-25	26.13	5.12	＋21.01
1826-30	12.72	25.68	-12.96
1831-35	5.17	24.98	-19.81
1836-40	2.77	32.26	-29.49
1841-45	2.34	53.67	-51.33
1846-50	0.24	30.82	-30.57
1851-54	0.82	21.51	-20.69
計	69.51	203.46	-133.95

表2　中国銀流出入総量(1818～1854年)
出典：
米国銀輸出量(1818～33年)：Timothy Pitkin, *A Statistical View of the Commerce of the United States of America* (New Haven: Durrie & Peck, 1835) 303, table XVIII.
米国銀輸出量(1834～54年)：J. Smith Homans, Jr., *Historical and Statistical Account of Foreign Commerce in the U.S.* (New York: G. P. Putnam, 1857) 181.
英国の対中銀移出入量(1818～33年)：Hosea B. Morse, *The International Relations of the Chinese Empire* (Shanghai: Kelly and Walsh, 1910) 90-91.
英国の対中銀移出入量(1834～54年)：Takeshi Hamashita, "Foreign Trade Finance in China, 1810-50," 396-397, table 3.

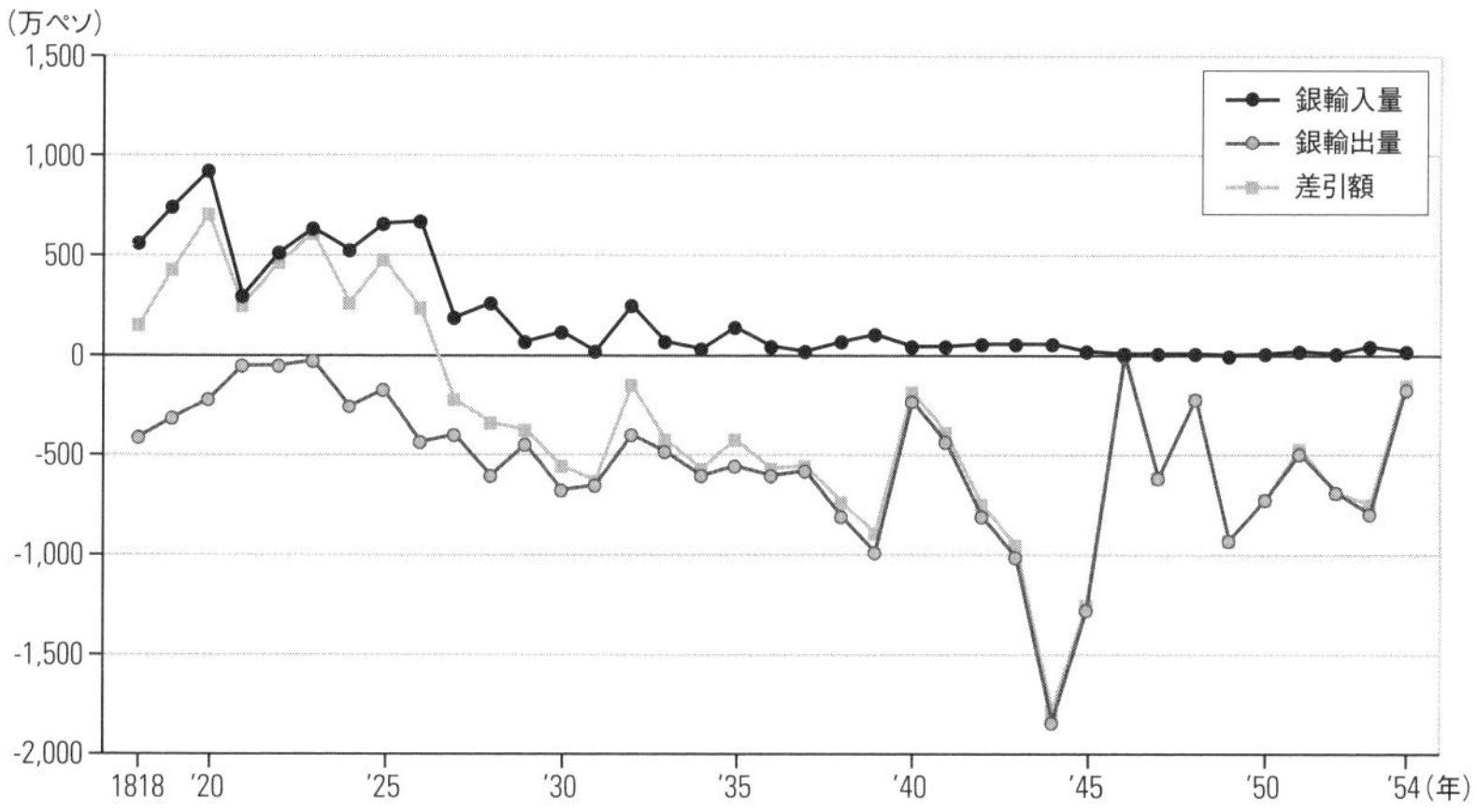

図3　中国の銀輸出入量(1818～54年)
出典：表2に同じ

ペソ(一八一七～四〇年)に近い。

このほか、中国の学者の概算によれば(筆者の算出した銀流出額より量的に多いが)、十九世紀前半の銀流出の衝撃は低く見積もられる。例えば、呉承明は一八〇〇年から三四年までの銀流出量を二九四〇万両(一一〇三トン)と見積もっている。[7]経済学者である賀力平の概算では、一八一七年から三九年までの二二年間で、年平均一八万六〇〇〇両、総額四〇八四万両(一五二三トン)が流出したとする。[8]

賀は、一八〇〇年頃の中国全体での銀のストックが六億両から一一億両であるとすれば、海外へ流出した銀は三・六％から六・七％にすぎないと結論づける。一方、もし濱下武志が算出した一八五〇年代の中国の銀ストック一六億七〇〇〇万元(一一億六〇〇〇万両に相当)という数値を利用するならば、賀の推定した一八三九年以前の銀流出量は、全体の三・五％にあたることになる。[9]林の著作では、同様に濱下が算出した数値を用い、一八一四年から五六年の銀流出量は中国の銀ストックの一九％であるとしている。[10]

貨幣のストックは、貨幣とされる金属塊の移動の意義を理解するうえで重要であることは明らかである。というのも、銀輸出入量の重要性は、その時存在している銀ストックの多寡によるからである。ストック需要の観点から、筆者は、賀の銀流出の衝撃は一般にいわれるほど激烈なものではなかったとする議論に強く同意する。一方、林は、賀の論考と筆者による銀のストック需要の観点からの批判に対し、以下のように答えている。

賀力平のような批判には、方法論的な問題がある。もし議論する対象が機械であれば三～七％の重量減少は重要ではない。例えば一〇〇個のレンガからなる壁からレンガ三～七個を取り外しても、壁は崩れたりしないだろう。しかし、生物が議論の対象であれば、三～七％のシステム上の変化は致命的である。例えば、人体に、全血液量の三～七％に当たる量の毒が体内に投与されたら、それが極めて有害であることはいうまでもなかろう。中国の銀への依存は、政府の財政においても、経済全体においても、人体が血液に依存しているのと同様の性質をもつ。その有意な減少は、中国経済という組織の機能において有害なのである。[11]

林の貨幣システムを人体組織にたとえるアナロジーは興味深いが、生物学より数学をもとにしたモデルを使うことの多い貨幣史研究者にはあまり受け入れられないだろう。

2 中国における銀危機とラテンアメリカの銀貨の質

林の議論によれば、中国における銀危機は、世界的な銀生産量の顕著な減少によって引き起こされたのであるが、その議論は、貨幣素材金属の流通量と経済変動が強く結びつくとするピエール・ビラルの極端な金銀塊主義的分析によったものである。[12] しかし、イリゴインが指摘したとおり、中国への銀流入現象は、メキシコの銀生産や銀貨生産の減少からは説明できない。[13] イリゴインのデータはメキシコにおける銀貨鋳造に関する先行研究から算出したものである。一八一〇年のイダルゴ反乱の発生によりメキシコ銀貨の鋳造量は急速に減少し、メキシコでの銀貨鋳造量は、一八〇九年に二四〇〇万ペソだったのが、四〇〇万ペソ以下となった。一八一〇年から二一年まで、メキシコシティにおける銀貨鋳造量はそれまでの四〇％程度まで低下していたが、それでも年平均四〇〇万ペソは生産していた［図4］。メキシコ共和国が成立した二一年以降、鋳造量は一八二〇年代には九〇〇万ペソであったのが、三〇年代には一四六〇万ペソ、四〇年代には一七七〇万ペソとなっていた［図5］。しかし、この一八一〇年代・二〇年代における短期的なメキシコ銀貨鋳造量の減少は、中国への銀輸入量に直接的な影響を与えたようにはみえない。中国の銀輸入量は一七八五年から一八〇六年には年平均二二五万ペソであったのが、一八一八年から二六年には五、六〇〇万ペソに上昇しているのである［図1］。[ii]

つまり、一八三〇年代・四〇年代、すなわち中国からの銀流出がピークにあった頃、メキシコの銀生産と銀貨鋳造は

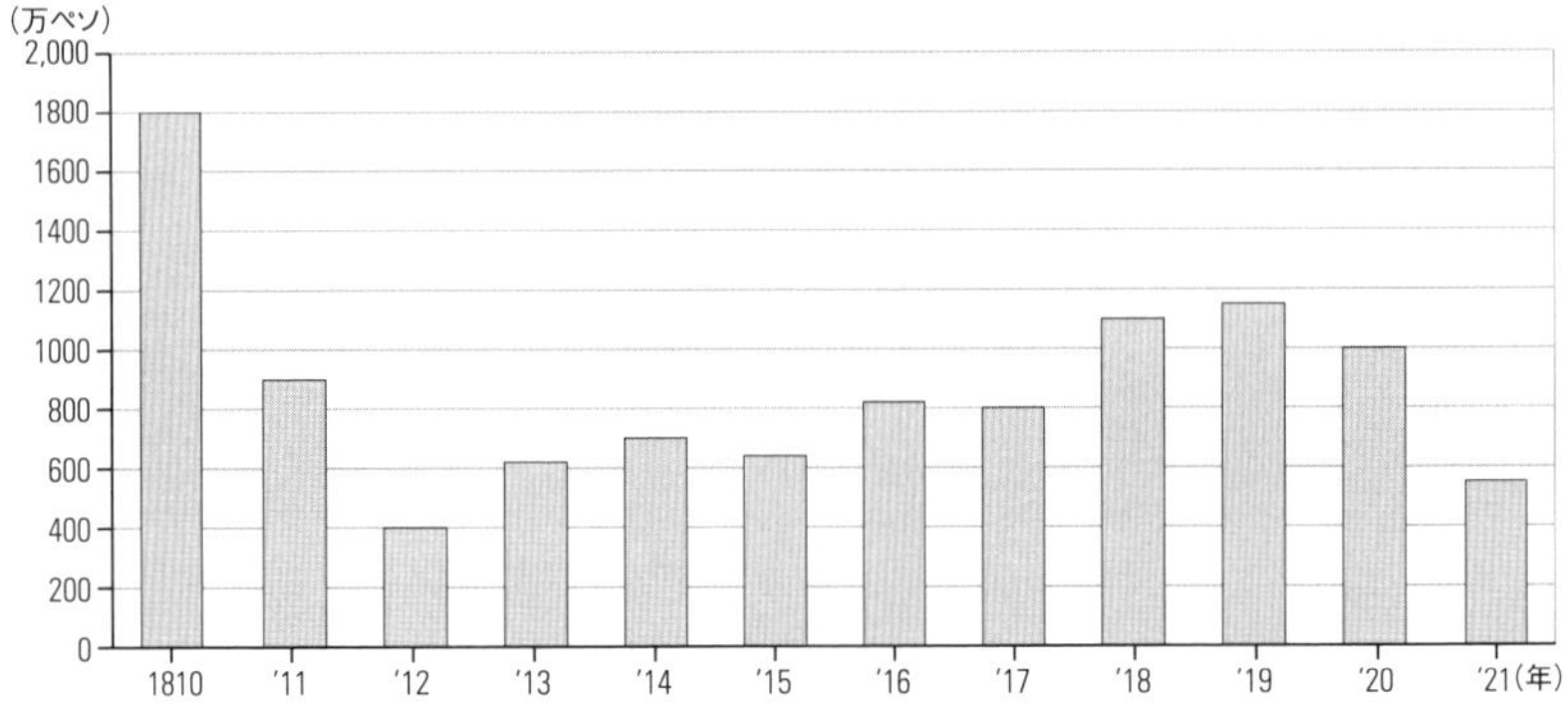

図4　メキシコシティにおける銀貨鋳造量(1810～21年)

出典：Rina Ortiz Peralta, "Las Casas de moneda provinciales en México en el siglo XIX," in *La Moneda en México, 1750–1920*, (ed. José Antonio Bátiz Vazquez, José Enrique Covarrubias) Mexico City: Institute Mora, 1998, 134, table 3.

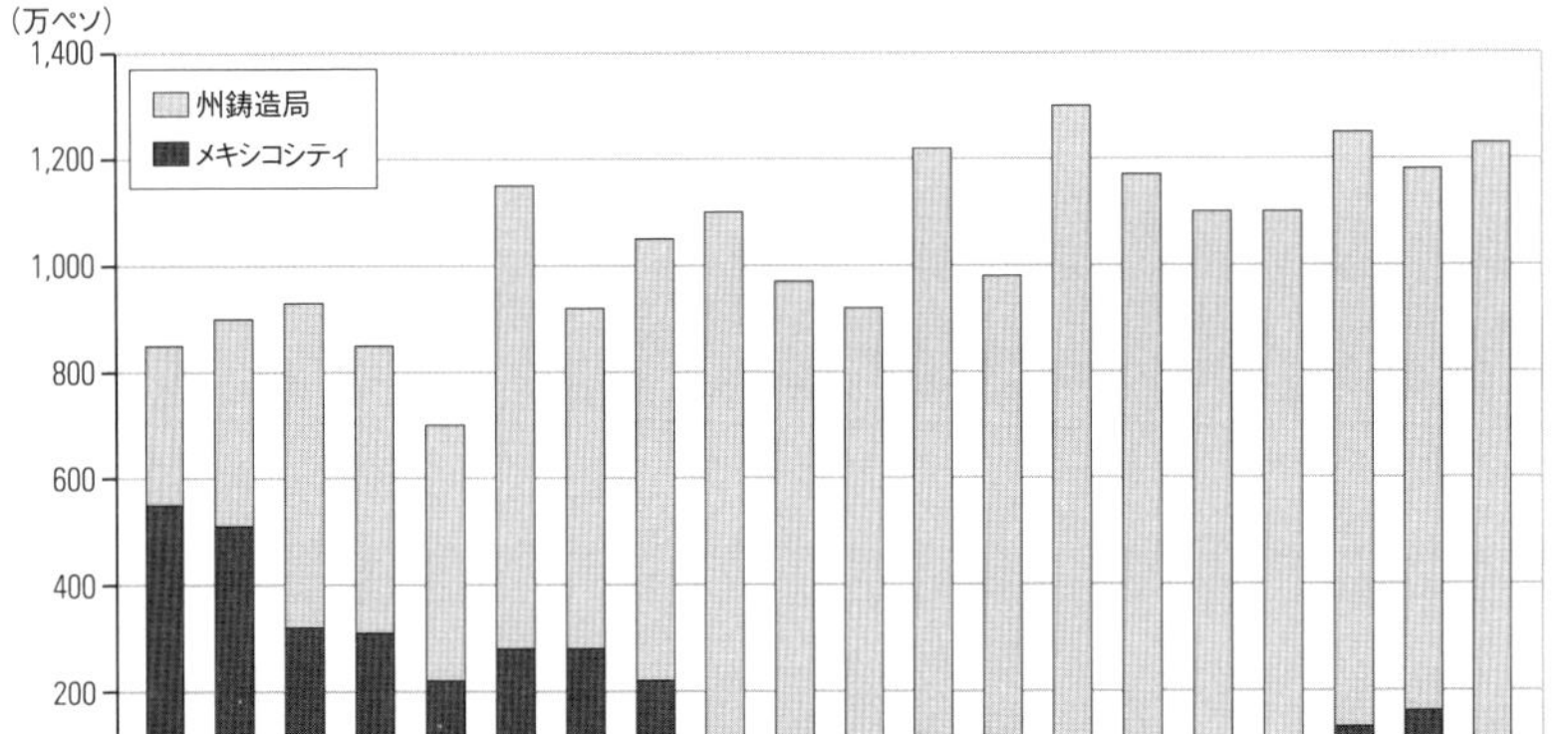

図5　メキシコ共和国全体における銀貨鋳造量(1821～40年)

出典：Peralta, "Las Casas de moneda provinciales," 146, tables 5-6.

すでに以前に比べ回復していたのである。一八一〇年代以前と三〇～四〇年代の相違は、スペイン帝国が鋳造した銀貨の品質が均一であったのに対し、新しく独立したラテンアメリカ諸国の発行した銀貨の品質はまったく一定していなかったことにある。金欠になると政府と鋳造業者は、ただちに自分たちの発行する銀貨の質を下げた。メキシコでは、地方鋳造局（一八五七年以前においてメキシコ共和国銀貨の大部分を発行していた）は、発行する銀貨の質がとくに低いことで知られていた。

一八一〇年以降のスペイン領アメリカの銀貨の品質と均質性の顕著な低下は、とくに銀貨に刻印されるデザインが不規則になったことにあらわれていた。中国の商人のマニュアルでは、これらの州鋳造局が発行した銀貨の種類を注意深く判別している。例えばメキシコでもっとも生産量が多かった州鋳造局である、ファナファト（Guanajuato）とサカテカス（Zacatecas）（一八二一年から五〇年までのメキシコ銀貨鋳造の七一％を占めた）で鋳造された銀貨は中国では「釣り針コイン」（「勾銭」あるいは「鉤銭」）と呼ばれた。これは中国人の目には「釣り針」にみえた「G」と「Z」のマークが刻印されていたからである。中国商人は、その品質（技術・純度）が低下してからも、一様に、上記のような鋳造局の刻印がなされた外国銀貨を品質の良いものとして受け取っていた。さらに、これらの銀貨は、中国で広く模造品が作成されており、とくに福建においては、法外に安値で取引されるものとなっていた。[14]

イリゴインと筆者は、ラテンアメリカ・ペソの品質の低下こそが重要であったと考えている。すなわち、十九世紀第2四半世紀における中国における銀輸入の減少は、中国市場・世界市場ともに、どの貨幣に対する需要が存在したのかという文脈において考えるべきであり、銀供給一般から単純に考察すべきではない。この点に関して、われわれはペソ銀貨が、商業的な発展をへた中国南部において、十八世紀末から、急速に新たな標準貨幣（現在でも使われる圓、元の単位の語源となった）として受け入れられたことが重要だと考えている。一七八〇年代から一八二〇年代において、中国への銀輸入が急速に伸びたのは、銀一般への需要があったからではなく、安定した支払い手段への需要が存在したからなの

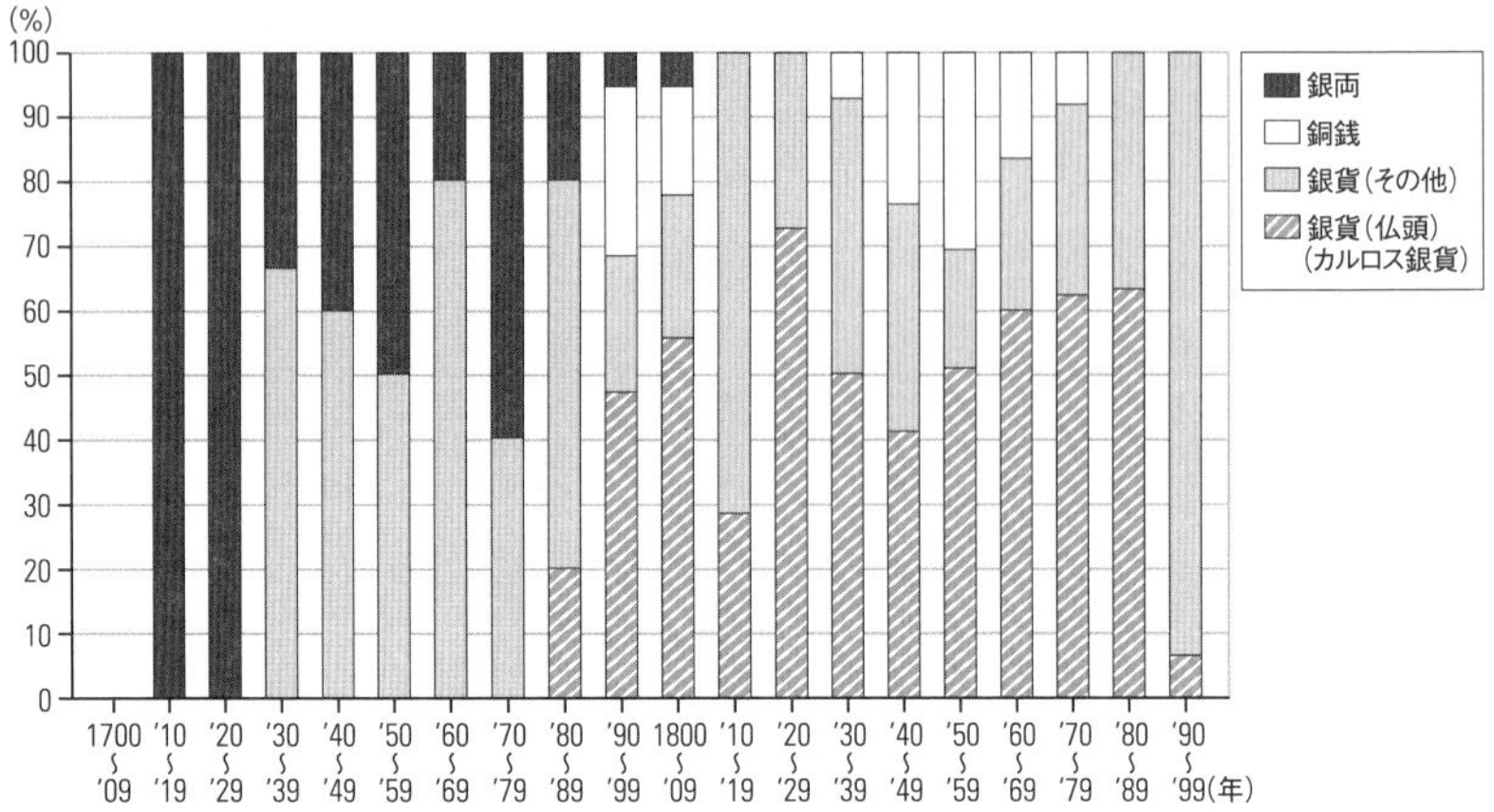

図6　泉州における不動産契約に利用される貨幣の割合（1700〜1900年）
出典：Richard Von Glahn, "Foreign Silver Coins in the Market Culture of Nineteenth Century China," *International Journal of Asian Studies* 4. no.1, (2007) 55, table 1 and figure 1.

である。[15]

　十八世紀、メキシコは世界の銀の八〇%を生産し、メキシコで鋳造されたペソ銀貨は、国際貿易においてもっとも広範に利用されていた。一七六四年から七九年までの一五年間、すなわちカルロス三世が王位にあった時期（一七五九〜八八年）、メキシコの銀生産量は四倍に跳ね上がった。メキシコの鋳造量の最盛期は、カルロス三世の後を継いだカルロス四世（在位一七八八〜一八〇八）の時代に訪れた。一八〇〇年代前半までに、メキシコにおける銀貨鋳造量はピークに達し、年平均二四〇万ペソを生産していた。[16]中国における外国銀輸入量も、同様に、十八世紀最後の二五年と十九世紀最初の二五年にピークを迎えた。

　中国において、すべての銀貨が平等に価値をもっていたわけではない。十八世紀後半、カルロス三世が発行したペソ銀貨は、中国では「二本柱（双柱）」と呼ばれ、もっとも歓迎された。しかし、十九世紀初頭に登場した「仏の頭（仏頭、仏面）」と呼ばれたカルロス四世銀貨は新たな標準となり、それ以前およびそれ以後に発行された銀貨――カルロス四世の後継者であるフェルナンド七世（在位一八〇八〜三三）銀貨も合わせて――に比べ、高く評価された。一七九〇年代初め、イギリス東インド会社の広東のエージェントは、「上半身像コイン（カルロス四世・フェルナンド七世銀貨）」は「柱コイン（カルロス三世銀貨）」に取ってかわり、支払い手段として好まれるようになっていたと報告している。[17] 銀全体よりもむしろカルロス銀貨への需要こそが、銀価騰貴の第一の原因であり、その傾向は十八世紀末にすでに確認されている。カルロス銀貨による取引がもっとも盛んであった江南地域では、その価値は銅貨や銀塊よりも高く評価されていた。一八四〇年以前、カルロス銀貨には同重量の銀塊に対し一八～二〇％のプレミアムが付されていた。[18] カルロス銀貨の価値がもっとも高まった五五年、江南では、同重量の銀塊に対し、カルロス銀貨は三〇％高い価値で取引されていた。[19] カルロス銀貨に対する強い選好は、福建省の港湾都市泉州周辺の土地取引契約においてもみられる［図6］。カルロス銀貨はすでに一七九〇年代の泉州においても支払い手段として選好されており、一八九〇年にいたるまで当地の標準貨幣であり続けた。一方で、銀塊による支払いは一八一〇年の段階ですでにみられなくなっていた。

カルロス銀貨は、銀塊のみならず、他の外国製銀貨に対してもプレミアムが付されていた。一八二八年、カルロス銀貨は外国銀貨に対し、三～五％のプレミアムが付されていたが、三四年には七～八％に上昇した。[20] 四八年、アメリカ商人モリソンの報告によれば、カルロス銀貨に対するプレミアム付与は季節によって五～一五％で変動していたという。[21] スペイン領ラテンアメリカの鋳造局によるカルロス銀貨発行は、一八〇八年のカルロス四世退位により中断したため、その不足は十九世紀を通じて続いていった。カルロス銀貨へのプレミアム付与は、上記の不足の進行を反映したものであり、その不足の一部は中国の私鋳造業者による広範な模造カルロス銀貨の鋳造によって改善された。

3　中国経済のなかのカルロス銀貨の位置づけ

林があげる銀不足のもっとも重要な根拠は、十九世紀前半における銅銭の価値の急落である。当時の中国の政治家

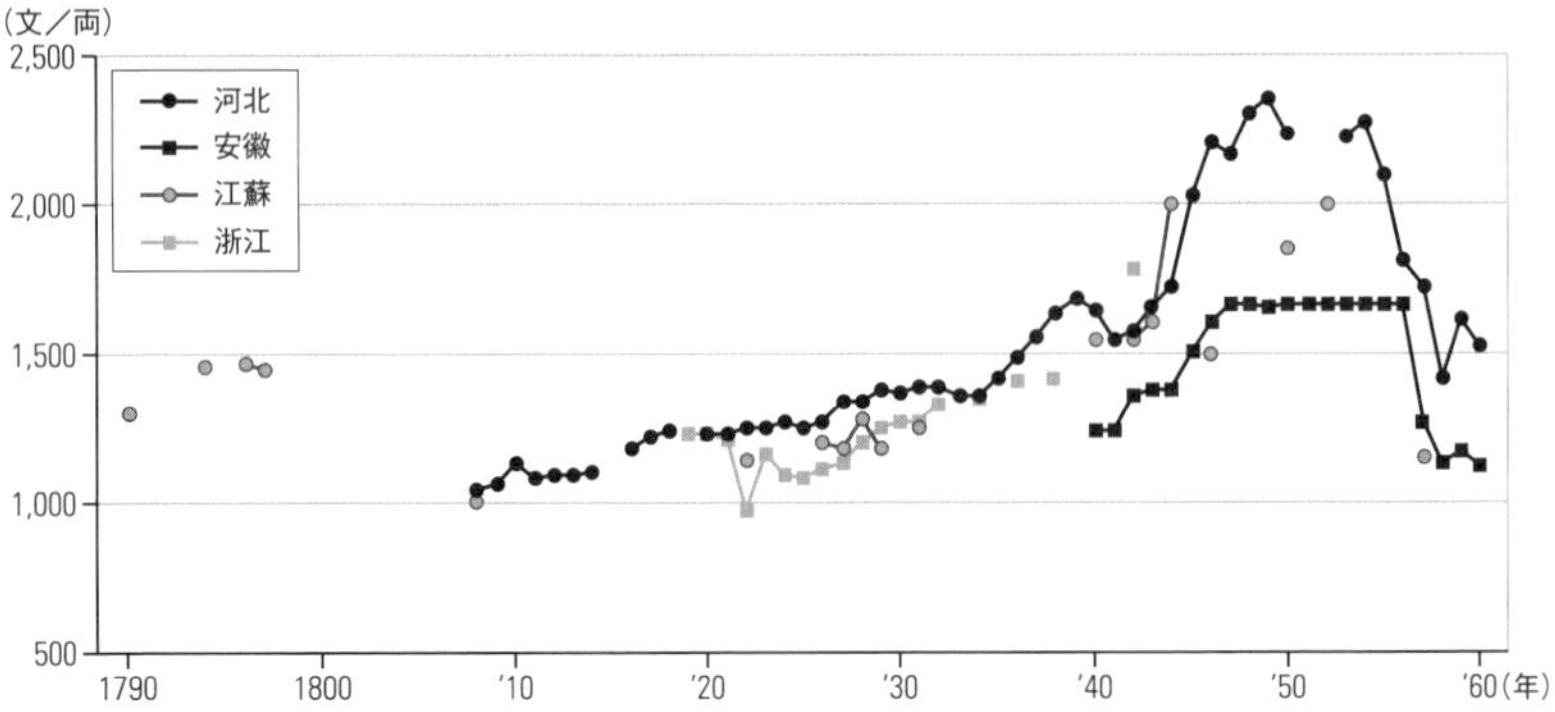

図7　銅銭建て銀両価格(1790〜1860年)

出典：河北，安徽，浙江はLin, *China Upside Down*, 123-124, table 3.2による。江蘇は『病榻夢痕録』下，葉57a,79a；鄭光祖『一斑録雑述』巻6，葉44a-45a; 陶澍『陶雲汀先生奏疏』巻15葉7a，巻22葉1a，巻25葉24a, 巻74葉11a;『近代中国貨幣史資料』第1輯，上冊, 9頁, 80頁；市古尚三『清代貨幣史考』鳳書房，2004年，151〜152頁

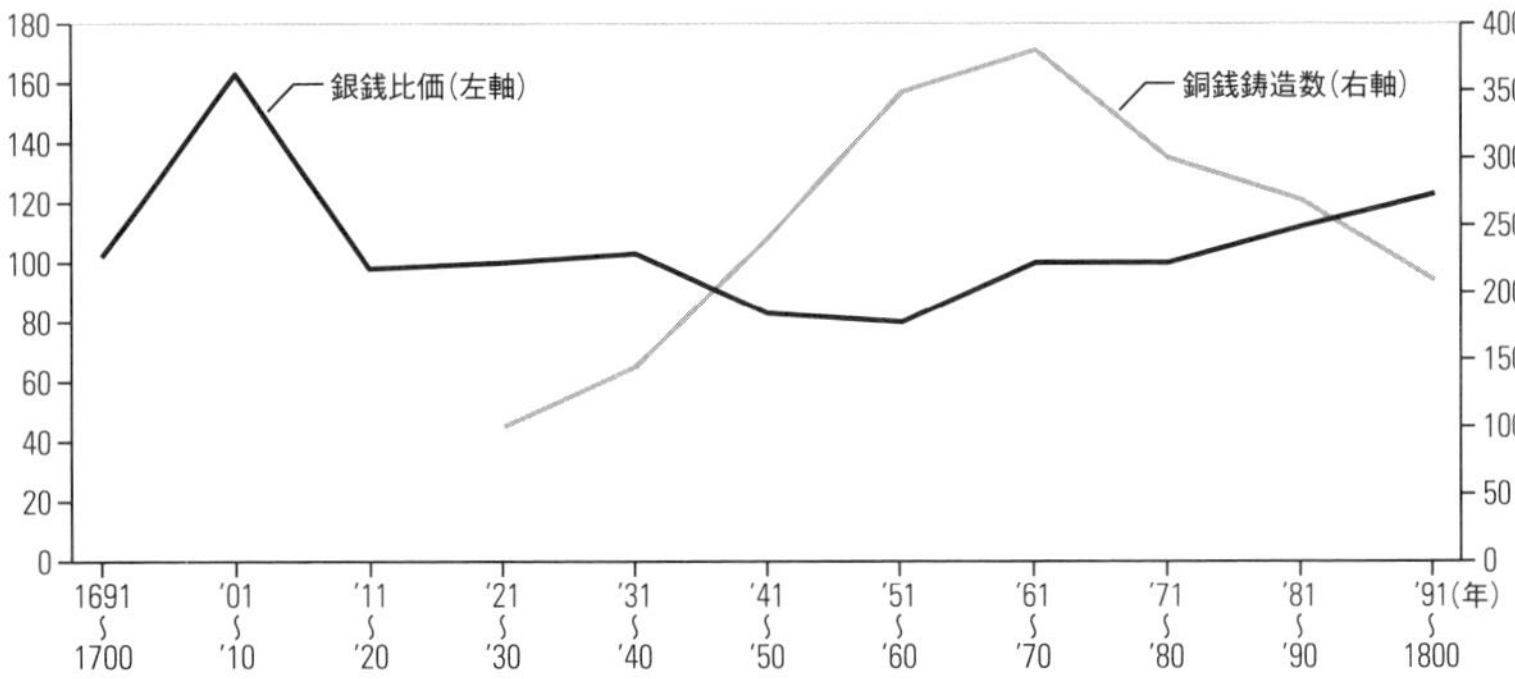

図8　銀銭比価と銅銭鋳造数(1691〜1800年)

1721〜30年を100とした場合の10年平均

出典：Hans Ulrich Vogel, "Chinese Central Monetary Policy and Yunnan Copper Mining, 1644-1800," (unpub. ms.), 414-424, Table C.1, 606-632, table D4.2.

は、銅銭の価値低下は、外国銀貨の広範な使用によるものとして、外国銀貨の流通を禁止するよう提案している。彼らは正確に、外国銀貨の貨幣としての有益性が銅銭の価値の低下をもたらしていると推測しているのである。しかし、図7で示したとおり、銅銭の価値急落が発生するのは一八三五年以降のことであり、中国では銀不足が〇八年という早い段階で発生したという林の主張の土台は崩れてしまう。また、図7は、興味深い逸脱を示している。銅銭の価値低下は、商業地域であり、カルロス銀貨のような外国銀貨が広く流通する華南よりもむしろ、伝統的に銅銭に依存していた華北において顕著なのである。この逸脱は、銅銭に比較して銀が不足していたということからは簡単に説明できないというのも、銀需要は、中国北部においては相対的に弱かったからである。

帝政期全体を通じての中国の貨幣システムの特徴は、貨幣不足の地域性にある。秦漢時代に銅銭を基準とする貨幣システムが成立して以来、国家は交換手段として利用される少額額面銅銭を、十分に供給することができたことはなかった。この問題は、後期帝政期に帝国全体の市場に浸透してゆくなかで、さらに先鋭化した。銅銭鋳造のピークは十一世紀後半、北宋の年間五〇億枚であるが、それでも当時の人々は、「銭飢饉」(当時は「銭荒《せんこう》」と呼ばれた)と呼ばれるほどの銭不足が発生していると嘆いている。中国の歴史において、われわれはさらに大量に流通する貨幣に対する強い選好をみることができる。それゆえ、銅銭の価値は、大量に銅銭が鋳造された時(北宋・清代中期)に上昇し、鋳造が減少すると(南宋・明代)下がるのである。例えば宋代の紙幣「会子」や、カルロス銀貨のような新しい標準貨幣の出現は、とりわけその貨幣が需要を満たすだけ供給される事を大前提としていたのである。

需要側の選好は、しばしば歴史家が批判なしに利用する貨幣数量説の単純な適用を否定する。林のモデルでは、特定の貨幣(銅銭や銀)の価値はそれぞれの貨幣に対する不足の度合いを示すものであった(彼女は、貨幣需要の多様性には注意をはらわず、完全にサプライサイドにのみ焦点をあてている)。それゆえ、林は、銅銭の価値低下は銀不足によると説明するのである。しかし、十八世紀中頃においては銅銭の価値は上昇していたが、この時期は清朝の銅銭鋳造がピークに達していた時期であり［図8］、まさしく単純な貨幣数量説が適用できない事を示しているといえる。岸本が示したように、十八世紀中葉の銅銭鋳造量の急増により、中華帝国のもっとも経済的に進んでいた地域において、銅銭が銀から標準貨幣の地域を奪い返している。[22] 十八世紀における銀銭比価の傾向［図8］もまた、図1の外国銀輸入量とは相関していないことを明確に示している。十八世紀最後の二〇年における銀の価値の上昇は、銀輸入のさらなる増加によっていたのである。

十九世紀初頭、清朝政府は銅銭の新規鋳造を抑制し、その結果、大幅に品質が下げられた私鋳銭の利用が広がることとなった。十八世紀の傾向とは対照的に、良質な銅銭の不足が、銅銭の価値を押し下げたのである。黒田明伸は、前近代世界における貨幣の「非対称性」、すなわち「雑多な貨幣需要を協調させることの困難と貨幣供給の不規則性」[23]に強い関心を向けている。黒田は、とくに後期帝政中国の貨幣使用の空間性の多様性に注意をはらい、収穫期と税納入期に需要されるような高い季節性をもつ地域市場で必要とされる貨幣と、商人が必要とする流動性の高い貨幣への需要を対比させている。ほとんどの場合、銅銭は地域市場に拡散し、定着し、多くがそのなかに滞留する（黒田は「停滞」〈stagnant〉と称する）。一方、銀はもっと機動的で、高レベルな貨幣システム内で流通しており、地域市場に滞留することはまれである。しかし、銀もまた地域によっては強く選好され、十八世紀においても銀塊（銀両）を標準貨幣とする地域が多く存在した。[24] 貨幣に対する需要と供給の不均衡は、貨幣価値の急激な変化をもたらした。林則徐によれば、一八四六年に陝西で食糧危機が起った際には、銅銭の価値が二カ月たらずのあいだに三〇％上昇したという。[25] 貨幣需要の多様性と不均質性は、中国の貨幣システムに強く刻み込まれた特徴であり、エコノミストによる貨幣を分化されていない集合体とみるような傾向に対して警鐘を鳴らすものでもある。

岸本のロンドンでの報告では、全体として林と同様、サプライサイドを重視した分析を支持し、イリゴインや著者の支持するデマンドサイドを重視した分析を批判している。先述のように、岸本は林の銀流出に関する統計に批判を加え、林も岸本の批判を受け入れて統計を修正した。しかし、岸本報告の主題は、カルロス銀貨を標準貨幣として受け入れた地域や、あるいはその目的が限定的であったことを指摘するものであった。岸本によれば、イリゴインや著者は、カルロス銀貨に対する需要とその輸出入の衝撃を過剰に評価しているという。

岸本は、嘉慶年間(一七九六〜一八二〇年)の裁判記録に基づき、外国銀を交換手段としているのが、広東・福建・浙江北部と江蘇省の一部であると指摘した。さらにすべての地域において銅銭が、外国銀貨よりも広範に使用されているとした。加えて、岸本は土地売買に特化した支払い方法のパターンも呈示した。土地売買の場合、カルロス銀貨が一般的な支払い手段として利用されるのは、広東と福建沿岸部、台湾であるとする。一方、銅銭が土地売買の支払い手段として普及しているのは、福建沿岸北部、福建内陸部、加えて江南の寧波・蘇州・紹興などの都市部であった。そして、十九世紀を通じ、この地域の不動産契約で利用される貨幣は、銅銭から、外国銀ではなく銀両へ移り変わっていた。このパターンは、カルロス銀貨の市場取引における中心的な立場を示す証拠とは明らかに異なっている。すなわち、高度に商業化された江南においても十九世紀には標準貨幣は一つではなく、むしろ貨幣使用が分散していた。カルロス銀貨や後のメキシコ・ペソなどに代表される外国銀貨は、少額貨幣が必要となる通常の市場取引において優位を占め、強く需要されたが、銅銭と銀両は、多額の支払いが必要な土地取引においては、利用され続けたのである。これらの知見から、岸本は林の貿易収支の赤字によって発生した銀流出が、道光年間の経済的困難を引き起こしたという説明を支持しなかった。

最後に、岸本はこの時期の物価傾向を提示した。一八三〇年代初頭から中期にかけて発生した自然災害により、いくつかの地域で米価が高騰したが、全体として銀建て米価は、一八三〇年代中葉以降、広東を除くほとんどの地域で低落傾向にあった。同時期、物価の地域差も拡大していた。岸本は、物価変動に関して、前述の銀流出が中国国内経済に与えた衝撃についての林のメタファーを引きながら、以下のように説明する。

林が指摘したように、中国における銀への依存は、人体が血流に依存しているようなものである。「血液供給のいかなる有意な減少も、全身の機能に有害である」。毎年、地域市場に流れ込む銀はほかの地域市場における需要をつくり出し、交換が連鎖し続いていく。例えば、生糸生産者は、生糸を外部の商人に売って、銀を獲得し、それによって近隣の農民から食料品を購入する。これらの銀を食料品売却によって得た人々は、綿布やほかのこまごましたものを銀で購入していく。もし銀流入が何らかの理由で止まってしまうと、生糸生産者は食料品を購入する銀がなくなり、食料品生産者も綿布などを購入する銀がなくなる。収入の減少もまた連鎖する。この種の不況は、貯水池連鎖モデル――すなわち完結した市場内部における相互の商品交換の関係ではなく、商品と銀の交換関係が連鎖して形成されているような市場構造――によって、うまく説明できよう。

注意すべきは、このモデルにおいては、銀の流通量と中国経済全体の規模(2章図26におけるような、全体を一つの大きな貯水池とみなす際の規模)との比率を問題にするのは無意味であるということである。地方の人々が切望していたのは地域市場(2章図28における個々の小さな貯水池)へのスムーズな銀流入であった。これこそが、さまざまな層の市場において、銀輸入が経済的繁栄にとって決定的だと感じられていたことの理由である。人々は、銀のストックではなくフローに対して強く関心を示し、しばしば「銀荒」に強い恐怖をいだいた。とくに銀流入が不安定な時期には、彼らは地域経済を、開放的かつ外部依存的で、脆弱なものであると感じたのである(2章一四五~一四七頁)[26]。すなわち、岸本は林同様、銀のストックよりもフローを強調しているのである。岸本は、林の生物学的なメタファーを引きつつも、岸本自身が提示する溜池連鎖水力学理論は、生物学的というよりも物理学的なモデルだといえる(2章図28参照)。

おわりに――道光不況はなぜ起こったか

銅銭の価値低下が銅銭で収入を得、貯蓄をおこなう農民・職人層を直撃し、道光不況という経済変動を引き起こしていたことは間違いないだろう。しかし、このことは、銀不足が銅銭の価値低下を引き起こしたという事を説明しているわけではない。さらに、銅銭の価値低下は、さらなる大量の銀が中国へもたらされた一八五五年以降においても改善されたわけではない。むしろ、『海関報告』所載の銀銭比価は、十九世紀を通じて一八二〇年代の水準を下回っていた[図9]。

呉承明は、道光不況の概要を述べるにあたり、中国経済の長期停滞傾向には複数の理由、例えば土地に対する人口圧力や中国における家族経営農業生産に固有の限界などがあることを強調している。呉は一八三〇年代の長期的なデフレ傾向の内生的な理由、すなわち中国の消費者の購買力の弱さを指摘している。呉は、銅銭の価値低落は、当時の景気後退のもっとも突出した徴候であるとしているが、同時に、「アヘン輸入と銀の密輸出は、嘉慶道光年間(一七九六〜一八五〇年)の経済危機の重要な原因ではあるが、これらはしばしば過大評価されてきた」とも指摘している。呉は、論考の最後に「銅銭の価値低下の複雑な理由を明らかにするためにはさらなる分析が待たれる」とまとめている[27]。李伯重も同様に、道光不況には多様な原因があることを強調し、とくに一八二〇年代初頭の災害による農産物への壊滅的な被害に関心を向けている。李伯重の分析では、景気後退と富裕層・貧困層両者の疲弊は二〇年代にすでにあらわれており、銅銭の価値低下も深刻なものとなっているという[28]。筆者の考えでは、道光不況の原因は、中国の国内経済状況に求めるべきであると考える。この時期の(銀・銅銭両者を含む)貨幣需要の減少は、経済危機の原因ではなく、結果であるといえよう。

林満紅は、一七七五年以降、スペイン領アメリカからの銀供給に依存することで、「中国の通貨主権は、完全に、さ

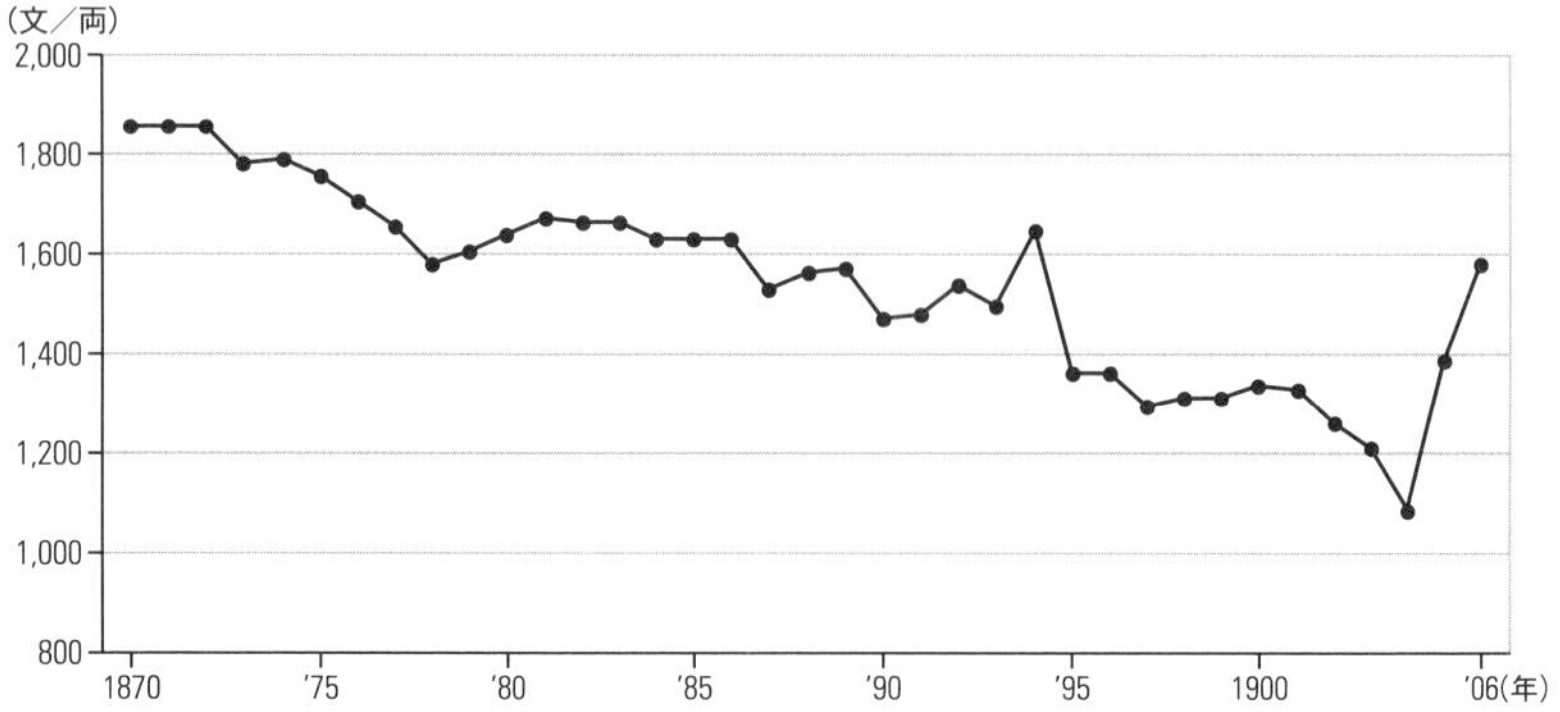

図9　銀銭比価（1870〜1906年）
出典：余耀華『中国価格史』北京、中国物価出版社、2000年、863頁。

らに強大な世界経済にからめとられた」としている。さらに林は「中国の貨幣システムは、この時期にとくに、世界経済に依存していた[29]」と指摘する。しかし、筆者は、このような主張は実証的に誤りであり、概念的にも不適当であると考える。通貨主権など、十九世紀中葉以前には世界中のどこにも存在しなかった。エリック・ヘライナーが説得的に提示しているように、国内貨幣をコントロールできるような権力を確立するためには、産業革命にともなう、組織（中央銀行）と技術（硬貨鋳造の機械化）の革命が必要であった[30]。一八五〇年以前、ほとんどすべての国（英国は例外である）には境界内部の貨幣をコントロールする権力は存在しなかった。アメリカ合衆国の外国銀への「依存」度（一八〇七年から南北戦争後の六〇年代まで、米国鋳造局は硬貨を鋳造しなかった）はおそらく、中国よりもはるかに高かったと思われる[31]。

　中国の貨幣システムが、さらに大きな国際的な貨幣交換の流れと強く結びついていたことは間違いない。貨幣が需要に反応して境界を越えて流れていたことも明らかである。しかし、林のように依存によって特徴づけられる世界経済への統合、という覇権主義的な表現で国際貨幣流通を表現するのは、いささか単純にすぎる。一八三〇〜四〇年代における中国への銀流入の減少は、当時、銀の価値が金に対して国際的なレベルで低下していた時期であり、中国における銀需要が減退していたことによる。一八六〇年以降、多くの国が国際貿易において金本位を受け入れた。この傾向はおそらく、四八年以降の金生産が急激に拡大したことによる。このとき人類史上はじめて、(価値で比較して)銀以上に金が生産されたのである。とすれば、銀の価値の下落は、金本位制度が広く受け入れられたからであろう。一方、中国は、一八六〇年代にメキシコ・ペソがカルロス銀貨に取ってかわった時期でも銀本位経済のままであり続けた。中国では銀の価値は再び上昇し、国際的な銀の価値を上回った。その結果、銀輸入は再び急増したのである。もちろん、岸本が明らかに強調したように、外国銀貨の使用は、中国貨幣システムの一部に過ぎなかった。この構成要素の分離した貨幣流通システムは、黒田が跡づけたように、二十世紀にはいっても生き残った。第一次大戦期、中国銀行が民国銀元と銀行券を発行し、これが外国銀貨に取ってかわった時、中華帝国貨幣経済システムは、劇的な変容を遂げ、一九三五年、国民政府の幣制改革によって一元化がもたらされるのである[32]。

註

1 まずあげるべきは一九三〇年代の、百瀬弘と梁方仲の研究であろう。百瀬弘「明代の銀産と外国銀に就いて」(一九三五年初出。のちに百瀬『明清社会経済史研究』研文出版、一九八〇年、二三～七〇頁に収録)。梁方仲「明代国際貿易与銀的輸出入」(一九三九年初出。のちに『梁方仲経済史論文集』北京、中華書局、一九八九年、一三二～一七九頁に収録)。

2 例えば以下をみよ。Michael Greenberg, *British Trade and the Opening of China, 1800–1842,* (Cambridge: Cambridge University Press, 1951), 142–143; Frances V. Moulder, *Japan, China, and the Modern World Economy: Toward a Reinterpretation of East Asian Development ca. 1600 to ca. 1918* (Cambridge: Cambridge University Press, 1977), 100–102, 142–144; Frederic Wakeman, Jr., "The Canton Trade and the Opium War," in *The Cambridge History of China,* ed. John K. Fairbank (Cambridge University Press, 1978), 10, 173. 銀流出の複雑な背景についての分析として、以下の濱下武志の論考がある。Takeshi Hamashita, "Foreign Trade Finance in China, 1810–50," in *State and Society in China: Japanese Perspectives on Ming-Qing Social and Economic History,* eds. Linda Grove, Christian Daniels (Tokyo: University of Tokyo Press, 1984), 387–435.

3 Man-houng Lin, *China Upside Down: Currency, Society, and Ideologies, 1808–1856* (Cambridge, Mass.: Harvard University Asia Center, 2006.)

4 Louis Dermigny, *La Chine et l'Occident*, : Le commerce à Canton au XVIIIe siècle, 1719–1833, vol.3 (Paris, 1964), 1342–43.

5 Lin, *China Upside Down*, 87–114. 林満紅「中国的白銀外流与世界金銀減産一八一四～五〇」呉剣雄編『中国海洋発展史論文集』第六輯、台北、中央研究院、一九九一年、一～四四頁も参照。

6 Mio Kishimoto, "New Studies on Statecraft in Mid- and Late-Qing: Qing Intellectuals and their Debates on Economic Policies," *International Journal of Asian Studies* 6 no.1 (2009): 93-95. 残念なことに、林の図は批判をへず多くの研究者に引用されてしまっている。例えば、以下をみよ。William T. Rowe, *China's Last Empire: The Great Qing*, (Cambridge, Mass.: Harvard University Press, 2009), 157–158.

7 呉承明「十八与十九世紀上葉的中国市場」『中国的現代化――市場与社会』北京、生活・読書・新知三聯書店、二〇〇一年、二八六頁、表23。

8 賀力平「鴉片貿易与白銀外流関係之再検討――兼論国内貨幣供給与対外貿易関係的歴史演変」『社会科学戦線』二〇〇七年、一輯、七〇頁。

9 Hamashita, "Foreign Trade Finance," 391. 濱下のグラフは一八五〇年のイギリス香港政庁の報告によるもので、賀の概算よりも正確であると思われる。

10 Lin, *China Upside Down*, 85.

11 Man-houng Lin, "Latin America Silver and Early Nineteenth-century China," paper presented for the session "The World Upside Down: The Role of Spanish American Silver in China during the Daoguang Reign Period 1821–50," Third European Congress for World and Global History, April 14–17, 2011, 28.

12 Lin, *China Upside Down*, 108–10; Pierre Vilar, *A History of Gold and Money, 1450–1920*, (London: Verso, 1976).

13 Alejandra Irigoin, "The End of a Silver Era: The Consequences of the Breakdown of the Spanish Peso Standard in China and the United States, 1780s-1850s," *Journal of World History* 20 no.2 (2009): 215–220.

14 Richard von Glahn, "Foreign Silver Coins in the Market Culture of Nineteenth Century China," *International Journal of Asian Studies* 4 no.1, (2007): 66.

15 Von Glahn, "Foreign Silver Coins," 51–78; Irigoin, "The End of a Silver Era," 207–243.

16 Richard L. Garner, "Long-Term Silver Mining Trends in Spanish America: A Comparative Analysis of Peru and Mexico," *American Historical Review,* 93 no.4 (1988): 898–935.

17 Irigoin, "The End of a Silver Era," 220. 一七九七年、広東において銀供給が縮小した際、中国の商人たちは、「バスト・ダラー〔一七九五年から一八〇三年にかけて、アメリカ合衆国政府が発行した銀含有量八九・二%の銀貨〕一枚を、庫平銀両一両と交換していた。この場合、八%のプレミアムがバスト・ダラーに付されていたことになる。」Hosea Ballou Morse, *The Chronicles of the East India Company Trading to China, 1635–1834,* (Oxford:Clarendon Press, 1926–29), vol. 2, 279.

18 林則徐「漕費禁給洋銭摺」（一八三六年十一月九日）『林則徐全集』海峡文芸出版社、二〇〇二年、第二冊、二八八～二九〇頁。福建南部における同様のプレミアム付与の習慣については黄爵滋が指摘している。黄爵滋「査明漳泉行使夷銭収繳査禁疏」（一八四〇年三月二十七日）『黄小司寇奏疏』13.13b.

19 呂佺孫「建議倣鑄外国銀元摺」（一八五五年二月二十七日）『中国近代貨幣史資料』第一輯上冊、一九一～一九三頁。

20 百瀬弘「清代に於ける西班牙弗の流通」『明清社会経済史研究』一〇七～一一一頁。

21 John Robert Morrison, *A Chinese Commercial Guide: Consisting of Details and Regulations Respecting Foreign Trade in China,* 3rd ed. (Canton: office of the Chinese Repository, 1848), 235.

22 岸本美緒『清代中国の物価と経済変動』研文出版、一九九七年、三五三～三六三頁。

23 Akinobu Kuroda, "Concurrent but Non-Integrable Currency Circuits: Complementary Relationships among Monies in Modern China and Other Regions," *Financial History Review*, 15 no.1 (2008):18.

24 銀塊のさまざまな形態と省別のバリエーションに関しては以下を参照。呉中孚『商賈便覧』一七九二年、三巻三二葉a–b、五巻一葉b–二四葉a。

25 王宏斌「林則徐関於銀貴銭賤的認識与困惑」『史学月刊』九、二〇〇六年、三八～四一頁。林則徐の上奏は「銀銭出納陝省礙難改易疏」(一八四六年十一月十五日)『林則徐全集』第四冊、七九～八一頁)である。

26 Mio Kishimoto, "Foreign Silver and China's Domestic Economy," paper presented for the session "The World Upside Down: The Role of Spanish American Silver in China during the Daoguang Reign Period 1821–50," Third European Congress for World and Global History, April 14–17, 2011, 25.

27 呉「十八与十九世紀上葉的中国市場」二四一～二四二頁、二八七～二八八頁。

28 李伯重「「道光蕭条」与「癸未大水」」『社会科学』二〇〇七年六期、一七二～一七八頁。

29 Lin, *China Upside Down*, p. 30.

30 Eric Helleiner, *The Making of National Money: Territorial Currencies in Historical Perspective* (Ithaca: Cornell University Press, 2003.)

31 イリゴインによれば、アメリカの銀行が保有する銀の七五％が外国製銀貨であると米国財務省が試算していることを明らかにしている。Irigoin, "The End of a Silver Era," 230.

32 Akinobu Kuroda, "The Collapse of the Chinese Imperial Monetary System," in *Japan, China, and the Growth of the Asian International Economy, 1850–1949*,ed.Kaoru Sugihara (Oxford.New York: Oxford University Press, 2005), 103-126.

訳註

訳註i　フォン・グラン氏はこの報告の内容をより発展させ、つぎの論文を公刊している。合わせてお読みいただきたい。Richard von Glahn, "Economic Depression and the Silver Question in Nineteenth Century China," in *Global History and New Polycentric Approaches: Europe, Asia and the Americas in a World Network System*, eds. Manuel Perez Garcia, Lucio de Sousa, Palgrave Macmillan, 2018.(Open access at: http://www.palgrave.com/jp/book/9789811040528)

訳註ii　この一段に含まれる数値については図1・図5で確認することが難しい部分があるが、原文のまま訳出した。

翻訳　豊岡康史

第Ⅱ部

東南アジア

4章　銀の流通に学ぶ十九世紀前半の東南アジア諸国家の動向——域外貿易を重視した概説

大橋厚子

はじめに

十九世紀前半の南・東南・東アジアを見通す研究は、二〇一〇年代末まで蓄積が少ない状態が続いている。[1] これは東南アジアに視点を限っても同様である。[2] さらに東南アジア史における十九世紀前半には、この地域を統合的に描くことが難しい二つの理由がある。第一に、東南アジア土着政権の活動を重視する立場から、一八三〇年までを近世とする時代区分が主流を占めて十九世紀前半の像が分断されている。そして第二に、これも同様の立場から、十九世紀前半の島嶼部におけるオランダとスペインの植民地支配の展開と、大陸部におけるビルマ、タイ、ベトナムの諸王朝の勢力拡大とが異なった過程として叙述される。[3] たしかに東南アジアにおける華人の活動に注目して、おおよそ一七四〇年から一八四〇年までの時代を「華人の世紀」としてとらえる叙述方法が定着しつつある。[4] さらに実証研究では近年、貿易統計を利用した研究によって、十九世紀前半の東南アジア域内交易の発展および中国との交易の発展が解明され始めた。[5] しかし十九世紀前半の東南アジアの諸国家・社会や住民の活動は、実証研究の少なさもあいまっていまだ見通しの得にくい状況が続いている。

そのなかで、本書1〜3章の銀の流通にかかわる研究は、中国本土の経済に焦点をあてつつもグローバルな視野をもち、日本における東南アジア研究にもその刺激が波及した。その影響下に生まれた研究が、本書5章をはじめとする多賀良寛のベトナム貨幣史の研究である。

さらに中国を中心とした銀流通の研究は、東南アジアがその銀の中国への通り道であったために、なかば偶然ではあるが、東南アジアの十九世紀前半についても、理解のヒントを与えてくれることになった。

以下、本章では、中国の銀流通の議論を東南アジアに引きつけて考え、十九世紀前半の東南アジアの主要な中央政権の動きを、東南アジアの地域的まとまりを中心にすえながら概説したい。中央政権を考察の中心とする理由は、この時代の東南アジアについて実証研究が少ないことのほかに、社会構造の問題があげられる。すなわちこの時期の中国では市場経済と社会内部の分業とが発達して税は銀納である一方で、東南アジアでは市場経済が十分に発達していず、また多くの中央政権が貿易に深くかかわっていた。このため銀流通を含めた貿易の構造変化によって中国では第一に社会が影響を受け対応を迫られたのに対し、東南アジアでは、まず中央政権が危機に直面したのである。

続く第2、3、そして4節では、東南アジアの地域的まとまりを考える舞台装置として、世界各地の政治経済動向とのかかわりのなかで東南アジアの諸政権と社会がおかれた環境を概説したい。

1　政治・貿易枠組の形成——一七五〇〜六〇年代

十八世紀半ばの東南アジアは、いまだはっきりとした理由は解らないが、さまざまな面で画期を迎えていた。そして一七五〇～六〇年代には、一七七〇年代以降に続く政治および貿易の体制が形成された。

この時期中国では清朝が一七五七年よりヨーロッパ人との貿易を広州一港に制限し、行商に任せた。これにより東・南シナ海の交易網は広東を中心に再編されることとなった。中国とヨーロッパの貿易は、中国が、茶・絹などをヨーロッパ諸国へ輸出して輸出超過であり、3章リチャード・フォン・グラン論文図1にみられるように(一五九頁)イギリス・オランダ・フランスなどは中国へ銀を運んだが、これらは東南アジアをその経路としていた。また、中国では、十八世紀前半より経済の拡大と人口の増大が続いており、各種食料を海外に求めた。そこで上述の交易網再編のなかでも、東南アジアとの貿易はさかんにおこなわれ、十八世紀前半からみられた東南アジアにおける華人の大量の移民と商業ネットワークの展開も、引き続き活発におこなわれた。

他方、この時期にはイギリスがベンガルの支配を確立した。なかでも、一七五七年のプラッシーの戦いでフランス勢力をインドから駆逐したことによって、(他のヨーロッパ勢力に対して)インドのほぼ全域を勢力範囲としたほか、ベンガルの事実上の支配者となった。その後一七六五年にはムガール帝国からベンガル・オリッサ・ビハール州の徴税権を獲得した。こうしてイギリスがベンガルを拠点にインド支配を開始したことで、イギリスにとってマラッカ海峡は東南アジアおよび中国との貿易のための重要なルートとなった。

このような中国とインドの動向のなかで、東南アジアでは、活発に活動する華人、イギリス人カントリー・トレーダー、そしてスラウェシ島出身のブギス族などの貿易によって、マニラのスペイン政庁とバタビアのオランダ政庁の独占貿易が不振となり、両政庁は、支配の性格を変化させ始めた。スペイン政庁は、十六世紀より、メキシコからの銀と中国産の絹や陶磁器などをマニラで仲介するガレオン貿易をおこなっていた。しかし密貿易などによってガレオン貿易からの利潤が低下し始めると、「ブルボンの改革」と呼ばれる開発政策を開始した。この時期にはその第一歩として、商業を華人の手からスペイン人と現地住民の手に取り戻すべく、カトリックに改宗しない華人を追放した。この政策は一七五四年から実施されたが、植民地七年戦争の一端としてイギリスがマニラを占領した際に(一七六三〜六四年)、華人がイギリスに協力したために、これ以降はさらに徹底された[6]。一方バタビアのオランダ政庁も、バタビアにおいて人口過剰となった華人を四〇年に虐殺したほか、ヨーロッパとの長距離貿易で利益が上がらなくなったため、五〇年代からジャワ島の土地と交通網に対して投資を開始し、農業開発を進めた[7]。加えてジャワ島中部のマタラム朝の内乱に乗じて一七五五年にはジャワ島北海岸を領土とした。

さらにこの時期の東南アジアでは、大陸部においてつぎの時代に連なる王朝交代が起きた。ビルマでは、上ビルマの第二次タウングー朝が、下ビルマのモン族によって一七五二年に滅ぼされた。モン族は、タウングー朝支配下の上ビルマで反乱を起こした華人と結んでタウングー朝を倒したという。しかし五七年に上ビルマから出たコンバウン朝の始祖アラウンパヤーは急速に勢いを得てモン族を滅ぼし、ビルマを統一した。続いてコンバウン朝は六七年にシャムに攻め込みアユタヤ朝を滅ぼした。シャムは一時分裂状態となったが、同年タークシンはシャム湾の華人ネットワークの協力を得てシャムの再統一を開始した。

また、この時期の東南アジアでは広域に旱魃に見舞われ東南アジアの広い範囲で農作物に被害が出ていたと推測される。大陸部では一七五六年から六八年にかけて旱魃が起きたといわれ、上に述べた大陸部での戦乱は、旱魃による農業生産の減退も一因であったと考えられる。ベトナムでも七一年に王朝交代に連なる西山党の反乱が起きたが、この旱魃が影響していたという[8]。一方ジャワ島でも六一年に異常な旱魃で農作物が被害にあい、人口が減少したことが記録されているが、この旱魃は五八年頃から続いていたと判断される[9]。

以上のように、この時期には①マラッカ海峡の極めて重要な交易ルートとしての浮上、②バタビアのオランダ政庁およびマニラのスペイン政庁における独占貿易から統治への政策転換、そして③大陸部における次代に連なる王朝の成立がみられた。その背景には、さまざまなアクターによる貿易の活発化、華人による熱帯産物の生産、そして旱魃があったと考えられる。メキシコにおける銀の増産もまた、おそらくこれらの変化を下支えしていたと思われるが、それがはっきりするのはつぎの時代である。

2　貿易量増大の環境要因――一七七〇年〜一八二〇年代初め

一七七〇年代から一八二〇年代初めには、それまでに形成された政治・貿易体制のなかで、東南アジアの貿易が拡大する好条件がいくつもあらわれた。

第一に、スペイン領メキシコで銀が大量生産されるようになった。十八世紀前半からメキシコは世界の銀の八〇％を生産するようになっていたが、一七六四年から七九年までにその生産量は四倍となった。[10]またこの銀によって鋳造された高品質のラテンアメリカ銀貨が、国際決済通貨の地位を得て貿易がスムーズとなった。[11]この状態は少なくともメキシコが一八二一年に独立するまで続いた。

第二に、本書序論にみられるように(四六〜四八頁)、この時期に中国は安定的に経済を拡大し、人口も増加した。中国の海路による銀の輸入はこの時期の後半に過去最高となったが、一七九九年以降はその八割以上がアメリカ船によって運ばれていた。[12]アメリカ船は、喜望峰、東南アジアを経由して中国へと銀を運んだ。

第三に、東南アジアにおける華人の経済活動も引き続き活発におこなわれた。まず東南アジア国家との結びつきを示そう。華人の巨大なネットワークがシャムのトンブリ朝およびバンコック朝の成立、ベトナム阮朝の成立と国土統一に協力したといわれている。島嶼部でも、オランダ政庁は一七四〇年にバタビアの華人を虐殺したものの、ジャワ島支配は現地人との仲介者としての華人ネットワークなくしては成り立たなかった。スペイン領フィリピンでも地方と中央を結ぶ商業はカトリックに改宗した中国系メスティソが独占していた。その他の島嶼部では現地人首長と結託した、あるいは自立した華人勢力が産物の採掘・栽培を取り仕切って中国へ輸出していた。一方大陸部ではベトナム北部とビルマの山岳地帯で華人がさかんに銀を採掘して中国へ運んでいた。さらにビルマでは九〇年代から中国への綿花輸出が盛んとなって、華人商人が王都アヴァ周辺まで進出した[13]。

第四に、イギリスをはじめとするヨーロッパ諸国は、この時期にヨーロッパおよび南北アメリカで起きた革命や独立運動とこれにともなう戦争によって、ヨーロッパ・アジア貿易およびアジア間貿易に十分な人員と資源を割くことができなくなった。加えて戦時インフレが引き起こされ、ヨーロッパでは熱帯産物も高値で取引された[14]。ちなみにこの時期には一七七六年のアメリカの独立とこれにともなう戦争、八九年のフランス革命から一八一四年のウィーン会議までの一連の戦争、一七九一年のカリブ海ハイチでの独立革命にはじまり一八二〇年代前半に最高潮に達するラテンアメリカ諸国の独立運動が起きた。

第五に、一七九一年に起きたハイチでの独立革命により同島のコーヒーと砂糖の出荷が著しく減退した。ラテンアメリカにおける砂糖とコーヒーの生産は七〇年代頃から盛んとなり、ヨーロッパの主要輸入元はそれまでのアジアからラテンアメリカにかわったが、同島はヨーロッパのコーヒー需要のおよそ半分を生産し、砂糖も生産していた[15]。このためコーヒーそして砂糖の価格は高騰し[16]、ヨーロッパ諸国はこれらの産物を再びアジアの産地に求め始めた。そして東南アジアのハイチともいえるジャワ島に各国の買付船、なかでもアメリカ船が殺到した。おりしもジャワ島のオランダ政庁は、第四次英蘭戦争(一七八〇〜八四年)の敗戦によって同島の産物を本国へ輸送する能力を失い、同島に来航する他国の商船に販売せざるをえなくなっていた。

第六に、右に述べたような人手不足のヨーロッパ・アジア貿易およびアジア間貿易に、アメリカ合衆国の商人が、メキシコからの銀の運び手およびコーヒー・砂糖・コショウなどの買手として登場した。この時期のアメリカ商人はアジアにおいて貿易独占を指向せず、領土的野心ももたなかった。彼らは、イギリスが合衆国独立を承認した一七八三年からアジアとの貿易を本格化させたが、東南アジアについては管見の限り、八四年にジャワ島に来航している。[17]そして十九世紀初頭には急速にシェアを伸ばし、東南アジア島嶼部・欧米間におけるその貿易量は、イギリスやオランダを圧倒した。[18]例えば一八〇四年のバタビアに来航した外国船総数は、九〇隻であったが、そのうち七四隻がアメリカ船であったという。[19]このほかアメリカ船はスマトラ島においてコショウを銀で大量に買いつけていた。[20]

第七に、イギリスは、インドおよび東南アジアの海域において綿布の市場と中国で売れる品物の買付場所を求めて、武力によって地歩を固めつつ貿易を拡大させていった。イギリスは一七七二年にはベンガル知事を設置して行政体制を整え、また同年ビハール地方のアヘン集荷独占権を得た。アヘンははじめ東南アジアのオランダ領に輸出されたが、十八世紀末からのおもな輸出先は中国となった。またイギリスは先に述べた第四次英蘭戦争で、東南アジアにおけるオランダの貿易独占を最終的に打ち破り、海上覇権を手に入れていた。そして中国への貿易ルートの安全を確保するため、およびコショウやナマコなど対中貿易に必要な産物を買いつけるために、イギリスは一七八六年にペナン、一八一九年にはシンガポールを現地人首長から獲得し、ジャワ島を一時占領(一八一一～一六年)した。

こうして十九世紀初めの東南アジアでは、再編過程にある華人ネットワークによってさかんにおこなわれる対中貿易に加えて、アメリカ商人が銀をもって熱帯産物を買いつけにきた。さらにイギリス商人も綿布を携え、中国で需要のある産物を求めてきた。おりしも東南アジアでは、一八一五年頃までモンスーンが安定し、[21]農産物の生産が好調になっていた。この時期にはインド商人や、アラブ商人も東南アジアを訪れ、中国とインドを結ぶ貿易ルート沿線にはアラブ系の王権もできた。[22]このようなさまざまな商人の来航と産物の高値での取引は、同時に海賊の活動をも活発化させたものの、東南アジアの多くの地域で、最寄りの貿易港で産物を売却して利益を得ることを前提とした商品作物生産が広がり、オランダ、スペインなどの重商主義的独占生産体制を崩し始めていた。最寄りの貿易港で利益を得ることを前提とした生産の例をあげるならば、バンカ島でのスズ採掘、スマトラ島でのコショウ栽培、ジャワ島北海岸でのコーヒー、サトウキビ栽培、ペナンおよびシンガポールでのコショウ、クローブ栽培、メコンデルタでのサトウキビ栽培[23]などがあげられる。

なお上述のように、この時期には銀の輸出を中心に南北アメリカの動向が東南アジアの貿易に大きな影響を与えていたが、従来の研究ではいくつかの論考を除いてあまり言及がなく、今後の研究課題である。

3　貿易環境の変化——一八二〇年代半ば〜四〇年代

本節では、2節でみた東南アジアにおける貿易拡大の好条件の大半が、一八二〇年代半ばから四〇年代までに消滅または変質したことを述べる。

第一に、東南アジアでは寒冷化やモンスーンの不安定化がみられるようになる。一八一五年以降、大陸部では寒冷化がおき、凶作に見舞われた[24]。ジャワ島も一八二〇年代に繰り返し旱魃に襲われるようになった[25]。

第二にヨーロッパに平和が訪れた。戦時インフレが終息するとともに、ヨーロッパの復興によって工業製品、農産物とも生産が回復して過剰生産となり物価が下落した。熱帯産物のヨーロッパ市場での価格も下落した。こうして一八二五年にはヨーロッパで初の恐慌が起きた。ただし、工業製品なかでもイギリス産綿布の価格下落は、綿布生産の技術革新と、アメリカの輸送技術革新による輸入穀物価格の下落とによるものであり、安さを武器にして輸出金額は増大していた[26]。

熱帯産物の価格下落の例を示そう。劇的な例はクローブである。東南アジアの海上覇権を得たイギリスはクローブ原産地のオランダ領モルッカ諸島から苗木を持ち出した。この苗木によって、海峡植民地や東アフリカでクローブ栽培が始まったため、クローブのヨーロッパでの価格は一八三〇年代にはピーク時(一八一〇年代、以下同様)の五分の一に下落した。一方クローブは欧米以外にも中国などに需要があったため東南アジアの市場では逆に値上がりし、一時はヨーロッパでの価格より高値となった。このため東南アジア市場で買いつけてヨーロッパへ送るタイプの仲介貿易は成り立たなくなった。ついでコーヒーは、独立した中南米諸国がつぎつぎと栽培を開始して欧米に輸出したため、ヨーロッパでの価格は二〇年代にピーク時の二分の一以下に下落した。コーヒーの市場は欧米にほぼ限られていたので、バタビアでの価格もピーク時の五分の三ほどに下落した。この下落はコーヒーを東南アジア市場で買いつけて欧米に輸出する仲介貿易商人のほかに、彼らにコーヒーを販売するコーヒー農園経営者にも打撃を与えた。また砂糖の価格は三〇年代からヨーロッパ市場でピーク時の三分の一ほどに下落した。砂糖は欧米以外でも需要のある商品だったので、コーヒーのように東南アジアの市場価格に大きな影響を与えることはなかったが、それでも三〇年代には一時的にピーク時の四二％ほどに下落し、商人と農園経営者を苦しめた。[27]

以上の事例から、東南アジアでは、産物の希少性および地域間価格差で高利益を得る貿易が成り立たなくなる条件が出現していたといえよう。

第三に、一八二〇年代からラテンアメリカ銀貨を決済手段とした貿易が円滑におこなえない状況が生まれていた。ラテンアメリカで独立した各国が、それぞれ品質の良いとはいえない独自の銀貨を鋳造したため、単一で高品質のラテンアメリカ銀貨による国際決済体制が崩れ始めたという。[28]

第四に、アメリカ商人による銀の輸出は一八二二年から三二年までに世界規模で半減し、オランダ領東インドを主要輸出先とする東南アジアへの輸出も半減した。[29] オランダ領ではその後三〇年代に一時持ちなおすものの、かつての金額には遠くおよばなかった。[30] アメリカ商人の来航減少、銀の輸出減少の理由はこれまでのところ研究されていない。しかしこの時期には、ラテンアメリカが大量にコーヒー・砂糖の生産を開始しており、長距離輸送を必要とする東南アジアの砂糖やコーヒーがアメリカ商人にとって魅力がなくなっていたと推測される。そのほか銀の輸出減少についてはアメリカ商人も手形を利用し始めたこと[31]が考えられるが、いまだ定説はないようである。またアメリカ商人のもたらす銀の減少との関係は不明であるが、一八二〇年代以降、オランダ領ジャワ島と阮朝ベトナムにおいて銅貨に対して銀が高騰した。これはいずれも銀が中国へ流出したためであるとの報告がある（一九二・一九四頁）。

第五に、中国およびインドでも貿易構造に大きな変化があらわれた。この変化は、中国およびインド全体の貿易不振や経済悪化には繋がらなかったが、「富の流出」とみなされる変化が起きた。フォン・グラン論文にみられるように（3章一六〇～一六二頁）中国では一八二〇年代後半より、対ヨーロッパ貿易で銀が流出を始め、五〇年代まで続いた[32]。そして銀は銅貨に対して高騰した。イギリス領インドでは一〇年代末より綿布の輸入量が輸出量を上回るようになったほか、二〇年代に始まる銀の輸入の減少と輸出の増加によって、三二年と三三年に銀の輸出超過がみられた。またイギリス領インドのおもな銀輸入元は二〇年代よりイギリス本国から中国へと変化した[33]。

第六に、以上のような銀流通にかかわる変化・混乱のなかで、綿布・アヘンなどの有力商品をもつイギリスのプレゼンスが東南アジアにおいて大きく増した。一八二〇年代以降イギリスと中国との貿易量は飛躍的に伸び、イギリスにとって対中貿易が非常に重要なものとなった。インド・中国間の中継港となったシンガポールは中国輸出用の熱帯産品を集荷する自由港として発展し、バタビアやマニラを圧倒した[34]。ただしイギリスは東南アジアにおいていまだ他を寄せつけない地位を築いてはいなかった。たしかに一八二六年にバンコック朝と結んだ条約は同王朝の王室独占貿易を破る内容であったが、二四年にオランダと結んだ国境に関する条約はマラッカ海峡のルート保全を目的としており、また同年始まったビルマとの戦争は、英領インドへのビルマの侵入を防ぐものであった。さらに三〇年代には目立った対外政策を実施していない。

第七に、このような変化のなかで、東南アジアに展開する華人の貿易ネットワークにおいて、広東を拠点としてイギリスと結びついたネットワークが興隆し、福建の厦門《アモイ》を中心とするネットワークが一時衰退した[35]。スペイン政庁およびオランダ政庁は後者の華人と強く結びついていたため、植民地在住の華人に政庁の政策を浸透させることが容易になったと考えられる。

以上のように、一八二〇年代より、さまざまな国際環境の変化が顕現するようになった。これを東南アジアからみるならば、グローバル化した大量生産・薄利多売のトレンド、南北アメリカ大陸の動向、そしてイギリスの対中貿易が引き起こした諸問題が降りかかってきたといえよう。

4 貿易環境変化に対する諸政権の対応

本節では、熱帯産物・綿布などの価格下落や一部での銀の高騰によって貿易・国内商業から利潤を得にくくなる事態に遭遇した東南アジア各政権の動向を、貿易環境急変への対応という側面から説明を試みる。政権の対応は、インド・中国貿易ルートに各政権が占める位置によって、つぎの三つのタイプに分けることができる。すなわち貿易ルートの沿線型、周辺型、辺境型である。

東南アジアの主要政権の大部分がはいる周辺型から説明をしよう。周辺型は、一八二〇年代前後に貿易構造あるいは中央政府の財政構造に比較的大きな変化があった諸政権である。バンコック朝(シャム)、フエの阮朝(ベトナム)、マニラのスペイン政庁、そしてバタビアのオランダ政庁がこれにあたる。これら四政権は大きな農業社会を支配領域内部にかかえるものの、貿易・商業が国家や地域の財政および住民の生業に占める割合が大きく、海路による遠距離貿易が盛んであった。支配地域内部の商業は外国人(おもに華人)が握っていた。貿易は中央政権が船団を有するが実際はおもに華人がおこなっていたほか、カントリー・トレーダーも参入していた。一八一〇年代までの主要輸出品はバンコック朝が米穀、阮朝が米穀(公式には輸出禁止)と砂糖であり、スペイン政庁はラテンアメリカからもたらされる銀であった。バンコック朝、阮朝、スペイン政庁のおもな貿易相手国は中国である。これに対してオランダ政庁はおもにコーヒーと砂糖とをオランダに輸出していた。なお阮朝はヨーロッパ諸国に対して鎖国政策をとっていた。

これらの政権の一八二〇年代半ば以降の対応には、差異は大きいものの以下の二つの特徴が認められた。第一に各政権は、輸出用などの産物を税や貢納として、あるいは前貸しを介して、すなわち賃労働や自由な売買以外の方法を利用して安価に入手する工夫をした。そして第二に、国内で多種多様な貨幣の流通する状態に対して、独自の通貨を整備する努力が認められた。

オランダ政庁は、一八二〇年代後半に貿易収支と財政の赤字、銀の流出・高騰、ジャワ島に在住する多数のヨーロッパ人企業家の破産、そしてジャワ人の反乱(ジャワ戦争一八二五～三〇年)にみまわれた。ラテンアメリカ銀貨はすでに十八世紀末から中国へ輸出されていたが、一八二〇年代に銀が出超となった時も中国へ輸出されていた。

政庁は一八三〇年から、現地の権力関係を利用してコーヒー・サトウキビなどを農民に栽培させ、地租のかわりに徴収する「強制栽培制度」をジャワ島全体で実施したが、その前の二〇年代後半に貨幣制度を整備したことはあまり知られていない。一八二六年にはオランダ本国と同じ貨幣制度をジャワ島にも導入し、二七年にジャワ銀行を設立した。そしてジャワ銀行に銀貨の裏づけのない紙幣と銅貨を大量に発行させてジャワ島内で流通させ、財政難と銀不足に対処した。この紙幣と銅貨は「強制栽培制度」実施の際に、農民には前貸しとして、砂糖工場の所有者には融資として使用された。そしてさらに生産されたコーヒーと砂糖を、一八二四年に設立されたオランダ商事会社が独占的に本国へ運ぶことによって、国際通貨(ラテンアメリカ銀貨)の高騰および産物の買手の減少を切り抜けることに成功した。[36] なおオランダ政庁は一八二九年に、ラテンアメリカ銀貨のうち「ピラー」(1章七九頁)と呼ばれる銀貨と、「盾と国王の肖像の刻印された銀貨」のみジャワ銀行で受け取るむねの政令を出しており、当時、多種のラテンアメリカ銀貨の流通に悩まされていたことが解る。[37]

スペイン領フィリピンでは、マニラ・中国間の貿易で銀にかわって農産物が輸出の首位に立った。スペイン政庁はガレオン貿易とメキシコからの補助金にかわって、タバコ栽培からの収入と関税収入をおもな財源とすることになった[38]。一八一五年のガレオン貿易停止後、貿易の主要部分はカントリー・トレーダーが担うようになり、三四年にはマニラが諸外国に対して正式に開港された。対中国輸出品は米穀が主力となって中国から銀が輸入されたほか、アメリカ船が来航してマニラ麻・砂糖を買いつけた。またマニラのスペイン人にとってマカオとの取引が重要となる一方で、マニラ在住の福建商人は、従来のマニラ・中国貿易から利益を得られなくなったため、フィリピン南部のスールー諸島などとの貿易を開始した。他方、政庁はマニラと地方の取引を、十八世紀後半よりカトリック化した中国系メスティソに独占させていた。一八三九年にはカトリックに改宗していない華人に対しても地方における居住を許可したが、マニラと地方の取引は引き続き五〇年ごろまで中国系メスティソがおもな担い手であった。米、砂糖、マニラ麻の生産方法については詳細不明であるが中国系メスティソなど地方商人が農民に前貸しをした。またタバコは、十八世紀後半から政庁による専売制度のもとで生産されており、フィリピン群島内で消費されるとともに輸出品として政庁の財政を潤していた。この専売制度について政庁は、三〇年にルソン島北部の農民に対するタバコ栽培・引渡義務を拡大強化した。こうしてマニラの貿易構造は大転換した。しかしそれはフィリピン経済の悪化を意味せず、むしろスペイン政庁は念願だった銀の域内留保に成功したという[39]。なおスペイン政庁は独自の通貨発行の必要性を訴えたが、スペイン本国はこれをいれず、実施をみなかった[40]。

バンコック朝は、対中国ジャンク貿易の不振およびイギリスとの通商条約（バーネイ条約、一八二六年）の締結などによって王室独占貿易で国家財政を潤すことが難しくなった。そこで一八二〇年代より歳入として地方からの物納税を重視するようになり、地方統治強化のために統治制度を整備し始めた。加えて税を確実に入手するために徴税請負制度を導入し、おもに華人に請け負わせた。また一八二〇年代から四〇年代までメコンデルタおよびカンボジアにおいて阮朝ベトナムと領域拡大の戦いを続けたが、これも税収および輸出産物確保を目的の一つとしていたと解釈できる。輸出産物の多様化も試みられ、移住した華人が生産した砂糖・コショウを輸出したほか、中国への輸出をシンガポール経由でもおこなうようになり、シンガポールからラテンアメリカ銀貨を得ていた。なおバンコック朝の諸王はそれぞれ独自の銀貨を鋳造してきたが、現存の銀貨を分析すると、はじめて大量の銀貨が鋳造されたのはラーマ三世の治世(一八二四〜五一年)であったという[41]。

阮朝ベトナムでは、十九世紀初めの二〇年間に北部ベトナムで気候変動による凶作が続いたほか、一八二〇年代には南部ベトナムの華人などによる砂糖生産が衰退し、さらに銅貨に対して銀が高騰した[42]。この高騰は中国への銀の流出が原因とされている。ベトナム北部では十八世紀初めより華人による銀山の開発と中国への輸出がおこなわれており、阮朝下でも華人の請負で採掘が続けられた。阮朝は貨幣金属の輸出を禁止していたが密輸は一八二〇年代初めにいたるまで続いていた。そのなかで二〇年代初めから、銀の高騰のほか阮朝の公定貨幣である銀錠の偽物や私的に改悪されたものが市場に出回るようになったのである。この銀の高騰のために銀納を進めていた土地税が物納に戻されたほか、阮朝は銀山の直接開発に乗り出した。加えて一八三二年にはラテンアメリカ銀貨をモデルとした銀貨が大量に鋳造され、それまで政権がヨーロッパ銀貨を用いていた支払いの手段に使われた。そして国内で流通することが期待されたが、実際の流通にはいたらなかった。この銀貨の鋳造を命じた明命帝は周辺の植民地諸国に使節を派遣して情報を集めていたので、高品質の独自の銀貨の投入が銀流通を円滑化させると判断していた可能性が高い。また明命帝はベトナム中部の農民に米穀の前貸しをして砂糖を徴収し輸出に振り向けた。

貿易については、官船貿易を実施し、華人の貿易を統制する政策がとられた。阮朝は租税や買い上げで集荷した産物を官船でシンガポール、ペナンへ輸出した。その一方で、華人商人に対し、米穀の密輸出・アヘン密輸入の禁止令(一八二四年)を出し、さらに清朝およびシンガポールとの貿易を禁じた(一八二七〜二八年)。これらの政策はサイゴンの華人貿易に統制を強める狙いがあったが、どの程度効力をもったかについては今後の研究を待たねばならない[43]。輸出は原則禁輸の米穀が単独で主力となり、中国へ輸出された。憶測であるが、阮朝が一八三〇年代に財政を含む中央集権的な統治制度をほぼ全土にわたって定着させることができたのは、銀流通の混乱および華人貿易の再編のなかで地方勢力が経済力を失ったためであった可能性はないだろうか。

以上、一八二〇〜三〇年代のオランダ領ジャワ島、バンコック朝シャム、そして阮朝ベトナムでは、政権にとって問題と認識される貿易・商業上の事態が発生しており、スペイン領フィリピンにおいてもガレオン貿易停止後の貿易構造・財政収入の大きな転換は必至であった。貿易の詳しい動向については、各国・各地における、米穀を中心とする価格の変動、貿易の量的変化にかかわる今後の研究を待たねばならないが、現在のところ、これらの国々の貿易急減の記録はオランダ領ジャワ島を除いてはなく、ジャワ島においても急減しても比較的早期に回復した。一八二〇年代前後に経済活動の収縮が確認されるのはジャワ島の農業および厦門を拠点とする華人ネットワークであったが、ジャワ島は産物の市場をヨーロッパに大きく依存していたうえに、この時期に旱魃と火山の噴火によって凶作が起き、ジャワ戦争が勃発していた。

以上の限界のなかでこの周辺型で注目すべきはつぎの点であろう。一八二〇〜三〇年代に起きた産物の国際価格の下落と一部での銀の高騰によって貿易・商業から利潤を得にくくなる事態と、華人貿易ネットワークが再編される事態のなかで、各政権はこの変化を乗り切ったが、その政策は経済的勢力圏の確保、地方支配の実質化を指向していたといえる。

つぎに説明する辺境型は中国・インド貿易ルートの辺境に位置する政権であり、一八二〇年代からの貿易環境の急変にほとんど財政的影響を受けず、したがって特別な対応をおこなわなかった政権である。東南アジアではビルマのみがはいるが、そのほかでは日本が類似した傾向をもつので論点を明確にするために日本と比較しつつビルマについて説明を加えたい[44]。両政権とも広大な農業社会を内部に擁し、貿易が国家の財政・住民の生業に占める割合が小さく、政府の主要財源は地方からの税・貢納などであった。国内の商業・貨幣鋳造流通ともおもに自民族が担い、国内でほぼ完結していた。貿易面では地域的にもグローバルにも相対的に孤立していた。ビルマの貿易はおもに陸路でおこなわれた。両国ともおもな貿易相手国は中国であり貿易は華人商人がおこなうが、主要輸出品は十八世紀後半よりビルマでは農産物（綿）、日本では鉱産物と海産物であった。銀の流出は報告されていず、大規模な貨幣制度改革もこの時期には実施されていない（ビルマは一八六〇年代に実施）。

ただしビルマについてはイギリスとの軍事的衝突を指摘しておく必要がある。ビルマのコンバウン朝は領土拡張のためにイギリスの勢力圏にあったマニプールに侵入して敗退し、一八二六年にはインドのイギリス東インド会社支配地域と境を接するアラカン、およびペナンの北の沿海地域テナセリウムを割譲させられたほか賠償金を支払わされた（第一次イギリス・ビルマ戦争）。ビルマの財政は貿易ではなく軍事的にヨーロッパの影響を受けたといえよう。またビルマ、日本とも十九世紀前半の財政・国内の経済状況は現状維持か、徐々に不都合な要因が増える傾向にあったという。なかでもビルマは一八一〇年代半ばに大旱魃にあい、農民の負債が増大した。なおビルマ・日本とも他の東南アジア諸国に比べて国家を単位とした徴税システムや経済圏の形成が早く、この時期にはすでに独自の経済圏をもっていたといえる。

最後の沿線型は、インド・中国貿易ルートの沿線部分の海域にある小政権である。地理的にはマレー半島、ボルネオ島西部、シンガポール南部の諸島（バンカ島など）、スールー諸島などである。この海域と中国やインドとの貿易はおもに華人およびカントリー・トレーダーがおこない、外国から運ばれた貨幣が使用された。これらの海域は、もとより農業の余剰生産を基盤とする国家がほとんど存在しなかった。貿易は大航海時代以前より盛んであり、産物はコショウ、スズ、ツバメの巣、ナマコ、真珠、鼈甲などであるが、中国の需要に支えられて、これらの価格は、十九世紀前半の東南アジアや中国では下落しなかったか下落しても小幅であった[45]。このため前時代の、最寄りの貿易港で利益をあげるタイプの生産が引き続きおこなわれ、しかも貿易量・利益とも増大したと考えられる。[46]さらに沿線型は、一八二〇年代以降の南〜東アジアで相対的に有利な位置を占めたイギリスの勢力圏に組み込まれていたので、この時期の環境変化は現地政権に不利益をもたらさなかった可能性が高く、周辺型に比べると銀貨の高騰や貿易の変化に対して勢力圏を防衛する契機に乏しかったと考えられる。なお、スマトラ島沿岸部もこの時期については沿線型にはいるように思われる。

おわりに

白石隆は、シンガポール・マレーシア・インドネシア・フィリピンおよびタイの近代国家形成について、一八二〇年代からイギリスが、シンガポールを中心に東南アジアで編成したインフォーマルな（自由貿易）帝国秩序に対する、各政権の対応を重視した。[47]しかし本章の視角から、一八二〇〜三〇年代のオランダ政庁、スペイン政庁、バンコック朝そして阮朝四政権の施策をみるならば、いまだこれらは、東南アジアにおけるイギリス自由貿易体制への直接の対応というよりは、イギリスの経済活動が大きな原因の一つである、より広域における貿易構造変化への対応であったと考えられる。なかでもスペイン政庁、バンコック朝そして阮朝については、中国貿易への対応が重要であったと理解できる。

本格的研究はこれからであり、解くべき問題は山のようにあるが、とりあえずつぎの仮説を立てておきたい。一八二〇年代には、国際通貨である銀貨の流通に変化と混乱がみられたほか、工業製品、農産物とも大量生産の時代を迎えて産品の価格下落が発生し、[48]東南アジアでは国家が仲介貿易・商業から利潤を得にくくなる時代が到来した。この環境変化に対する東南アジア各政権の対応は、インドネシア（ジャワ島）、タイ、フィリピン、ベトナムにおいて経済面での領域の囲い込み、地方支配の実質化を指向していたと考えられる。この側面からみるならばビルマは当時すでに相対的に孤立した経済的領域を有していて新たな対応の必要はなく、また有力な商品をもち、貿易から利益を得ていたイギリスは勢力圏のシンガポール・マレーシアにおいて、一八一九年以降に貿易拠点の強化をおこなっても、囲い込みの指向はなかったといえる。その一方で、十九世紀前半に大陸部における国土統一の最中である新興現地政権や、島嶼部における古い独占的集荷体制を残す弱体植民地政権が、まがりなりにも勢力圏の囲い込みと財政バランスの維持に成功したのは、対中国貿易を中心とするアジア間貿易が堅調であったこと、また開放的な経済とインフォーマルな帝国の形成をめざすイギリスも、この時期にはいまだ貿易環境の変化や東南アジア以外の地域における諸問題への対応に力を費やさざるをえず、各政権の政策を許容したためと考えられる。もちろん、貿易・商業のみが東南アジア各国の動向の要因ではないが、少なくとも十八世紀後半以降、グローバルおよびリージョナルな経済動向を考慮しない東南アジア史の叙述は不可能であろう。

東南アジアにおいて主要な国家が領域の囲い込みと地方支配の実質化を指向する時代は十八世紀以前にも存在したが、十九世紀前半の場合はこの直後にイギリスによるインフォーマル帝国の形成が加速し、東南アジアは新たな国際環境のなかにおかれることになる。交通通信網の発達にともない一八五〇年代からグローバルな貿易が活性化の速度を増すが、これは金本位制度、手形決済による国際決済システムの形成と、イギリスのシティを中心とする銀行網の形成とに支えられていた。東南アジアではこの国際決済システム・金融網がシンガポールを中心として、オランダ政庁、スペイン政庁、そしてバンコック朝の商業・貨幣制度などを破壊することなくむしろこれらを利用して張りめぐらされた。こうしてこれらの国家システムは第二次世界大戦後まで延命することとなる。これに対してビルマとベトナムは十九世紀半ばに植民地化され、それぞれイラワジ、メコンデルタの開発が進んだ。そしてデルタにある植民地の拠点に国際金融網が張られることになり、貨幣制度も現地政権の制度とは異なるものが導入された。しかし領域をみるならば、第二次世界大戦以後ビルマとベトナムは十九世紀前半の領域をほぼ踏襲した国家建設をおこなうこととなるのである。

最後に国際通貨としての銀貨の行方を述べると、十九世紀半ばの科学技術の発展により銀はそれ以前より量産されるようになった。金に対する銀の価値は相対的に下がり、欧米では国際通貨としての価値を失っていった。しかし中国が十九世紀半ば以降も銀を基軸とする貨幣制度を維持していたため、東アジア、東南アジアでは二十世紀前半まで貿易において銀貨（貿易銀）が使用された。そして一八七三年から始まるイギリス、アメリカ、フランスそして日本による貿易銀の鋳造は、当時この地域で基軸通貨の役割をはたしていたメキシコ・ペソの主導権を奪うべく実施されたという。[49]しかしその後、大恐慌によって中国が一九三五年に銀本位制を放棄するとともに、貿易銀も使用されなくなった。

註

1　秋田茂は十九世紀の南・東南・東アジア経済を対象とする編著『「大分岐」を超えて』ミネルヴァ書房のなかで十九世紀前半の既存研究として杉原薫の論考のみにふれ、さらに「対象諸地域のデータ（統計や史資料）不足により、十九世紀前半をカバーすることはやむを得ず断念し」七頁、と述べている。

2　本章は、科学研究費基盤Ⓑ（課題番号二四三二〇一一七）の成果の一部であり、大橋厚子「危機対応の社会組織研究をめざして——十九世紀前半東南アジア試論」『国際開発研究フォーラム』四三、二〇一三年、二九〜四六頁を大幅に改稿したものである。二〇一二年と二〇一三年に開催された研究会における分担者および協力者の知見を利用している。これ以降の研究文献のフォローは科研研究費基盤Ⓒ（課題番号　一七K〇三一一八）によって実施された。ただしこれらの知見を本章の骨格に組み込んだのは大橋厚子であり、責任はすべて大橋が負う。なお本章では、東南アジア以外の地域の事象について、山川出版社『高校世界史B』レベルの事象には引用註をつけなかった。また東南アジアについては山川出版社各国史レベルの事象について引用註をつけなかった。

3　Barbara W. Andaya, Leonard Y. Andaya, *A History of Early Modern Southeast Asia 1400–1830*, (Cambridge, New York: Cambridge University Press, 2015); Victor Lieberman, *Strange Parallels: Southeast Asia in Global Context, c.800–1830, Volume 2, Mainland Mirrors, Europe, Japan, China, South Asia, and the Islands*, (Cambridge, New York: Cambridge University Press, 2009). さらにリーバーマンは本書のなかで十六世紀以降の大陸部と島嶼部の歴史を大きく異なったものとして議論を展開している。

4　Anthony Reid, *A History of Southeast Asia: Critical Crossroads* (West Sussex, 2015), 188.

5 “Special Focus: Reconstructing Intra-Southeast Asian Trade, c.1780–1870: Evidence of Regional Integration under the Regime of Colonial Free Trade,” in Kaoru Sugihara (ed.), *Journal of Southeast Asian Studies*, 2, no. 3(2013): 437–526.

6 菅谷成子「島嶼部『華僑社会』の成立」桜井由躬雄編『岩波講座東南アジア史四　東南アジア近世国家群の形成』岩波書店、二〇〇一年、二一一〜二三八頁。

7 大橋厚子『世界システムと地域社会――西ジャワの得たもの失ったもの　一七〇〇〜一八三〇』（京都大学東南アジア研究書地域研究叢書二一）京都大学学術出版会、二〇一〇年、一七五頁。

8 Brendan Buckley, Victor Lieberman, “The Impact of Climate on Southeast Asia c.950–1820,” *Modern Asian Studies* 46, no.5(2012): 1095.

9 Jhr. Johan K. J. de. Jonge (ed.), *De Opkomst van het Nederkandsch gezag in Oost Indie, Verzameling van onuitgegeven stukken uit het Oud Koloniaal Archief (1595–1814)*, 13 vols,(s'Gravenhage: Martinus Nijhoff), 1862–1888, Vol. 10, 384; Jacobs A. van der. Chijs (ed.), *Nederlandsch-Indisch Plakaatboek*, 17 vols.(, Batavia:Landsdrukkerij, 1602–1811), Vol.7, 290.

10 Richard von Glahn, “Cycles of Silver in Chinese Monetary History,” *Empires, Systems, and Maritime Networks: Reconstructing Supra-Regional Histories in Pre-19th Century Asia Working Paper Series 02*, 2010, Osaka, 39.

11 Alejandra Irigoin, “The End of a Silver Era: The Consequences of the Breakdown of the Spanish Peso Standard in China and the United States, 1780s–1850s,” *Journal of World History*, 20, no.2, (2009): 238–239.

12 Von Glahn, “Cycles of Silver in Chinese Monetary History,”42.

13 渡邊佳成「綿花の道――エーヤワディー川が結ぶベンガル湾・ビルマ・雲南」弘末雅士編著『海と陸の織りなす世界史――港市と内陸社会』春風社、二〇一八年、六九〜九三頁。リードは、この時期にビルマでは華人商人が村長や農民に中国輸出用綿花栽培のための前貸しをしていたと書くが(Reid, *A History of Southeast Asia*, 199)、渡邊前掲論文ではふれられていない。

14 渡辺健一「十九世紀の物価動向――コンドラチェフによる物価長波の検討を通じて」『成蹊大学経済学部論集』三四-一、二〇〇三年、一〇五〜一三二頁。

15 C. L. R. James, *The Black Jacobines:Toussaint L'Ouvertrue and the san Domingo Revolution*, (New York: Vintage Books, 1963), 45.

16 David Bulbeck, Anthony Reid, T. Lay Cheng and Wu Yigi, *Southeast Asian Exports since the 14th Century: Cloves, Pepper, Coffee,*

and Sugar, (The Netherlands:KITLV Press, 1998), 136, 171.

17 Kwee Hui Kian, *The political Economy of Java's Northeast Coast c.1740–1800:Elite Synergy*, (Leiden Boston:Brill,2006), 190.

18 John Crawfurd, *History of Indian Archipelago*, 3vols,(Edinburgh: Archibald Constable & Co.), 1820, Vol.3 262.

19 Leonard Blussé, *Visible Cities: Canton, Nagasaki, and Batavia and the Coming of the Americans*, (Cambridge, Massachusetts: Harvard University Press, 2008), 63–64.

20 Anthony Reid, "A new Phase of Commercial Expansion in Southeast Asia, 1760–1840," in *Last Stand of Asian Autonomies: Responses to Modernity in the Diverse States of Southeast Asia and Korea, 1750–1900*, ed. Anthony Reid (New York, N.Y.: St. Martin's Press, 1997), 72–73.

21 Buckley, Lieberman, "*The Impact of Climate on Southeast Asia*", 1095.

22 太田淳「マレー海域の貿易と移民——十八〜十九世紀における構造変容」『中国　社会と文化』三一、二〇一六年、三四〜五九頁。

23 元オーストラリア国立大学上級講師Li Tana氏のご教示による。

24 Li氏および東京外国語大学名誉教授斎藤照子氏のご教示による。

25 Peter Carey, "Waiting for the 'Just King': The Agrarian World of South Central Java from Giyanti (1755) to the Java War (1825–30)," *Modern Asian Studies* 20, no.1(1986):131.

26 渡辺「十九世紀の物価動向」、一二三〜一二四頁。

27 本節でクローブ、コーヒー、砂糖のみ例示したのは、Bulbeck et al., *Southeast Asian Exports since the 14th Century.* がこれらおよびコショウの数値のみを掲載しているためである。議論のより確かな展開のためには、米穀、銀の貿易量、価格などのデータ分析が必要である。Bulbeck et al., *Southeast Asian Exports since the 14th Century*, 59, 84, 136, 137, 141; Atsuko Ohashi, "Global Economy and the Formation of the Cultivation System in Java: 1800–1840: A Preliminary Research," *Forum of International Development* 42(2012): 90.

28 Irigoin, "*The End of a Silver Era*", 238–239.

29 ロンドン大学経済学研究科 Irigoin氏のご教示による。

30 Ohashi, "Global Economy and the Formation of the Cultivation System in Java," 91, 93.

31 Irigoin, "*The End of a Silver Era*", 213.

32 Von Glahn, "Cycles of Silver in Chinese Monetary History," 43–47, 56.

33 谷口謙次「十九世紀前半のインドにおける経済不況と貨幣供給――貴金属貿易と貨幣鋳造」『三田学会雑誌』一〇九–三、二〇一六年、七七～一〇八頁。

34 Atsushi Kobayashi, "The Role of Singapore in the Growth of Intra- Southeast Asian Trade, c.1820's-1852," *Journal of Southeast Asian Studies*, 2, no.3(2013): 443–474.

35 村上衛『海の近代中国――福建人の活動とイギリス・清朝』名古屋大学出版会、二〇一三年、三二～三七頁。ベトナムについてはLi氏のご教示による。

36 Ohashi, "Global Economy and the Formation of the Cultivation System in Java."101.

37 *Staatsblad van Nederlandsch Indie*(s Gravenhage: A.D.Schinkel, 1839–1949), 1829, No.18.

38 Reid, "A new Phase of Commercial Expansion in Southeast Asia," 204. 白石隆『海の帝国――アジアをどう考えるか』（中公新書一五五一）中央公論社、二〇〇〇年、七八頁。

39 フィリピンについては愛媛大学教授菅谷成子氏の「島嶼部『華僑社会』の成立」のほか、個人的なご教示を得た。

40 Irigoin, "*The End of a Silver Era*," 223.

41 バンコック朝については愛知大学等非常勤講師川口洋史氏の博士論文「ラタナコーシン朝前期シャムの政治構造――政権構成と文書処理システムを中心として」名古屋大学提出博士論文、二〇一三年のほか、川口氏の個人的なご教示によった。

42 ベトナムについては嶋尾稔「タイソン朝の成立」桜井由躬雄編『岩波講座東南アジア史四　東南アジア近世国家群の形成』岩波書店、二〇〇一年、二八七～三一二頁、本書第五章、Li氏の個人的なご教示による。

43 リードの記述からはメコンデルタの港に多数の福建人が存在したことがわかるが(Reid, "A new Phase of Commercial Expansion in Southeast Asia," 190)、Li氏によれば当時の福建人の商業活動は不振であったという。

44 ビルマについては斎藤氏、日本については立命館大学准教授藤田加代子氏のご教示を得た。

45 Li氏のご教示による。

46 Atsushi Ota, "Pirates or Entrepreneurs? Migration and Trade of Sea People in Southwest Kalimantan, c.1770–1820," *Indonesia* 90(2010):67–96.

47　白石隆「東南アジア国家論・試論」坪内良博編『〈総合的地域研究〉を求めて——東南アジア像を手掛かりに』（京都大学東南アジア研究書地域研究叢書六）、京都大学学術出版会、一九九九年、二六一〜二八一頁。

48　J・ウイリアムソンとK・オルークは一八二〇年代に西欧と北米のあいだで物価水準が一つに収斂される過程を重視している。秋田茂・西村雄志「銀の流通から見た世界史の構造」デニス・フリン（秋田茂・西村雄志編）『グローバル化と銀』山川出版社、二〇一〇年、七〜八頁。

49　和田光弘『記録と記憶のアメリカ——モノが語る近世』名古屋大学出版会、二〇一六年、五八〜六〇頁。

5章　近世ベトナムの経済と銀

多賀良寛

はじめに

アジアの銀経済圏においてベトナムは、十七世紀に銀の輸入国として重要な位置を占め、十八世紀には東南アジア随一の銀産国として大量の銀を供給した。その後十九世紀初頭に初の南北統一政権として阮朝《グエン》(一八〇二〜一九四五年)が成立すると、王朝によって独自の銀貨幣が鋳造されるなど、銀の経済的重要性はいっそう高まっていった。

本章では、近世ベトナムの経済史において銀がはたした役割を概観するが、その際ベトナムが阮朝の統治下にあった十九世紀前半の状況を重点的に扱う。十九世紀前半は、阮朝の積極的な政策を背景にベトナム国内の銀使用が大きく発展しただけでなく、アジアの広域的な銀流通圏においても、カルロス銀貨をはじめとする洋式銀貨使用の拡大や、中国銀経済の動揺など、歴史的に重要な変化がみられた時期である。これに加え、近年ベトナム本国で阮朝に関する新史料の公開が飛躍的に進んだことにより、史料面においても新たな研究の可能性が開かれつつある。[1]

以下本章では、ベトナム貨幣史に関する従来の研究成果も踏まえつつ[2]、近世ベトナムにおける銀の経済的位置づけを、①銀山の開発、②銀の流通と鋳造、③財政運営と銀のかかわりという三つのテーマから検討し、さらには銀を介したベトナムとアジア広域経済のつながりを明らかにしてゆきたい。

1 ベトナムの銀山開発とそのアジア史的意義

十八世紀東南アジアの鉱山開発ブームとベトナムの銀山

ベトナムの北部山地は豊富な鉱産資源に恵まれているが、その開発が本格化するのは十八世紀のことである。十八〜十九世紀中盤の東南アジアは、華人の経済進出が加速し、海上貿易や天然資源の開発が急速に展開した時期（「華人の世紀」）として知られる。[3] 華人が東南アジアでとくに強みを発揮したのは鉱産資源の採掘であり、島嶼部ではマレー半島の錫やボルネオの金、大陸部では北部ベトナムとビルマの鉱山が開発された。[4] とりわけベトナムとビルマの銀山は数万人規模の華人労働者を集め、十八世紀にアジア有数の銀産地帯へと発展した。研究史上において、東南アジア大陸部にある銀山の歴史的重要性をはじめて明らかにしたのは、和田博徳の論文「清代のヴェトナム・ビルマ銀」である。[5] 和田はこの論文の冒頭で、清代にはカルロス銀貨をはじめとする大量の銀が海上貿易によって中国にもたらされたが、じつは陸路でも東南アジア大陸部から大量の銀が中国へ流入していた事実を強調した。そして東南アジアにおける銀の有力産地として、ベトナムの送星《トンティン》銀山（中国側史料では宋星銀山）とビルマのボールドウィン銀山に着目し、両鉱山の開発について実証的な検討を加えたのである。これら銀山の本格的な開発が始まったのは乾隆年間の初頭とされ、十八世紀中盤に開発のピークを迎えた。当時の史料のなかには、最盛期において送星銀山から年額二〇〇万両、ビルマのボールドウィン銀山からは年額一〇〇万両の銀が中国に輸出されたと記すものもある。[6]

和田の取り上げたベトナムの送星銀山は、太原《タイグエン》省の通化《トンホア》府・白通《バクトン》州（現在のベトナム社会主義共和国、バッカン省バクト

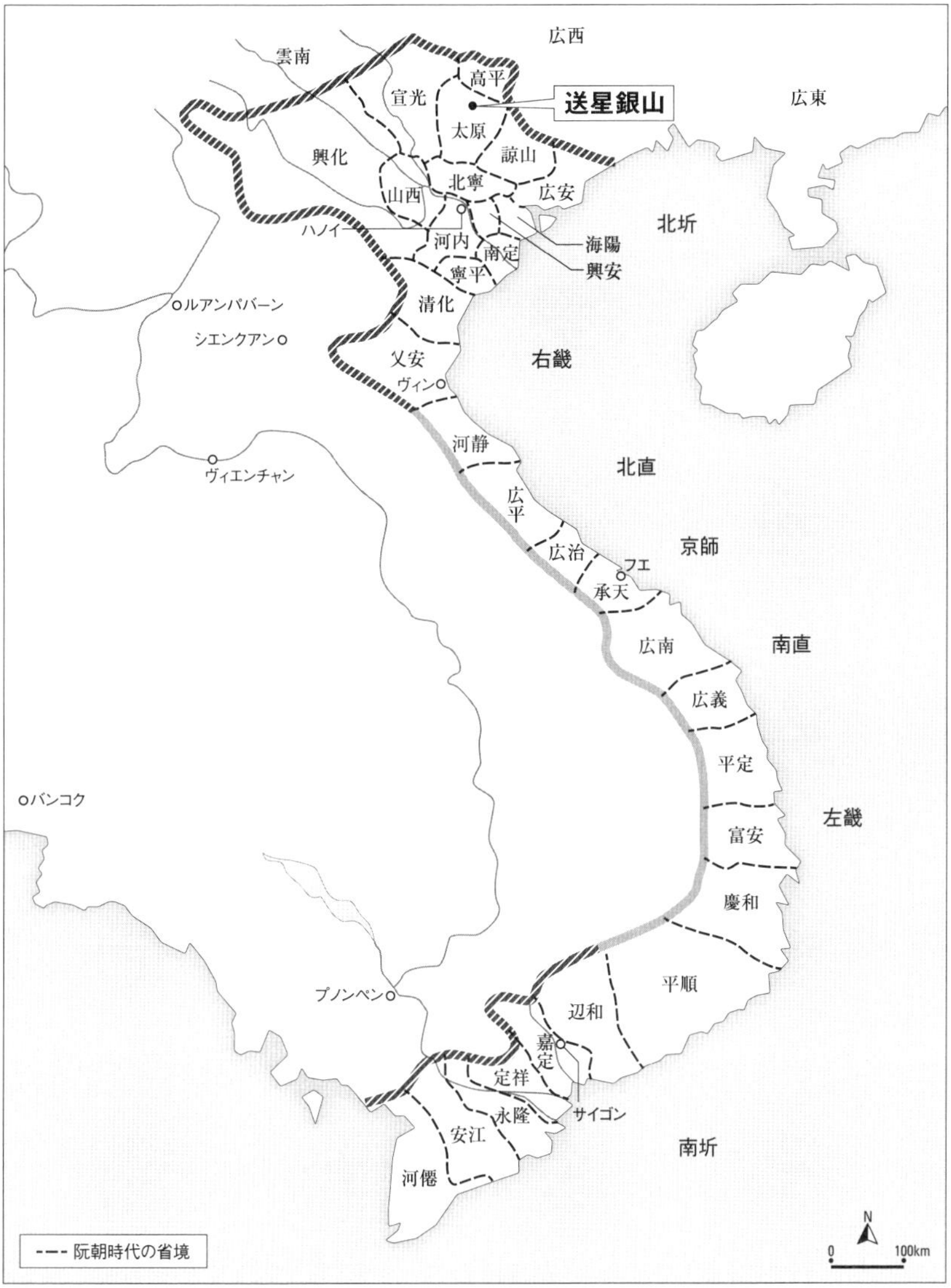

図1　19世紀前半のベトナム

出典：嶋尾稔「タイソン朝の成立」桜井由躬雄編『岩波講座東南アジア史4　東南アジア近世国家群の展開』岩波書店，2001年，289頁の地図より作成

ン県）に位置する、近世ベトナム最大の銀鉱山である。十八〜十九世紀の北部ベトナムでは、送星銀山を含め大小さまざまな銀山の開発が進められたが、これら銀山開発の歴史的起源については不明な点が多い。十世紀に中国から独立した後のベトナムにおける鉱産資源の開発過程を振り返ると、李朝《リー》（一〇〇九〜一二二五年）から陳朝《チャン》（一二二五〜一四〇〇年）にかけて重要だったのは、銀よりもむしろ砂金であった。砂金は当時のベトナムの主要な輸出商品であり、宋代には金と引き換えに中国から奴隷が輸入されていた。[7] 陳朝の滅亡と胡季犛《ホークイリー》による政権奪取ののち、北部ベトナムは一四〇七年から二七年まで明朝の統治下におかれる。十五世紀の明朝は雲南で積極的な銀山開発に乗り出していたが、雲南と隣接するベトナムでも現地民を動員して金銀鉱山の開発を進め、鉱産資源の収奪を強化していった。[8] 当時北部ベトナムで開発されていた鉱産資源については、明朝支配期の状況を記した『安南志原』や、一四三〇年代に編まれた阮廌《グエンチャイ》の『輿地誌』に具体的な記述がみられる。[9] 属明期におこなわれた鉱山開発の遺産は、明朝からの独立を勝ち取った黎朝《レー》（一四二八〜一七八九年）にも引き継がれた。送星銀山の位置する太原省の白通州では、少なくとも十六世紀末以降、一定規模の銀山開発と鉱山税の徴収がおこなわれている。[10] 十八世紀にはいると、中越双方の史料上で送星銀山の存在が言及されるようになる。これは送星銀山の豊富な銀産もさることながら、鉱山で労働者間の大規模な紛争が発生し、国際問題に発展したためである。銀山に集う華人労働者は、優良な鉱脈を求めてしばしば対立し、「械闘《かいとう》」と呼ばれる凄惨な暴力事件を引き起こした。一七六〇年代に太原の地方官を務め、送星銀山の治安管理に深くかかわった呉時仕《ゴーティシー》によれば、当時鉱山労働者・商人・農民などとして太原領内に「僑遇《きょうぐう》」していた華人は四万を数えた。このうち送星銀山で働く労働者は約二〜三万戸であり、皆広東人だが、「極めて凶暴で管理が難しい」とされている。[11] 一七六五年に送星銀山で大規模な械闘事件が起こり、労働者に多数の死傷者が出ると、当時黎朝の名目的存在のもとに北部統治の実権を握っていた鄭氏《チン》政権は鉱山へ直接介入し、事件の当事者をとらえて広東当局へと引き渡した。鉱山の開発は事件後ほどなくして従来の規模に戻ったが、七五年に再び送星銀山で大規模な械闘事件が起こったため、黎朝・鄭氏政権は軍を派遣して騒乱を鎮圧し、鉱山は封鎖されるにいたった。このときベトナムから中国へ引き渡された労働者の数は、千数百人にもおよんだとされる。事態を重くみた清朝は、広西省との国境を閉鎖し、中越間の交通を一時的に遮断している[12]。

十八世紀末、タイソン反乱期の銀山開発

前掲の和田論文によれば、ビルマの銀山開発は一七五〇年代末までに終息、ベトナムの銀山開発も七五年の送星銀山閉鎖をもって実質的に終焉を迎えており、東南アジア大陸部における大規模な銀山開発と銀の対中輸出は短期間のうちに幕を閉じたとされる。またこの指摘を踏まえ林満紅は、七五年に送星銀山の開発が停止したことでアジア域内から中国への銀輸出は最終的に途絶し、これ以後中国は全面的にラテンアメリカの銀へ依存するようになったと述べている[13]。これらの研究で一七七五年という年は、ベトナムの鉱山開発史のみならず、アジアの銀流通史における一つのターニングポイントとみなされている。

しかし事実をより詳細に検討すると、一七七五年をもって北部ベトナムにおける大規模な銀山開発と対中銀輸出が終わったとする見解には再考の余地がある。ベトナム史において一七七〇〜八〇年代は、巨大な転換期にあたっている[14]。一七七一年に中部ベトナムの平定《ビンディン》で発生したタイソン三兄弟の反乱をへて、十六世紀以来約二世紀にわたって続いてきた北部の黎朝・鄭氏政権と中南部の広南《クワンナム》阮氏政権の分立は最終的な崩壊を迎える。広南阮氏政権が崩壊したのち、タイソン三兄弟の次男である阮恵《グエンフエ》は、一七八六年に軍勢を率いハノイへと進駐する。タイソン勢力の進攻に直面した黎朝の昭統《チエウトン》帝はハノイを出奔するが、このとき黎朝王族の一部が広西を通じて清朝に救援要請をおこなったため、八八年には清朝軍の正規軍がベトナムへ派遣されることとなった。ここで極めて興味深いのは、清朝によるベトナム遠征にさいし、送星銀山の華人労働者が清朝軍への協力を申し出たことである[15]。この出来事は、七五年以後も華人による送星銀山の開発が継続していたことを示している[16]。じつのところ、この時北部ベトナムにいる大量の鉱山労働者に着目していたのは、

清朝側だけではなかった。清朝側からのアプローチに先立って、タイソン側も北部ベトナムの鉱山民を自陣に取り込もうと画策をおこなっている。タイソンは送星および福山銀山の鉱山民を懐柔するため、出奔した昭統帝の探索に協力すれば、一〇年のあいだ鉱山税を免除するとの条件を提示した。しかし鉱山民は、黎朝から受けた恩義に報いなければならないという理由でこの申し出を拒絶し、清朝軍とともにタイソンと戦う道を選んでいる。[17]

清朝軍への協力を申し出るにあたり、送星銀山の張天厚という人物は、配下の江朝英と陳忠を広西に派遣して両広総督の孫士毅《そんしき》と面会させている。この面会については、台湾故宮博物院所蔵の軍機處檔摺件に江朝英らの供述書が残されており、ここから鉱山民たちの出自や当時の北部ベトナムの鉱山開発状況を知ることができる。[18]それによれば、江朝英は広東省恵州府河源県出身の四四歳、実家が困窮していたため乾隆三四(一七六九)年に広東の欽州から出国し、送星銀山で鉱山労働に従事してきた。一方、陳忠は広西省大平府崇善県出身の四一歳、乾隆三六(一七七一)年に送星鉱山へ行けば生計が立てられるという噂を聞き憑祥土州の山間地帯から出国、鉱山にたどり着いてからすでに一八年がたつという。彼らの証言に基づくと、送星鉱山にはこの時約一万人の華人労働者がおり、そのうち壮健なものは約四〇〇〇人ほどであった。また送星銀山のほかに、福山・波蓬・高楼の三つの銀鉱山と天篤錫廠・坤興鉄廠が稼働しており、送星銀山と福山・波蓬銀山のあいだには密な連絡が存在していた。福山・波蓬銀山にはそれぞれ一万人の労働者がおり、うち壮健なものはやはり四〇〇〇人程度とされている。高楼銀山および天篤・坤興鉄廠は送星銀山と連絡をとっていないが、江朝英らはこれらの鉱山にも送星銀山と同規模の労働者がいると推測している。以上の供述内容を信じるなら、一七八〇年代末の北部ベトナムには一万人規模の華人労働者をかかえる鉱山が複数存在していたことになる。

銀山開発に対するベトナム政権の対応

十八世紀に急拡大を遂げた華人主導の鉱山開発に対し、ベトナム政権はどのような認識をもっていたのだろうか。華人のベトナムへの流入は明清交替期より加速していったが、黎朝・鄭氏政権はこの流れに対応するため、十七世紀中葉より華人に対する居住制限や長期滞在者のベトナム化政策を進めた。鉱山労働者に対しては、一七一七年に鉱山ごとの人数を一〇〇〜三〇〇人に制限したほか、三九年には北部山地国境の防備を強化し、華人労働者の自由な往来を阻止しようとしている。[19] しかしこれらの施策はほとんど実効性をもたず、十八世紀中葉には送星銀山のように数万人規模の労働者を擁する巨大鉱山が出現した。先にも紹介した呉時仕は、裴士暹《ブイシーシエム》という人物の言を引用しつつ、当時の鉱山開発のあり方を三点にわたって批判している。[20] 一点目は、開発の進展にともない、鉱山の立地する山間部の僻地が外国人によって占拠されてしまうという治安上の問題である。二点目は、鉱産資源の採掘が地脈を傷つけるというもので、風水思想の観点から地下資源の乱開発が批判されている。そして三点目にあげられるのが、採掘された銀の国外流出であり、華人によって中国へ持ち帰られた銀は二度とわが国のものにならないと述べている。

十八世紀の北部ベトナムにおいて、華人による天然資源の乱開発および国外流出という問題は、銀にとどまるものではなかった。黎鄭政権は一七二〇年に銅とシナモンの専売制度を開始するが、この制度が実施された背景には、華人による勝手な取引のために、本来国家に帰属すべき天然資源が財政にまったく寄与していないという状況認識が存在していた。[21] さらに三七年には、シナモンの不法採取が後を絶たなかったため、華人がシナモンの産地である清化《タインホア》・乂安《ゲアン》の辺境域にはいることを禁止している。[22] 十八世紀のベトナム国家は、当時急速に広がりつつあった「華人による、華人のための資源開発」に対し、大きな危機感をいだいていたといえよう。

阮朝期の銀山開発

タイソン反乱によって既存の政治体制が崩壊したのち、広南阮氏の末裔である阮福映《グエンフックアイン》はタイソンとの熾烈な戦いを制して国土を統一、一八〇二年に阮朝を建てた。十八世紀とは異なり、十九世紀になるとベトナムの鉱山開発が中国側の関心を引く機会は少なくなる。ただこのことは、ベトナムの鉱山開発が十九世紀にはいって一方的に衰退したことを意味しない。阮朝治下の鉱山開発について包括的に論じたファン・フイ・レーの研究によれば、一八〇二〜五一年にかけてベトナムで採掘された鉱山は合計で一二四カ所に達するという。そこに含まれる一四カ所の銀山のうち、一〇カ所までが太原省に位置していた。[23] ここで注意すべきは、上記一二四カ所の鉱山のうち、阮朝期に新しく採掘された鉱山が四八カ所を占めるということである。[24] 十八世紀がベトナムの鉱山開発史における一大画期であったことは間違いないが、阮朝期においても活発な鉱山開発は続いていたのである。

阮朝期においてもっとも普遍的だった鉱山の開発方式は、「領徴」と呼ばれる請負システムであり、華人や山地民がその主要な担い手だった。領徴人は鉱山の開発権と引き換えに鉱山税の納入義務を負ったが、阮朝は鉱山の産出状況を定期的に検査し、産出規模に応じた税額を設定していた。『会典』に記された各銀山の徴税規定をみると、もっとも税額が多い鉱山でもその額は年間銀七〇〇両程度であり、ほとんどの鉱山は五〇〇両以下の税額にとどまっている。それゆえ銀山からあがる鉱税収入の合計は、多い年でも二〇〇〇両を超えなかったと考えられる。これら鉱税の記録から鉱山開発の実勢を判断するのは難しい。鉱山税の額は鉱山の産出状況に応じて賦課されたが、その税額が総産出量のどれほどに相当していたのかを知るすべはなく、また領徴人が税の軽減を狙って産出状況を偽ることは容易であった。領徴人は、鉱山税を支払った後に残った生産物のすべてを自由に処分できたわけではない。阮朝は鉱山税のほかに官買制度を通じて鉱山の生産物を買い上げており、税および官買の対象外となった部分のみが市場での販売を許された。[25] 貨幣金属の輸出は阮朝によって原則禁止されていたため、生産物の販売は法律上ベトナムの国内市場に限定されていた。

一方ヨーロッパ人の記録をみると、禁令の存在にもかかわらず、ベトナムからの銀流出は十九世紀にも続いていたようである。十九世紀初頭のベトナムに滞在したフランス人宣教師によれば、当時貴金属の輸出禁令はきちんと守られておらず、少なくとも銀については積み出しが公然とおこなわれ、その輸出額は驚くべきものだと記している。[26] またインド総督の使節として一八二一～二二年にベトナムを訪れたクロファードは、ベトナム全土に約四万人の華人がおり、そのうちの二万五〇〇〇人がトンキン（北部ベトナム）の鉄・銀・金鉱山で開発に従事していると述べている[27]。クロファードは、当時の北部ベトナムの銀産量についても興味深い記述をおこなっている。それによれば、トンキンの金銀鉱山はハノイから西に約一二日の旅程にあり、「銀鉱山は年間約一〇〇ピクル、すなわち約二一万三六〇〇オンスの銀産があると見積もられている」としたうえで、それらの大部分が隣接する中国の雲南省や広西省に密輸されるとの情報を紹介している[28]。クロファードの記述に基づくと、一八二〇年前後において、年間六トン以上の銀が北部ベトナムから中国へ密輸されていたことになる。

ベトナムにおいて銀の対外流出が国内経済に深刻な影響をもたらすのは、阮朝の二代皇帝である明命《ミンマン》帝の治世にはいってからのことである。明命帝の在位期間は一八二〇～四一年にわたるが、これは中国において銀流出と銭建て銀価の上昇が社会問題になった時期と重なっている。じつは中国と時を同じくして、ベトナムでも一八二〇年代以降銭建て銀価格の上昇が顕著となっていた。そして当時ベトナム側によって銀価騰貴の主要因と目されていたのが、銀の国外流出、とくに華人による銀の持ち出しであった。貨幣金属の輸出は王朝創設期より禁止されていたが、明命帝は一八三八年と三九年に銀輸出禁令をあらためて発布し、さらなる銀の流出を防ごうとしている。三八年の禁令においては、金銀地金の国外輸出を禁止し、カルロス銀貨などの洋式銀貨（花辺銀・鬼頭銀・馬剣銀）のみ国外への持ち出しが認められることとなった[29]。これに対し三九年の禁令では、中国と陸路で国境を接する北部諸省について華人商人や鉱山労働者による地金持ち出しを厳禁し、密輸が発覚した場合は持ち出し額が一二〇両未満であれば杖刑、それ以上の額は絞監候（執行猶予つきの絞首刑）を課すとしている[30]。

明命帝は銀を確保するための積極策として、鉱山開発体制の見直しにも取り組んでいる。ここまで述べてきたように、十八世紀～十九世紀初頭のベトナムにおいて鉱山開発の主導権は華人によって握られており、国家が鉱山開発に直接取り組むことはなかった。鉱山税収入が伸び悩むなか、明命帝は領徴制による鉱山開発に強い不満をいだき、領徴人を経由しない国家による鉱山の直接開発を模索する。そしてこの試みの対象となった銀山こそ、かつてベトナム随一の銀産量で知られた送星銀山であった。阮朝成立後一八三〇年代にいたるまで、送星銀山に関する記述はベトナム側の史料にもほとんどみられない。『会典』によれば、送星銀山の領徴税額は一八〇三年に年間一五〇両と定められ、その後一七年には一〇〇両へと減額されている。先行研究が指摘するように、十九世紀の送星銀山は、もはやかつてのような巨大銀山ではなくなっていたのだろう。ところが三九年になって、明命帝は送星銀山の直接開発を決定し、潘清簡《ファンタインザン》を現地に派遣して事業の監督に当たらせた。[31] このとき送星銀山が開発対象となった直接の理由は、明命帝が清朝の官報を読んでいた際、「ベトナムの送星銀鉱は極めて盛んであるが、わずかに商税を徴収するのみで、清人に採掘を許している。そこから毎年得られる紋銀は二〇〇万両にのぼり、（清人は銀を）密かに持ち帰っている」という直隷総督・琦善《きぜん》の上奏を目にしたためであった。しかし明命帝の大きな期待にもかかわらず、送星銀山の直接開発はめぼしい成果を得られないまま失敗し、送星銀山の開発は結局もとの領徴制に戻されている。

送星銀山に加え、阮朝は明命期を中心に、金・亜鉛・鉛・銀など一〇カ所以上の鉱山を直接開発した。[32] これらの鉱山の直接開発には大量の資本と人員が投下されたものの、プロジェクトのほとんどは大きな欠損を出して失敗し、最終的には華人の領徴へ戻されるか、鉱山自体が閉鎖されている。鉱山の直接開発がうまく行かなかった最大の理由は、王朝の側に鉱山を効率的に採掘するノウハウがなかった点にあった。華人からの利権回収を目論みながらも、華人の技術力を抜きにしては十分な鉱山開発ができなかったところに、阮朝のかかえるジレンマを見て取ることができる。

ベトナム銀のゆくえ

北部ベトナムの銀山開発と銀の対中輸出がいつ終焉を迎えたのかは、現在のところ定かでない。比較的史料のよく残っている銅山開発の状況などをみると、一八四〇〜五〇年代までに鉱山の開発条件が明らかに悪化し、領徴人は多額の負債をかかえるようになっていた。送星銀山を含め十八世紀に開発が始まった鉱山では、十九世紀中盤までに優良な鉱脈が掘り尽くされて、採掘コストは上昇するいっぽうであったと考えられる。一八五八年以降、南部よりベトナムの植民地化を進めたフランスも、北部の鉱産資源には大きな関心をもっていた。植民地拡大を推進するフランス本国のグループは、一八七〇年代よりトンキンの鉱産資源がもつ魅力をさかんに喧伝したが、その大部分は根拠のない言説であり、実際に開発可能性のあったのは金と石炭のみだったとされる。[33]

十八世紀以降、ベトナムの北部山地から陸路で輸出された大量の銀は、最終的にどこへ向かったのであろうか。クロファードの記述にもあったように、ベトナム銀の直接の目的地は中国の広西省および雲南省であった。雲南には、ベトナムのみならずビルマやタイからも銀が流入しており、東南アジア銀の集積地として重要な意味をもっていた。東南アジアから雲南に向かう銀の流れは、十九世紀に雲南でアヘン栽培が拡大し、その一部が東南アジアに輸出されるようになるとさらに加速する。[34] 雲南を含む中国の西南地域は、沿海部から中国にはいった銀の流れを考えるうえでも重要である。岸本美緒は、清代中期中国における銀の終着点として貴州・雲南・湖南西部のミャオ族居住区に注目しているが、それはこれらの地域が優良な木材の産地であり、木材を商人や官員に販売した代価としてこの地に大量の銀が流入していたためである。いったんミャオ族の手にはいった銀は、商品の購買によって再び市場に還流するのではなく、その大部分が有力者のもとに蓄えられ、威信財として銀細工に加工された。[35] 東南アジアからの銀流入も含め、今後はアジア銀経済圏において中国西南地域のもつ歴史的意義をあらためて考えてみる必要があるだろう。

2 近世ベトナムにおける銀の流通と鋳造

十八世紀以前の銀流通状況

ベトナムでは十六世紀にいたるまで、銀は実用的な交換手段というよりも威信財としての性格が濃厚であった。例えば初期に鋳造された銀錠の実物として、クワンニン省のカムファ城址で発見された、端慶年号(一五〇五〜〇九年)をもつ重量約一キロの枕型銀錠が知られている。[36] ただその巨大な重量からみて、この銀錠も贈答用の特殊貨幣であったと推測される。李陳期から黎朝前期にかけ、財政運営や市場交換において圧倒的に大きな地位を占めていたのは銭貨であった。[37]

十六〜十七世紀の東アジア・東南アジアは、日本銀・ラテンアメリカ銀の飛躍的な生産拡大を背景にして、史上空前の交易ブームにわき返った。こうした交易の波のなか、生糸の有力な産地であったベトナムにも、日本の朱印船やポルトガル、オランダ船、さらには中国船により大量の銀がもたらされた。リ・タナの推計によれば、一六〇〇〜八〇年にかけ、北部ベトナムには年平均六〜七万トンの銀が流入していたとされる。[38] アジアの交易ブームは十七世紀後半にかけて全般的に沈静化してゆくが、北部ベトナムは遷海令で輸出が困難となった中国にかわる有力な生糸供給地として大量の銀を輸入し続けた。[39] また当時広南阮氏政権の統治下にあった中南部ベトナムにも、銭貨とともに大量の銀が流入していた。

従来の研究は、十七世紀のベトナムに大量の銀がもたらされた事実を指摘してきたが、それらの銀が当時のベトナム経済に与えた影響については必ずしも明らかにされていない。この問題について論じたリ・タナは、十七世紀における銀の大量流入が当時の北部ベトナムに未曾有の建築ブームと国内市場網の拡大を引き起こし、さらに宗教面ではディン(亭)と呼ばれる祠堂の隆盛をもたらしたと主張している。[40]

リ・タナの述べるように、貿易によってもたらされた銀がベトナム国内の経済・宗教活動に投資された可能性は否定できない。一方、同時代の諸記録は、ベトナムに流入した銀の大部分が国外へ再輸出されていた事実を指摘している。十七世紀のトンキンについて貴重な記録を残したイギリス商人のサミュエル・バロンによれば、当時トンキンには毎年「数百万ドル」の銀がもたらされていたが、それらの銀の大部分は銅銭と交換するため中国や西北の山岳地帯へ運ばれていたという。この点についてバロンは、「銀が国外に流出してゆくなか、これへのいかなる対策も講じられていないのは、まったく間違った政策である」と述べている。[41] また清朝の成立後三藩の一員として雲南に独自勢力を築いていた呉三桂《ごさんけい》は、雲南銅を用いて独自の銅銭を鋳造し、ベトナム銀との交易をおこなっていた。[42] 十七世紀末になると、ベトナム側も銀の国外流出に対する規制措置を講じ始める。黎鄭政権は一六八七年に外国商人による銀の持ち出を禁止しているが、このとき下された諭旨によれば、当時外国の商人は取引にあたってもっぱら銀を受け取り、その銀を母国へ持ち帰っていたという。[43] これらの記述をあわせると、十七世紀に海上交易を通じてベトナムに流入した銀の大部分は中国方面に再輸出され、それと換えに大量の中国銭がベトナムへ輸入されていたのであろう。

ベトナム国内の貨幣流通の大部分は依然として銅銭によって占められていたが、銀の貨幣使用を示す断片的な記録も残されている。例えば先に紹介したバロンは十七世紀の貨幣状況について、中国からもたらされる銅銭とともに、「ドル銀貨一四枚に相当する重量」の金錠と銀錠が用いられていたと述べている。[44] 銀は単位あたりの価値が高額であるため、当時の人々は必要額に応じて銀錠を銀片に切断して使用し、銅銭と銀とのあいだには市場の需給関係に基づく交換レートが成立していた。[45] なお一七四〇年前後において、北部の黎朝・鄭氏政権は兵士への給与支払いに銀を用いている。ただこの時には、大量の銀が頒布されたために銀の市場価値が下落し、兵士は困窮するにいたった。黎朝・鄭氏政権はこの問題を解決するため、「銀銭通融法」を発して銀の市場価格を調整するとともに、流通銀の品質鑑定を徹底させ、偽造銀錠の出現を防ごうとしている。[46]

阮朝による銀錠の鋳造・管理体制

阮朝期にはいると、ベトナムの史料には銀に関する記述が豊富にみられるようになる。その背景には、財政運営や市場取引において銀の使用を促進しようとする阮朝の貨幣政策があった。阮朝の通貨制度は銭貨と銀の二貨を基本とするもので、近世中国の銀銭二貨制と類似している。中国の場合、銭貨鋳造が国家の特権であったのに対し、銀錠の鋳造や品質保証は民間主体（「銀炉」など）に委ねられていた。銀が極めて重要な経済的役割をはたしていたにもかかわらず、国家が自ら銀貨幣の鋳造をおこなわなかった点は、近世中国貨幣史の大きな特徴といえよう。中国同様ベトナムにおいても、民間には金銀の扱いに長けた銀匠がおり、顧客の依頼を受けて銀錠の鋳造をおこなった。ただ民間の銀匠によって鋳造された銀錠には、鉛などによって貶質化されたものや表面に銀メッキを施された偽造品が少なからず混入しており、市場の銀流通や国家の財政運営に悪影響を与えていた。こうした状況下で、民間の銀匠と彼らの鋳造する銀錠の管理が、阮朝にとって重要な政策課題となるにいたる。嘉隆帝《ザロン》（在位一八〇二〜二〇）は中平印の刻印制度によって銀錠の品質管理をおこなうとともに（後述）、一八一三年には「新製銀錠条例」を発布して銀税徴収業務を銀匠に委ね、納入される銀の品質に責任をもたせている。[47]

阮朝の銀錠制度が中国と大きく異なるのは、民間の銀匠だけでなく、国家も銀錠を公鋳していた点である。阮朝によって公鋳された銀錠の多くは実物が現在まで伝わっており、図版や現地の博物館でその形状を確認することができる（口絵参照）。銀錠はいずれも直方体であり、表面には「壹両」「拾両」といった銀錠の重量ともに、「嘉隆」「明命」「紹《ティエウ》治《チ》」「嗣徳《トゥドゥック》」などの年号が刻まれている。これらの公鋳銀錠は、納税や官買によって国家のもとに集められた銀地金から鋳造されることが多かったが、民間人が地金を公的機関に持ち込み鋳造を依頼することもできた。

阮朝による銀流通・鋳造の管理体制は、王朝の成立後まもない一八〇三年に始まる。この年北部地域の財務を管轄していた阮文謙は、タイソン期に低品質の銀錠が氾濫したことを踏まえ、今後は国家が銀錠に印刻を施し、品質保証をすべきだと主張した。そこで嘉隆帝は北城図家のトップである陳平五を中平侯に任命し、以後公私の金銀錠は陳平五のもつ中平印の印刻を受けたもののみ流通を認めることとした。図家とは嘉隆〜明命初期に存在した機関で、米穀以外の諸産物の出納・保管業務を担うとともに、集積された諸物産から手工業製品の生産をおこなう官営工房としての役割もはたしていた。嘉隆期には首都のフエに内図家と外図家、地方ではハノイとサイゴンにそれぞれ北城図家と嘉定図家がおかれていた。これら四図家は、明命元(一八二〇)年にフエの内図家が内務府、外図家が武庫へと改称され[48]、その翌年には、北城図家と嘉定図家がそれぞれ北城造作局と嘉定造作局に改められている[49]。北城図家を管轄する陳平五が中平侯に任命されたように、阮朝期における銀鋳造の中心は、北部ベトナムにあった。これは北部山地が有力な銀の産地であったことに加え、ハノイを中心とするデルタ地域に金匠・銀匠が集中しており、商人や山地民による銀税の納入も多かったことによる。

系統的な記録が残る銭貨鋳造の場合と異なり、阮朝期の銀錠管理体制に関する記述は断片的で、その全体像を復元するのは難しい。幸いなことに、明命年間の上奏文を集めた『明命奏議』のなかには、嘉隆期から明命一三(一八三二)年にいたる銀錠管理制度の沿革を記した文書が残されている[50]。その内容を要約すると、一八三一年以前の北城では、北城図家＝造作局の官吏と金銀市の匠目司官が金銀の鋳造・管理を分担していた。官営工房でもある造作局の内部には、銀の鋳造所として鋳銀場が設けられていた。一方、金銀市は金銀の売買や鑑定に特化したマーケットであり、そこに集う職人は匠目司官によって統率された[51]。銀錠の鋳造・鑑定業務において重要なのは、品質保証の標章を印刻するのに用いる鉄範(鉄跡)の管理である。嘉隆期に北城図家を管轄した陳文五と陳文弘は、銀錠の品質を保証するため「中平」「五両」「甲」「看」「寔(実)」「公」という六種類の鉄跡を製造したが、このうち「交」「寔」の鉄跡は金銀市の責任者に交付され、残り四種の鉄跡は造作局の局員によって管理された。民間人が既成銀錠を持ち込んで鑑定を依頼する場合、金銀市の匠目司官が鑑定をおこなって鉄跡を押した後、造作局の局員がさらに中平・看字・公字の鉄範を押印し、銀錠は持ち主へと返却された。また鋳銀場で銀錠を新規鋳造する場合には、直方体の六面に押印をうける規定であった。鑑定・鋳造のいずれにおいても、依頼者は字跡銭と呼ばれる手数料の支払いを義務づけられていた。造作局および金銀市で使用される鉄跡のほか、首都のフエにも「公正」「十」「八五」の三種の鉄跡が存在していたとされる。

北部ベトナムの鋳銀場と金銀市に対し、フエにおいては内務府が銀の鋳造機関として重要な役割をはたしていた。後述するように、内図家から発展した阮朝の内務府は、国内外から集められた希少財を管理する財務機関であり、附属の工房ではこれらの原料を用いさまざまな手工業製品が作られていた。税や官買によって確保された銀が全国から集まる内務府は、銀の鋳造所としても独自の地位を占めており、そこで鋳造された銀錠には「内帑《ないど》」の二文字が印刻された。内務府では、蓄蔵用として一〇〇両（約四キロ）を超える超巨大銀錠も鋳造されている。

明命帝は一八三一年に従来北部ベトナムを統括してきた北城総鎮を解体し、中国にならった省制度を導入する。北城総鎮の解体にともない、嘉隆期より鉄範を管理してきた造作局と鋳銀場も廃止されることとなった。先に紹介した『明命奏議』所収の戸部上奏文によると、北城総鎮の解体後、鉄範の様式は一新され、フエでは「内帑」の文言と鋳造年次をあらわす干支が銀錠に印刻されることとなった。一方、北部では、造作局にかわって各省が干支と省名の鉄範を作成し、鋳造した銀錠に印刻を施す規定となった。さらに重要なのは、鋳銀場の廃止にともない、それまで官に一括管理されていた鉄誌の製造が個々の工匠にも認められたことである。銀匠は本名一字を鉄誌として製造し、自身の鑑定した銀錠に押印した[52]。

北部における鋳銀場の廃止は、まもなく民間の銀流通に深刻な悪影響を与えた。阮朝硃本には、この弊害について詳述した一八四一年の戸部上奏文が残されている[53]。それによれば、省制度の導入によって鋳銀場が停止され、工匠による鉄誌の自弁が認められた結果、工匠たちは自家で一両銀錠および十両銀錠を私鋳するようになった。これら工匠の私鋳した銀錠は、規定の印誌こそ押されているものの、重量は軽く品質も落とされており、さらには鉛や鉄を銀でメッキした偽造銀錠も登場するにいたった。これら不正が発覚した場合、もともと銀錠を鋳造した工匠は姿をくらましていて追及することができず、ハノイでは民間の商取引や銀税の納入に多大な弊害が生じていたという。

当時偽造銀錠の存在はハノイのみならず全国的な問題となりつつあり、地方から内務府に送られてきた銀錠のなかに偽造銀錠が混入する事件も発生した。[54] 銀錠の品質低下を食い止めるため、一八四五年には民間で鋳造された銀錠と印刻のない旧式銀錠の流通を一八四七年までに停止することが決定されている。また銀錠の改鋳を進めるため、フエ・嘉《ザー》定《ディン》・ハノイ・平定・乂安に鋳造場が設置されることとなった。[55] しかしこれら鋳造場での改鋳事業は、必ずしも王朝の予期したとおりに進まなかった。紹治六（一八四六）年六月の時点で、鋳造場に改鋳を申し出る者はほとんどいないという状況であり、戸部はあらためて改鋳命令の周知徹底を要請している。[56] なおハノイの鋳造場ははじめ城内の旧造作庫そばに設置され、勇寿村金銀庸の職人が鋳造業務にあたっていた。この鋳造場では、税ないし官買によって集められた銀をもとにした官銀の鋳造と民間人が持ち込んだ銀の改鋳とを並行しておこなっており、鋳造場が極めて手狭となっていた。そのため民間銀の改鋳については、勇寿村に鋳造場を別設することが認められている。[57]

紹治年間（一八四一～四七年）に設置された鋳造場はその後一八七〇年代にいたるまで存在していたが（六二年にフランス領となった嘉定を除く）、鋳造場に銀錠鋳造を依頼する民間人は依然として少なかった。嗣徳帝（在位一八四七～八三）の命をうけた戸部は、一八七八年に全国各地の銀錠鋳造状況について報告をおこなっている。[58] それによると、官吏への申請手続きなどに時間がかかるため、民間人は鋳造場での銀錠鋳造を望まず、しばしば市場に行って銀錠を私鋳していた。全国の鋳造場のうち、ハノイでは恒常的に民間銀が持ち込まれていたものの、乂安では月に一～四錠程度であり、フエと平定の鋳造場はほとんど銀の持ち込みがなかった。鋳造場が設置されていない諸省のうち、海陽《ハイズオン》・南定《ナムディン》・高平《カオバン》・太原・広安《クワンイエン》の諸省では省公認の鋳匠が銀錠の鋳造をおこなっていたが、そのほかの省では「条銀」と呼ばれる私鋳銀が民間取引や納税に公然と用いられていたという。

洋式銀貨の浸透とその影響

ここまで阮朝による銀錠の管理体制についてみてきたが、そこでしばしば垣間みえたように、民間市場には国家による管理の及ばない独自の銀流通が形成されていた。ここでは、清朝期の広東省（現在の管轄では広西省）と接する広安（現在のベトナム・クワンニン省）の例をとり、民間銀流通の具体的な状況をみてみたい。一八二九年、広安鎮の万寧《ヴァンニン》・雲屯《ヴァンドン》二州で米価が騰貴し食糧が欠乏したため、救荒政策として国家の備蓄米を廉価販売することが決定された。このとき二州には国家公認の中平銀がなく、「花円銀」と「土銀」しか流通していなかったので、住民に対しては在地の銀をもって米の支払いにあてることが認められた。万寧州における米の売却総額は、重量にして銀八〇〇〇銭（一銭は三・七五グラム）にのぼったが、その内訳は花円銀六八六八銭七分（一分は〇・三七五グラム）、各種土銀四四〇銭七分、大錠銀六九〇銭六分であった。一方、雲屯州における売却総額は銀四〇〇〇銭で、内訳は花円銀三二一二銭と各種土銀七八八銭になっていた。[59]

この事例で特徴的なのは、万寧・雲屯で回収された銀のうち、全体の八割以上が花円銀によって占められていた点である。ベトナムの史料に登場する花円銀は、中国における「花辺銀」に該当し、スペイン領メキシコでカルロス三世および四世の治世に発行されたカルロス銀貨を指す。カルロス銀貨はその巨大な鋳造額と高品質によってアジアでも広く用いられ、中国の沿岸地域では銀の地金価値を大幅に上回るプレミアムがつけられていた。広東省と接するベトナムの広安地域は中国との海上交易も盛んであり、その過程で大量のカルロス銀貨が域内に流入したのであろう。

十九世紀のベトナムにおいて、カルロス銀貨を含む一連の洋式銀貨は、「洋銀」「番銀」と総称されていた。これら洋式銀貨は、秤量貨幣として用いられたアジア在来の銀錠と異なり、枚数を数えて使う計数貨幣として製造されたものである。ベトナムには、すでに十七世紀の時点でオランダ東インド会社により大量の洋式銀貨が輸入されていたが、国内にはいった銀貨のほとんどは溶解され、銀錠へと改鋳されていた。[60] 広南阮氏時代の十八世紀には、カルロス銀貨をベトナムの法貨にしようとするフランス商人の試みがあったものの、現地有力者の反対にあって失敗に終わっている。[61] これに対し嘉隆帝は、十八世紀末のタイソン戦争期よりヨーロッパ商人との取引に洋式銀貨を用い、華人から銀貨で人頭税を徴収していた。さらに阮朝の成立後には、内国関税や入港税の納入に洋式銀貨を用いることが認められている。徴税などを通じて国庫に流入した洋式銀貨は内務府に集められたが、そこでは「呂宋」「花辺」「双燭」「鬼頭」などと呼ばれる銀貨が「西洋銀銭」として貯蔵されていた。呂宋・双燭は、花辺と同じくカルロス銀貨を指す呼称である。

極めて興味深いことに、阮朝はこれら洋式銀貨にならって独自の銀貨を鋳造している。明命帝は一八三二年より飛龍銀銭の鋳造を開始するが、この銀銭の重量は一枚あたり七銭(約二六グラム)に設定されており、明らかにカルロス銀貨を意識していたことがわかる(口絵参照)。阮朝は明命期から嗣徳期にいたるまで、飛龍銀銭を含むさまざまな名称の銀貨を鋳造し続けたが、それらの銀貨はおもに賞賜を通じて民間へ大量に放出された。その対象は国内の臣民のみならず、諸外国の王・使節にも及んでいる。[62] ただこれらの銀貨は、既存の銀錠やカルロス銀貨に比べ銀含有率が低かったため市場では歓迎されず、公定価格以下での流通や受領拒否を余儀なくされた。

よく知られているように、十九世紀後半〜二十世紀初頭のアジアでは、洋式銀貨にならった銀貨鋳造が各地でおこなわれている。日本では一八七一年に明治政府が貿易銀の鋳造を始めており、清朝では洋務運動の推進者として知られる張之洞《ちょうしどう》が、八九年に広州で「龍洋」と呼ばれる銀貨の鋳造に着手した。アジアにおける欧米の植民地政庁も洋式銀貨にならった本位銀貨の鋳造をおこない、十九世紀末にベトナムを植民地化したフランスは、一八八五年以降インドシナ向けにピアストル銀貨を鋳造している。阮朝による飛龍銀銭の鋳造は、これら洋式銀貨をベースにした一連の銀貨鋳造のなかでももっとも早い試みの一つであり、市場での広範な流通こそ実現できなかったものの、アジア貨幣史の展開において重要な意味をもつものといえよう。

山間部におけるローカルな銀貨幣の流通

先に紹介した広安の事例では、花円銀とともに土銀と呼ばれる銀貨幣の存在が記録されていた。土銀とは北部ベトナムを中心に流通していた民間銀の総称である。土銀はベトナムの北部山地で産出され、おそらくは銀匠による鋳造をへずに流通していた銀地金だったと考えられる。[63]『明命奏議』の記述によると、宣光《トゥエンクワン》・諒山《ランソン》・高平は金・銀の有力な産地であり、現地の住民は「咸邦、紅嶺、蚊銀（蛟銀）、釵釧、砂鉱、瓜子金」などと呼ばれるローカルな金銀を用いていたが、それらはいずれも錠のかたちをなさない小さな地金で、標準を下回る品質しかもたなかったという。これら土銀を税として納入する場合、いったんハノイに輸送し金銀市の職人を雇って改鋳するか、銀錠をあらたに購入して転納する必要があった。また金銀市では土銀の買い上げが恒常的におこなわれ、収買された土銀は鋳銀場で純銀へと改鋳されていた。[64]このほか各種史料の記述を総合すると、土銀の流通範囲は広安・宣光・諒山・高平に加え、北部山地の太原・興《フン》化《ホア》および北中部の清化・乂安にもおよんでいたことが確認される。

阮朝にとって土銀の存在が問題となったのは、おもに銀税の納入においてである。後述するように、阮朝は北部の山地少数民に対し銀建ての人頭税を賦課していた。これら山地少数民の居住域は土銀の流通圏と重なっており、納税における土銀の使用は不可避であった。土銀は公認の銀錠にくらべ品質が低く、貶質化も容易であることから、土銀による銀税の直接納入は当初認められていなかった。それゆえ手元に土銀しかもたない人々は、納税のために土銀をハノイで公定銀錠に改鋳もしくは兌換しなければならず、多大な負担を強いられていたのである。こうした負担を軽減するため、阮朝は一八三二年以降各地域で土銀による納税を認めてゆくこととなる。ただ土銀の品質は公認の銀錠よりも大きく劣るため、納税に際しては精銀（純銀）と土銀との間に換算レートを定め、土銀には品質に応じた割引が施された。

3　十九世紀ベトナムにおける銀と国家財政

阮朝による租税銀納化政策

十九世紀のベトナム社会に銀が与えたインパクトを考えるうえで、財政運営における銀使用の拡大は極めて重要である。阮朝の成立以前のベトナムにおいて、財政運営の主要な媒体は、米穀をはじめとする現物と銭貨から構成されていた。これに対し嘉隆帝は、俸給支払いなどの公費支出に銀を用いるとともに、租税納入の一部を銀納化し、銀の貨幣使用を促進しようとした[65]。銀錠の公鋳と財政運営における銀使用の導入は、嘉隆期にとられた銀政策の両輪をなしていたのである。なかでも租税の銀納化政策は、より多くの人間を銀経済の網の目のなかに包摂し、国家と社会のあいだに巨大な銀の流れを生み出した点で画期的であった。

ここで阮朝の税体系について詳述することはできないが、税目のおおまかな構成にはふれておく必要があろう。阮朝の税制は大きく正賦と雑賦とに分類されており、正賦は土地税と人頭税から構成され、それ以外の諸税はすべて雑賦に組み入れられていた。雑賦に含まれるのは、鉱山税（「鉱税」）、非キン族に対する人頭税、産物税、入港税（「港税」）、内国関税（「関津税」）、内水面に対する課税（「源潭税」）である。

上記諸税の納付物は現物もしくは銭貨が中心であったが、嘉隆帝は一八〇五年から一四年にかけて税の銀納化を推進し、正賦および関津税・港税に銀納を導入した。しかし正賦の銀納化は部分的な実施にとどまり、明命期には銀価格の高騰によってすでに銀納化された租税の一部が現物納および銭納へ戻されることとなる。その結果、十九世紀中盤まで銀納制が維持されたのは、鉱山税（銀山）、非キン族に対する人頭税、港税、関津税の諸税目にとどまった。第一節で述べたように、阮朝期には領徴制のもとで銀山から得られる鉱山税が極めて少なく、国家の銀収入源としては重量な意味をもたなかった。むしろ銀収入の規模や銀税負担者の数において重要だったのは、非キン族に対する人頭税と関津税である。

阮朝の広大な統治領域には、エスニックマジョリティであるキン族のほかに、華人・タイ系諸族、チャム族、クメール族など多様なエスニックグループが居住していた。阮朝はこれら非キン族の諸グループに独自の課税基準を適用し、人頭税としてキン族の場合とは異なる納付物を要求した。そしてこれら非キン族の諸グループのうち、華人と山地少数民には、銀で租税納入をおこなう人々が大量に含まれていたのである。華人と山地民に対する銀税の賦課は十八世紀より一部で確認され、その慣行は阮朝にも引き継がれたが、嘉隆期には課税基準がいまだ不統一であった。こうした状況を改善するため、明命帝は銀をベースにした課税基準の整理に着手する。なかでも一八三〇年におこなわれた北部ベトナムの税制改革は重要であり、これによって北部ベトナムの華人と山地民の人頭税が銀によって統一された。一連の政策の結果、一八四〇年頃までに全国の華人の人頭税は一律年額銀二両となり、華人以外のエスニックグループについても、乂安以北に居住する「蛮民」「儂人」の人頭税が銀によって統一された。これら非キン族の人頭税から得られる銀税収入は、最大で年間三万両程度と推測される。

一方、税額面でこれら人頭税を大きく上回っていたのが関津税である。関津税の税額および納付物は関所の立地によって異なっていたが、北部ベトナムでは多くの関所で「半銀半銭納」という規定が用いられていた。半銀半銭納とは、銭貨で表示された税額の半分を実銭で、もう半分を銀で支払う方法である。関津税の起源はやはり十八世紀の黎鄭政権時代に求められるが、阮朝期には北部地域を中心に内陸河川経由の交易が発達したため、交通の要衝に設置された関所からは莫大な関津税収入がもたらされた。十九世紀中盤において、関津税から得られる銀収入は年間七万五〇〇〇両以上にのぼっている。この時期阮朝の銀税収入は約一二万両であったから、関津税だけで銀税収入の約七割を占めていたことになる。

これら銀税の納入に際し、阮朝は品質・重量が保証されている公認銀錠の使用を原則とした。ただ山間部など公認銀錠がほとんど浸透していない地域では、民間の銀流通状況にあわせた柔軟な対応が求められた。一八三〇年代になって阮朝が土銀による銀税納入を認めたことは先に述べたが、このほか高平・宣光・諒山の三省では、破損した「銀圏」「銀花耳」「銀帮指」など、明らかにアクセサリーと思われる銀製品が税として納入されている。[66] こうした状況をふまえ、一八四〇年には、銀錠のかたちをなさない零細な銀地金であっても純銀であれば税として納入することが許可されている。[67] 紹治帝は偽造銀錠を駆逐するため私鋳銀錠の使用を禁止したが、各省が実際に徴収した銀税には、土銀を含む公鋳銀錠以外の銀がなお含まれていた。

首都に集中する銀

地方で税として徴収された銀は、各省にとどめおかれるものと、首都のフエに輸送されるものとに分けられる。明命期以降、阮朝は各省の銀備蓄額を低くおさえ、[68] 地方で徴収された銀の大部分をフエに集中させた。地方で徴収された銀のうち、未鋳造の銀地金や土銀については、各省で規定の十両錠・一両錠に改鋳してからフエに発送することが求められた。[69] ただ実際には、徴収された銀のすべてが発送前に改鋳されたわけではなく、地方の土銀がそのままフエに輸送されるケースもみられた。一八四二年にはフエにおける土銀の備蓄が増加してきたため、土銀の改鋳規則を定めるとともに、土銀を原料にした銀貨や銀牌の鋳造がおこなわれている。[70] 地方から発送されてきた銀に偽造などの不正が見つかった場合、省の監督官や銀匠の責任が厳しく追及された。各省からフエへの銀(および金)の輸送は、海路(漕運)が用いられた穀物の場合と異なり、基本的に陸路を通じておこなわれる。北部各省からフエへの銀輸送額は一回に一〇万両を超えることもあったが、これらの銀は木箱に梱包されたうえ、兵士によって慎重に輸送された。[71]

地方からフエに送られてきた銀の収納・保管業務はもっぱら内務府によって担われた。先にも紹介したように、嘉隆期のフエには図家の一つとして内図家が設置されていたが、明命帝の即位とともに、内図家は内務府へと改称される。

徴税や官買によって取得された金銀宝玉や絹織物などを一括管理する内務府は、阮朝の財政運営における中枢機関である。内務府には物品に応じて合計一〇の貯蔵庫が設けられており、全国から集められた金と銀はこのうちの金銀庫で保管された。内務府が金銀の鋳造機能を併せもっていたことは先に述べたとおりである。金銀庫の銀備蓄は明命年間にはいって急速に増加し、その額は一八三〇年の時点で一六六万両に達した[72]。一八三五年には、銀備蓄の増加に対応するため内務府のなかに「銀窟」と呼ばれる貯蔵スペースが新設されている[73]。阮朝の保有する銀はその後も増加し続け、一八四七年には珍蔵分をあわせ三二六万五三四六両あまりにおよんだ[74]。

十九世紀ベトナムの銀銭比価変動

阮朝は十九世紀初頭より租税の銀納化を進め、明命～紹治期には全国の銀をフエに集中させるシステムを構築した。阮朝がこれらの政策を推進した時期は、ちょうど中国において銀流出と銀銭比価変動が社会問題化した時期とかさなっている。一八二〇年代以降、ベトナムで中国と同様銀流出の問題が顕在化したことは先にみたが、この時期には銭建て銀価も急激に上昇し、阮朝の財政政策に大きな影響を与えた。そこで以下、十九世紀ベトナムにおける銀銭比価の動向について概観することにしたい。十九世紀ベトナムにおける銀価格には、公定価格と市場価格の二種類が存在していた。銀の公定価格がはじめて定められたのは一八一〇年のことであり、当初は公費の支出・租税納入・市場取引のすべてにおいて同一価格を用いることが意図された。しかし実際には、財政運営においても状況に応じて複数の公定価格が使い分けられ、市場価格の趨勢に応じた微調整がおこなわれていた。嘉隆期における銀の公定価格は銀一両＝銭一六八〇文であり、市場銀価はこれよりもさらに銀安であったとされる。しかし明命帝の即位（一八二〇年）とほぼ時を同じくして、銭建て銀価は上昇の一途をたどり始める。銀価騰貴の影響を受け、一八二一年にはそれまで全額銀納であった関津税が半銀半銭納化されるとともに、北部山地では半銀半銭納であった田賦の全額銭納が認められた。明命帝は市場銀価が上昇するなかで華人と山地少数民の人頭税を銀によって統一したが、こうした措置は実質的な租税負担の増大となり、銀税の滞納があいつぐようになった。とくに華人たちのあいだでは銀税の銭貨による代納を求める声が強く、紹治期以降、臨時措置として人頭税の代銭納が許されていく。阮朝にとって最大の銀税収入源であった関津税についても、銀納部分の算出に用いる換算レートを市場価格にあわせて改定したため、実質的な銀収入額は嗣徳期以降、大きく減少した。その結果、一八四〇年代に一二万両を超えていた阮朝の年間銀税収入は、嗣徳期になっておよそ七万両にまで落ち込んでいる。

ベトナムでは一八二〇年代より銭建て銀価が長期的に上昇したが、ここで銀価上昇のパターンに注目すると、一八二〇年代以降の時期を二つに区分することができる。[75]第一期は一八二〇～三〇年頃であり、嘉隆年間に一両＝一六八〇文以下であった銀価水準が一両＝三〇〇〇文程度にまで上昇した。この期間は中国における銀危機とほとんどかさなっており、中国経済の変動に結びついた銀流出が銀銭比価を押し上げる方向に作用したと考えられる。ベトナムでは一八四〇年代より銀銭比価が再び変動し、四〇年代後半に一両＝五〇〇〇文を超えた市場銀価は、以後一八八〇年代まで一両＝五〇〇〇～六〇〇〇文のあいだで推移する。この第二期の銭建て銀価上昇は、第一期と異なって中国における銀銭比価の動向とほとんど対応しておらず、ベトナムの国内的要因によって引き起こされた可能性が高い。そこで考慮すべきは、銀の価格表示に用いられた銭貨の動向である。阮朝は制銭(公定の銭貨)として銅銭と亜鉛銭の二種類を発行していたが、両者のあいだには長らく公定比価が設定されていなかった。[76]銅銭と亜鉛銭の比価がはじめて公布されるのはようやく一八三九年のことである。ここにいたって銭貨の計算単位である一文は亜鉛銭一枚を指すことが明示され、銅銭の価値は亜鉛銭によってあらわされることとなった。いまだ仮説の域にとどまるものの、一八四〇年代以降の急激な銭建て銀価上昇は、価値表示単位である銭一文の内実が従来の銅銭から亜鉛銭に移行したことに関連する可能性が高い。

おわりに

本章では、銀山の開発、銀の鋳造と流通、財政と銀の関わりという三つの観点から、近世ベトナムにおける銀の位置づけを概観してきた。十八世紀に起こった東南アジア大陸部の銀山開発ブームは、陸路で清朝中国に大量の銀を供給した。ベトナムでは十八世紀に送星銀山が大量の華人労働者を引きつけたが、その開発は通説と異なり一七七五年以後も継続していたと考えられる。十八〜十九世紀ベトナムの銀山開発を大きく特徴づけるのは、開発における華人の主導性である。ベトナムの鉱山開発は華人のノウハウと労働力抜きに成り立ち得なかったが、華人主導の銀山開発はベトナム国家にとって治安および資源流出の面で深刻なリスクをともなうものであった。

十九世紀になると、ベトナムでは阮朝によって各種の銀貨幣が鋳造され始める。近世ベトナムでは中国と同様銀と銭貨を基軸とする通貨体制がしかれたが、国家による銀錠の公鋳は、中国にみられないベトナム貨幣史の独自の展開を示している。国家の公鋳銀錠と並行して、民間では銀匠の手による私鋳銀錠が存在し、北部山地では土銀と呼ばれるローカルな銀貨幣も広く流通していた。秤量貨幣として用いられたこれらの銀貨幣に対し、十九世紀のベトナムではカルロス銀貨に代表される洋式銀貨も浸透の度を深めていた。阮朝による飛龍銀銭の鋳造は、洋式銀貨の浸透に対するアジア側の能動的な反応を示すものである。

十九世紀のベトナムにおいて、銀は市場取引だけでなく財政運営にも用いられた。阮朝は租税の銀納化を推し進めるとともに、全国の銀をフエの内務府に集中させた。阮朝による銀政策の困難は、それが中国を中心とするアジア銀経済の変動期にかさなってしまったことにある。その影響は、銀流出および銀価騰貴のかたちをとってベトナムにも波及したが、そこでもっとも直接的なダメージをこうむったのは、華人や山地民を中心とする銀税負担者層であった。

前近代のアジアにおいて、銀は国境を超えたヒトとモノ・カネのダイナミズムを生み出し、各地域の政治・経済・社会秩序を大きく動かしてきた。ベトナムの場合、北部地域の銀山をめざしてやってきた数万の華人労働者は、凄惨な械闘事件や清朝軍によるベトナム出兵時のエピソードが示すように、経済面のみならず政治面においても無視できないファクターとなりつつあった。また中国市場の強力な銀吸引力は、銀を国内にとどめておこうとするベトナム政権にとって、絶えざる遠心力として作用した。十九世紀になっておこなわれた阮朝による鉱山開発の直営化、独自銀貨の創出およびフエへの銀集中政策には、こうした国際環境への対応としての側面があったといえよう。

註

1 阮朝研究の基本史料は王朝の年代記である『大南寔録』(以下『寔録』)と制度・法令集である『欽定大南会典事例』(以下『会典』)であるが、近年はこれら編纂史料作成のもととなった行政文書群である「阮朝硃本」(以下、硃本)の利用が可能となり、史料状況が劇的に改善した。このほかにもハンノム研究院など現地の研究機関には、社会経済史研究にとって有用な未公刊史料が多数所蔵されている。

2 本章の内容に深くかかわる先行研究として、阮朝期ベトナムにおける銀使用の実態と銀価変動を先駆的に論じた藤原利一郎「阮朝治下における金銀価の問題」『東南アジア史の研究』法蔵館、一九八六年(初出:『史窓』一七・一八合併号、一九六〇年)がある。筆者自身も阮朝期の銀問題について、「阮朝治下ベトナムにおける銀流通の構造」『史学雑誌』一二三-一二、二〇一四年および「十九世紀ベトナムにおける租税銀納化の問題」『社会経済史学』八三-一、二〇一七年を発表している。本章の記述のうちとくに註記のない部分は、これら拙論の内容に依拠している。本章とあわせて参照していただければ幸いである。また本章は、日本学術振興会特別研究員PD(課題番号一七J〇三二〇二)による研究成果の一部である。

3 Anthony Reid, "A New Phase of Commercial Expansion in Southeast Asia, 1760–1840," in *The Last Stand of Asian Autonomies: Responses to Modernity in the Diverse States of Southeast Asia and Korea, 1750–1900*, ed. Anthony Reid (New York: St. Martin's Press, 1997), 57–81.

4 東南アジアでの華人による鉱山開発の歴史を概観した研究として以下のものがある。Anthony Reid, "Chinese on the Mining Frontier in Southeast Asia," in *Chinese Circulations: Capital, Commodities, and Networks in Southeast Asia*, eds. Eric Tagliacozzo

and Wen-Chin Chang (Durham: Duke University Press, 2011), 21-36.

5 和田博徳「清代のヴェトナム・ビルマ銀」『史学』三三-三／四、一九六一年。

6 和田「清代のヴェトナム・ビルマ銀」、一二〇頁。

7 桃木至朗『中世大越国家の成立と変容』大阪大学出版会、二〇一一年、一三三頁。

8 陳荊和編校『大越史記全書』東京大学東洋文化研究所附属東洋学文献センター、一九八四〜八六年、本紀巻九、乙未・明永楽一三年条。

9 John K. Whitmore, "Vietnam and Monetary Flow of Eastern Asia, Thirteenth to Eighteenth Centuries," in *Precious Metals in the Later Medieval and Early Modern Worlds*, ed. John F. Richards (Durham, N. C.: Carolina Academic Press, 1983), 371-372.

10 一五九九年には、当時大同(現在のトゥエンクワン省)を拠点に自律的な勢力を築いていた武氏一族の武徳恭が黎朝に反抗、太原白通州の山地を攻撃して「銀場税を脅取」している(『大越史記全書』本紀巻一七、己亥二二年七月条)。

11 『黎朝名臣章疏奏啓』(ホーチミン市社会科学図書館所蔵、HNv. 161)、八四葉裏。この史料の使用を快諾してくださった広島大学・八尾隆生教授に感謝する。

12 送星銀山で起こった械闘事件については、和田「清代のヴェトナム・ビルマ銀」のほか、鈴木中正「黎朝後期の清との関係」山本達郎編『ベトナム中国関係史』山川出版社、一九七五年に詳しい。

13 Lin Man-houng, *China Upside Down: Currency, Society, and Ideologies, 1808–1856* (Cambridge, Mass.: Harvard University Asia Center, 2006), 63.

14 十八世紀末ベトナムの政治状況については、嶋尾稔「タイソン朝の成立」桜井由躬雄編『岩波講座東南アジア史四　東南アジア近世国家群の展開』岩波書店、二〇〇一年を参照。

15 鈴木中正「乾隆安南遠征考(上)」『東洋学報』五〇-二、一九六七年、一〇〜一一頁。

16 鈴木「乾隆安南遠征考(上)」二一頁。

17 孫宏年『清代中越宗藩関係研究』黒龍江教育出版社、二〇〇六年、二六〜二七頁。

18 「安南銀廠民人江朝英供単」国立故宮博物院図書文献館(台北)所蔵軍機處檔摺件、文献編号三九一一三三。

19 藤原利一郎「黎朝後期鄭氏の華僑対策」『東南アジア史の研究』(初出:『史窓』三八、一九八〇年)。

20 『大越史記全書』続編、巻五、丁亥二八(一七六七)年六月条。

21 岡田雅志「十八～十九世紀ベトナム・タイバック地域ターイ族社会の史的研究」大阪大学文学研究科博士論文（未公刊）、二〇一一年、五六～五七頁。

22 岡田「十八～十九世紀ベトナム・タイバック地域ターイ族」五八～五九頁。

23 Phan Huy Lê, "Tình hình khai mỏ dưới triều Nguyễn," in *Huế và Triều Nguyễn* (Hà Nội: Nxb. Chính tri quốc gia, 2014), 195–197.（ファン・フイ・レー「阮朝治下の鉱山開発状況」『フエと阮朝』ハノイ・国家政治出版社）なおこの数字は、『会典』の記載をもとに計算されたものである。

24 Phan Huy Lê, "Tình hình khai mỏ dưới triều Nguyễn," 201.

25 国家による鉱産物の買い上げ事例については、『会典』巻六四、官買・五金の項目にまとまった記述がみられる。

26 M. de la Bissachère, *État actuel du Tunkin, de la Cochinchine, et des royaumes de Camboge, Laos et Lac-tho*, vol. 1 (Paris: Galignani, 1812), 216–217.

27 John Crawfurd, *Journal of an Embassy to the Courts of Siam and Cochin China, Singapore* (Reprint. New York: Oxford University Press, 1987), 470.

28 Crawfurd, *Journal of an Embassy*, 473. なおクロファードの残した別のマニュスクリプトでは、北部ベトナムの年間銀産額について一八二八年の著書とやや異なる数字（二一万五〇〇〇～二二万オンス）があげられている。多賀「十九世紀ベトナムにおける租税銀納化の問題」九四頁。

29 『寔録』慶應義塾大学言語文化研究所、一九六一～八一年、正編、第二紀、巻一九三、明命一九年五月条。

30 『会典』西南師範大学出版社・人民出版社、二〇一五年、巻四三、戸部・雑賦禁令。

31 明命帝における送星銀山の直接開発については、和田「清代のヴェトナム・ビルマ銀」一二五～一二六頁のほか、Phan Huy Lê, "Tình hình khai mỏ dưới triều Nguyễn," 221–225を参照。

32 Phan Huy Lê, "Tình hình khai mỏ dưới triều Nguyễn," 210.

33 Laurent Burel, *Le contact protocolonial franco-vietnamien en Centre et Nord Vietnam, 1856–1883*, Thèse Paris VII (1997), 257–261.

34 Chiranan Prasertkul, *Yunnan Trade in the Nineteenth Century: Southwest China's Cross-Boundaries Functional System* (Bangkok: Institute of Asian Studies, Chulalongkorn University, 1989), 64–65. なおベトナム北部山地——雲南間の交易状況を十九世紀末～

二〇世紀初頭にかけて検討した最新の研究として、以下のものがある。岡田雅志「世紀転換期のインドシナ北部山地経済と内陸開港地」秋田茂編著『「大分岐」を超えて——アジアからみた十九世紀論再考』ミネルヴァ書房、二〇一八年、二四七〜二七二頁。

35 岸本美緒「銀のゆくえ」竹田和夫編『歴史のなかの金・銀・銅』勉誠出版、二〇一三年、三九〜四〇頁。

36 Đỗ Văn Ninh, *Tiền cổ Việt Nam* (Hà Nội: Nhà xuất bản Khoa học xã hội, 1992), 70.(ド・ヴァン・ニン『ベトナムの古銭』ハノイ・社会科学出版社)

37 東アジア・東南アジア地域で伝統的に用いられた円形方孔の貨幣である。一般には「銅銭」と呼ばれることが多いが、本章では亜鉛など銅以外の素材によって製造されたものも含めて銭貨という呼称を用いることとする。

38 Li Tana, "Tongking in the Age of Commerce," in *Anthony Reid and the Study of the Southeast Asian Past*, eds. Geoff Wade and Li Tana (Singapore: Institute of Souteast Asian Studies, 2012), 247.

39 十七紀北部ベトナムにおける生糸と銀の交易については、Hoang Anh Tuan, *Silk for Silver: Dutch-Vietnamese Relations, 1637–1700* (Leiden/Boston: Brill, 2007)を参照。

40 Li Tana, "Tongking in the Age of Commerce," 252–259.

41 Samuel Baron, "A Description of the Kingdom of Tonqueen," in *Views of Seventeenth-Century Vietnam: Christoforo Borri on Cochinchina & Samuel Baron on Tonkin*, introduced and annotated by Olga Dror and K. W. Taylor (Ithaca: Cornell Southeast Asia Program, 2006), 211.

42 吉川和希「十七世紀後半における北部ベトナムの内陸交易」『東方学』一三四、二〇一七年、五七頁。

43 『黎朝(国朝)詔令善政』(ハンノム研究院所蔵、A. 257)巻二、戸属。

44 Baron, "A Description of the Kingdom of Tonqueen," 211.

45 Nguyen Thanh-Nha, *Tableau économique du Viêt Nam aux XVIIe et XVIIIe siècles* (Paris: Édition Cujas 1970), 166–170.

46 『大越史紀全書』続編、巻三、景興元(一七四〇)年七月条。

47 『寔録』正編、第一紀、巻四六、二葉表、嘉隆一二年正月条。

48 『寔録』正編、第二紀、巻一、一八葉表〜裏、明命元年正月条。

49 『寔録』正編、第二紀、巻一一、二葉裏、明命二年九月条。

50 『明命奏議』(ハンノム研究院所蔵、VHv. 96/4)、明命一三年六月十三日、戸部題奏。
51 金銀市は、『大南一統志』に記載される金銀庯と同一であろう。『大南一統志』によれば、金銀庯ははじめ東閣坊に属していたが、東閣坊は東寿と改められたのちに悍村と合併し、勇寿村となっている。現在のハノイ市ホアンキエム区のハンバック通りにあたる。
52 『明命奏議』(ハンノム研究院所蔵、VHv. 96/4)、明命一三年六月十三日、戸部題奏。
53 硃本(ベトナム国立第一公文書館所蔵)、紹治、第六集、二七六葉表~二七七葉裏、紹治元年九月二十八日、戸部奏。
54 硃本、紹治、第九集、二一三葉表~裏、紹治元年九月八日、上諭。
55 『寔録』正編、第三紀、巻四〇、一三葉裏~一五葉表、紹治四年七月。
56 硃本、紹治、第三五集、二六葉表~二九葉表、紹治六年六月七日、戸部奏。
57 同右。
58 硃本、嗣徳、第三一集、二七〇葉表~二七四葉裏、嗣徳三一年十一月十日、戸部覆奏。
59 硃本、明命、第三六集、四九六葉表~四九八葉裏、明命一〇年十二月十九日、北城副総鎮潘文璻・領戸曹呉福会咨文。
60 Hoang Anh Tuan, *Silk for Silver*, 132.
61 フランソワ・ティエリ(中島圭一・阿部百里子訳)「黎朝(一四二八~一七八九)下のベトナムにおける貨幣流通」『出土銭貨』二九、二〇〇九年、六六~六七頁。
62 『会典』巻一三三、礼部柔遠・賜与属国など。
63 土銀の流通域にはラオス国境地域も含まれていたため、北部ベトナムだけでなくラオスで生産された銀が含まれていた可能性もある。
64 『明命奏議』(ハンノム研究院所蔵、VHv. 96/4)、明命一三年六月十三日、戸部題奏。
65 藤原「阮朝治下における金銀価の問題」三二八~三二九頁。
66 硃本、明命、第六七集、八九葉表~九〇葉表、明命一九年三月十二日、刑科掌印給事中呉文迪題奏。
67 『明命奏議』(ハンノム研究院所蔵、VHv. 96/7)、明命二〇年十二月二十日、戸部題奏。
68 地方における銀備蓄額については、『会典』巻五四、戸部倉儲・積貯、一葉裏~二葉表を参照。
69 例えば硃本、紹治、第三九集、四一一葉表~四一二葉裏、紹治六年十二月二十八日、戸部奏のなかに、高平省での土銀改鋳に関する詳しい記述がみられる。

70 『寔録』正編、第三紀、巻二一、一四葉裏~一六葉表、紹治二年六月条。なお紹治六年にも、宣光省と高平省から送られてきた土銀を混鋳し、飛龍銀銭など各種銀貨に改鋳している(㭿本、紹治、第三七集、二四九葉表~裏、紹治六年五月二日、内務府等片録)。

71 㭿本、紹治、第一七集、四一葉表~四三葉裏、紹治二年三月二十二日、兵部題奏。

72 㭿本、明命、第四二集、三八葉表~三九葉裏、明命一一年四月八日、阮増明等片奏。

73 『寔録』正編、第二紀、巻一五六、八葉表~裏、明命一六年七月条。

74 『寔録』正編、第三紀、巻七二、九葉裏~一〇葉表、紹治七年九月条。

75 銀価格の変動に関するより具体的なデータについては、拙稿「十九世紀ベトナムにおける租税銀納化の問題」一〇六~一〇七頁を参照されたい。

76 阮朝期における銅銭と亜鉛銭の関係については、拙稿「十九世紀ベトナムにおける亜鉛銭流通の拡大と銅銭流通の変容」『歴史学研究』九三七、二〇一八年において詳しく論じられている。

あとがき

本書の発端は「道光不況」論争になま解りのままで魅せられた東南アジア史研究者のいわば横恋慕であったが、その後岸本先生をはじめとする多くの方々のご厚意によって出版が可能となった。私は二〇〇八年に林満紅氏の議論を知った。そして二〇一二年には一橋大学開催のアジア歴史経済会議において招待パネルで林、岸本美緒、リチャード・フォン・グラン、アレハンドラ・イリゴイン四氏が顔をそろえられると聞いて駆けつけ、感銘を受けた。しかもまったくの偶然で二〇一二年は科研「十九世紀前半「世界不況」下の貿易・貨幣・農業――ユーラシア東南部における比較と関連」（基盤研究(B)、代表：大橋厚子、二〇一二年度～一四年度）の初年度にあたり、フォン・グラン先生に研究協力者となっていただいていた。この偶然に勢いを得た私の厚かましさは尋常ではなかった。岸本先生とフォン・グラン先生に発表原稿の邦訳の許可をいただき、当時非常勤講師をされていた豊岡康史氏を翻訳者として紹介いただいた。豊岡氏には解説も書いていただいた。フォン・グラン先生とイリゴイン先生には科研の研究会のために二〇一三年夏に来日までしていただいた。この厚かましさはすでに病気の兆候であったのかもしれない。研究会の直後に私はダウンし二年半の休職を余儀なくされた。これが本書の出版が今にずれ込んだ大きな理由である。

過分の仕事であるとはいえ高名な先生方を巻き込んだ企画であり、途中で投げ出すわけにはいかないと思い、復職後、岸本先生のご協力も得て山川出版社に出版をお願いし、編集部と相談しながら本書のようなかたちにまとめるにいたった。イリゴイン先生の大会原稿の翻訳を科研研究協力者であった多賀良寛氏に依頼し、さらに中国史の専門家相原佳之氏に校閲いただき、多賀氏には最新のベトナム研究の成果も寄稿してもらった。これにくわえて、名古屋大学大学院文学研究科教授和田光弘氏には、御所蔵の貴重な銀貨を多数撮影させていただいた。また共編者になっていただいた豊岡氏には原稿整理・図表作成で頼りきりとなった。岸本先生には校正の際にも大きなご助力をいただいた。山川出版社の編集部からは終始さまざまなフォローをいただいた。これらを振り返ると今でも自らの厚かましさに冷や汗が出る。お手を煩わせた皆様に大きな感謝をささげたい。それとともに、今なお先端を行く「道光不況」論争の魅力と可能性を日本の歴史研究者・教育者および研究と教育を志す若い人々と共有できれば幸いである。

和田光弘氏御所蔵の銀貨をはじめとした口絵の貨幣の所蔵・出典は「口絵図版出典一覧」に示した。

またこの間、フォン・グラン先生は上述の原稿をより発展させつぎのような論文とされている。合わせてお読みいただきたい。

Richard von Glahn, "Economic Depression and the Silver Question in Nineteenth Century China" in Manuel Perez Garcia and Lucio de Sousa (eds.), ***Global History and New Polycentric Approaches: Europe, Asia and the Americas in a World Network System (XVI-XIXth Centuries)***, Palgrave Macmillan, 2018.

二〇一九年一月

大橋厚子